内蒙古自治区
农牧业优势特色产业（行业）发展报告
（2021年度）

◎ 胡有林　主编

中国农业科学技术出版社

图书在版编目（CIP）数据

内蒙古自治区农牧业优势特色产业（行业）发展报告.2021年度／胡有林主编.--北京：中国农业科学技术出版社，2022.12

ISBN 978-7-5116-6083-1

Ⅰ.①内… Ⅱ.①胡… Ⅲ.①农业经济-经济发展-研究报告-内蒙古-2021②畜牧业经济-经济发展-研究报告-内蒙古-2021 Ⅳ.①F327.26

中国版本图书馆 CIP 数据核字（2022）第 236488 号

责任编辑	李冠桥
责任校对	马广洋
责任印制	姜义伟　王思文

出 版 者	中国农业科学技术出版社
	北京市中关村南大街 12 号　　邮编：100081
电　　话	（010）82109705（编辑室）　　（010）82109702（发行部）
	（010）82109709（读者服务部）
网　　址	https://castp.caas.cn
经 销 者	各地新华书店
印 刷 者	北京地大彩印有限公司
开　　本	170 mm×240 mm　1/16
印　　张	22
字　　数	379 千字
版　　次	2022 年 12 月第 1 版　2022 年 12 月第 1 次印刷
定　　价	130.00 元

《内蒙古自治区农牧业优势特色产业（行业）发展报告》（2021 年度）

编 委 会

目　　录

内蒙古自治区玉米产业发展报告

内蒙古是我国主要的春玉米种植区。近年来,玉米种植面积一直稳定在5 000万亩①以上。自2016年国家实行玉米收储制度改革和"镰刀弯"地区玉米种植结构调整政策起,内蒙古非优势区玉米播种面积连续两年调减,玉米种植不断向优势产区集中。2018年以来,玉米的需求量稳定增长,伴随着玉米价格上涨及畜牧业和玉米深加工产业的快速发展,内蒙古玉米播种面积也呈逐年增加态势。2021年,内蒙古玉米生产形势总体向好,种植面积、总产量明显增加,均位列全国第3位。

一、全球玉米产业发展基本概况

(一)基本情况

玉米是全球第一大作物,170余个国家和地区种植,1/3人口以玉米籽粒作为主要粮食。我国种植面积全球第1,产量全球第2。玉米兼具粮食、饲料、工业原料和酿造等多种用途。2021年10月,我国新玉米大量收获上市,缓解了需求端的压力,但长期来看,供应依然存在缺口。目前,全国玉米供需总缺口约2 000万吨。

自1996年播种面积超过小麦起,玉米成为了内蒙古第一大粮食作物。2008—2015年,受品种不断更新、种植技术提升和国家临时收储政策扶持等影响,内蒙古玉米生产进入快速发展阶段,种植面积迅速扩大,单产稳步提升。到2015年,内蒙古玉米播种面积达到5 907.49万亩,总产量达2 652.25万吨,播种面积和产量分别占内蒙古粮食作物播种面积和产量的59.8%和80.6%,分

---

① 1亩=1/15公顷。

别居全国第 5 位和第 4 位。2016 年起，随着临储政策的取消、供给侧结构性改革及种植业结构调整的推进，内蒙古玉米种植面积开始回落，单产保持稳定。到 2018 年内蒙古玉米播种面积降至 5 613.21 万亩，总产量 2 699.95 万吨，播种面积和产量分别占内蒙古粮食作物播种面积和产量的 55.1% 和 76%，居全国第 5 位和第 3 位。2021 年，受玉米市场价格看好和种植效益较好的影响，内蒙古玉米种植面积继续增加，达到 6 306.9 万亩，总产量 2 994.2 万吨，均升至全国第 3 位。玉米播种面积占内蒙古粮食作物播种面积的比例由 2020 年的 55.96% 上升到 61.1%，增长了 5.14 个百分点；占内蒙古粮食作物总产量的比例由 2020 年的 74.86% 上升到 78%，增长了 3.14 个百分点。

（二）产区分布

我国玉米生产区域分为北方春播玉米区、黄淮海夏播玉米区、西南山地丘陵玉米区、西北内陆玉米区、南方丘陵玉米区和青藏高原玉米区六大区域。其中北方春播玉米区、黄淮海夏播玉米区和西南山地丘陵玉米区是我国的三大玉米主产区，包括黑龙江、吉林、内蒙古、辽宁、河北、山西、山东、河南、陕西、湖北、四川、云南、贵州、广西等省（区）。

内蒙古属于北方春播玉米区，优势产区主要集中在光热水资源丰富的西辽河流域、土默川平原、河套平原和大兴安岭南麓地区。位于内蒙古东部的呼伦贝尔市、兴安盟、通辽市和赤峰市，简称东四盟（市），该区域玉米种植面积最大，约占内蒙古玉米种植面积的 72%，总产量占 73% 左右。东四盟（市）中通辽市玉米种植面积最大，常年播种面积 1 500 万亩以上，总产量达 800 万吨左右，面积和总产量均分别占内蒙古玉米的近 1/4 和 1/3，是名副其实的"内蒙古粮仓"。

（三）销售加工

2020 年以来，玉米成为粮食生产中价格波动较大的作物，受去库存周期基本结束、玉米供需偏紧等因素影响，国内玉米市场价格同比涨幅 37%，价格处于历史高位。2021 年上半年，内蒙古玉米收购价稳中有涨，玉米标准品平均收购价格为 120.85 元/50 千克，同比上涨 35.83%，涨幅明显。6—10 月呈现下跌态势，其中 9 月内蒙古玉米标准品平均收购价格为 126.80 元/50 千克，比 8 月价格下降 0.48%，比 2020 年同期上涨 28.44%。到 11 月初，内蒙古玉米价格再次呈现稳中有涨态势；12 月，玉米价格持续上涨，区内部分深加工企业收购挂牌价：呼和浩特阜丰 2 670 元/吨、扎兰屯阜丰 2 410 元/吨、通辽梅花 2 570 元/吨、赤峰伊品生物 2 510 元/吨。

2020 年内蒙古规模以上玉米加工企业 96 家，其中，淀粉生产企业 8 家、酒精生产企业 4 家、深加工企业 4 家、饲料加工企业 80 家，以饲料加工为主的规模加工企业占到 83.3%，玉米加工企业主要以饲用为主。另外，技术先进的大规模玉米加工企业数量不多，在这 96 家企业中，年处理能力 100 万吨以上的 4 家，只比 2016 年增加 1 家；10 万~100 万吨的 25 家；10 万吨以下的中小型加工企业 67 家，达到 69.8%。

(四) 产业优势

1. 资源优势

内蒙古地域辽阔，光热资源丰富，雨热同期，降雨多集中在 5—9 月，是我国重要的玉米主产区、高产区和优势产区。位于东部的通辽市、赤峰市、兴安盟和呼伦贝尔市是内蒙古的玉米优势种植区，该区域集中分布在北纬 40°~45°，降水量为 300~450 毫米，≥10℃积温为 2 300~3 100℃，是北半球三大"黄金玉米带"之一，与美国玉米高产田分布区（北纬 40°~43°的艾奥瓦州和伊利诺伊州）的生态条件非常相近，且比美国的光照时数更长、昼夜温差更大，有发展玉米生产优越的自然条件。此外，内蒙古玉米为一年一熟制春玉米区，与夏播区相比，玉米生长期更长，单产水平更高，品质更好。

2. 生产优势

玉米主产区规模化经营程度高、耕种收综合机械化水平高、产业化发展基础好、栽培技术更加成熟。通过多年试验示范推广，内蒙古集成了一批玉米绿色高产高效种植技术，包括玉米密植高产全程机械化种植技术、玉米无膜浅埋滴灌水肥一体化种植技术、玉米全膜覆盖机械化种植技术、玉米秸秆覆盖少免耕直播技术等，为内蒙古玉米种植水平提升奠定了坚实的技术基础。特别是玉米无膜浅埋滴灌水肥一体化种植技术将成为内蒙古适宜区域的玉米生产主推技术。

3. 竞争力优势

一是玉米品质优。东四盟（市）是玉米生产的优势产区，日照时间长，昼夜温差大，玉米品质好。过去国库收储定价时，内蒙古优势产区生产的玉米籽粒因品质优而被定为东北地区最高价，市场竞争力较强，玉米年外销量不断增长。二是深加工企业基础好。内蒙古依托扎兰屯市、阿荣旗、科尔沁区、开鲁县、托克托县等重点旗县区的标准化生产基地和加工园区，建成了以梅花生物、阜丰生物、金河生物等玉米深加工龙头企业，主要生产氨基酸等生物发酵类、淀粉、酒精和饲料产品。三是养殖业生产需求量大。内蒙古是全国草食畜牧业第一大生产基地，2021年前三季度在"稳羊增牛"政策引导下，内蒙古牛存栏770.5万头，同比增长10.7%；羊存栏6 400.1万只，增长1.4%。农区和半农半牧区草食家畜存栏量占内蒙古牲畜总量的50%以上，每年需要青贮玉米4 000万吨左右，对玉米粮改饲和籽粒改青贮具有极大的拉动作用。

二、2021年玉米产业发展基本情况

（一）种植情况

2021年内蒙古粮食播种面积达10 326.5万亩。受上年玉米市场价格向好和2021年春季降雨充足等条件影响，内蒙古玉米播种面积持续增加。2021年内蒙古玉米种植面积为6 306.9万亩，占内蒙古粮食播种面积的61.1%；比上年增加571万亩，增幅9.9%。东四盟（市）玉米种植面积为4 620.9万亩，比上年增加525.7万亩，其中呼伦贝尔市、兴安盟、通辽市、赤峰市分别增加391.7万亩、74.2万亩、54.4万亩、5.4万亩。中西部地区玉米种植面积为1 686万亩，比上年增加45.3万亩，其中巴彦淖尔市、乌兰察布市、鄂尔多斯市、包头市均增加，呼和浩特市略有减少，其他盟（市）基本持平。

2021年内蒙古玉米总产2 994.2万吨，比2020年增加251.5万吨。平均单产约475千克/亩，比2020年减少3.39千克/亩。2021年，内蒙古玉米播种面积占内蒙古粮食作物播种面积的比例由2020年的55.96%上升到61.1%，增长了5.14个百分点；占内蒙古粮食作物总产量的比例由2020年的74.86%

上升到 78%，增长了 3.14 个百分点。总的来看，内蒙古玉米总产较上年增加，单产较上年略减，其中呼伦贝尔市、呼和浩特市单产减少，通辽市、兴安盟单产增加，其余盟（市）单产基本持平。2021 年东部区玉米果穗秃尖问题明显改善，但东部区和部分中西部地区玉米籽粒百粒重和容重略有下降。其中东部区受积温不足、低温寡照等影响，水浇地玉米灌浆成熟期推迟，出现贪青晚熟、百粒重和容重减少等情况。旱坡地由于多数种植中早熟品种，加之前期雨水充足，故产量未受影响。中西部地区除呼和浩特市外，其余盟（市）都表现为单产增加，尽管前期受低温、降雨、大风，后期受迁飞性害虫发生等不利条件影响，玉米生长较为缓慢，但后期气温高，雨水较多，玉米生育进程有所追回，产量基本不受影响。

（二）生长特点

2021 年玉米播种普遍偏晚，受 4 月末至 5 月下旬的低温、大风天气影响，玉米水浇地播种时间大部分推迟 1 周左右，通辽部分地块甚至推迟 10 天，生育期略有推迟。东部区苗期土壤墒情较好，减少春灌次数，内蒙古玉米整体出苗情况较好，出苗整齐，出苗率较往年提高，亩株数增加；西部区受低温、降雨、大风等不利条件影响，导致幼苗生长缓慢。进入 7 月，主产区降水明显增加，高温高湿，植株生长旺盛，生育进程有所追回。8 月后，东部主产区持续低温寡照天气对玉米授粉略有影响，但东部区 2021 年霜期较往年延后，10月上旬才发生大面积霜冻，使得玉米能够成熟，故未对产量造成较大影响。中西部区开花孕穗期温度较往年偏高，对玉米生长吐丝授粉有影响，加之二代、三代黏虫和玉米红蜘蛛等迁飞性害虫大面积发生，导致玉米品质略有下降。

（三）机械化水平

据统计，2020 年内蒙古玉米机耕面积 4 581 万亩，机耕率达 92.15%；机械播种面积 5 591 万亩，机播率达 97.47%；机收面积 5 027 万亩，机收率为87.65%，综合机械化率为 92.4%。内蒙古共有玉米收获机 32 689 台，玉米机械化收获水平进一步提高。2021 年各盟（市）大型机械保有量逐年增长，机械化覆盖面积逐年扩大。

2021年，内蒙古各盟（市）玉米粒收品种和配套粒收模式化示范面积进一步扩大。东四盟（市）玉米籽粒直收情况为：呼伦贝尔市籽粒直收面积最大，达到180万亩；兴安盟31万亩；通辽市15万亩以上；赤峰市在20万亩以内。受玉米粒收品种较为缺乏、籽粒直收机械少、烘干设备缺乏等诸多因素影响，中西部地区地块较东部区零散，各地玉米籽粒直收面积较小，其中巴彦淖尔市粒收面积达到20万亩左右、鄂尔多斯市为5万亩左右。

（四）种植品种

内蒙古玉米种植品种多杂乱，地区间品种差异较大，以主产区为例，通辽市种植面积最大的籽粒品种为京科968，种植面积达到90%；除此之外，通辽地区通过多年鉴选筛选出适宜本地区种植的籽粒品种有京科986、裕丰303、MC121等，青贮品种有金岭青贮27、北农青贮368、桂青贮7号等。赤峰市玉米主产区种植的籽粒品种主要有利禾1、利禾5、裕丰303、迪卡159、京科968、峰单189、玉龙7899等，其中品种鉴选试验表现较好的品种有利禾5、迪卡159等，主要种植的青贮玉米品种为金岭系列。兴安盟主要种植的玉米籽粒品种有迪卡159、天育108、德美亚系列等，青贮玉米品种有英国红、京科928、金岭17等。呼伦贝尔市主推锋玉66、德美亚1号、德美亚2、益农玉18、垦沃2号、并单16、隆平702等宜机收的玉米籽粒品种，青贮玉米品种有大京九26等。巴彦淖尔地区种植品种多为粮饲兼用型（以收获籽粒为主），主要有科河699、西蒙6号、晋单青贮42、金田8号、登海618和迪卡159，粮饲通用玉米以整株青贮为主，包括金岭青贮67、金岭青贮10。呼和浩特市主要种植品种有先玉696、先玉335、西蒙6号、东单1607、垦玉147、隆平702。包头市主要种植籽粒玉米品种有登海618、九圣禾257、裕丰303、MC703、金丹403等，青贮玉米品种有金岭1号、金韵308、五谷568、大民3307、科河28等。

（五）主推技术

玉米无膜浅埋滴灌水肥一体化种植技术，作为内蒙古农业主推技术，2016—2018年在内蒙古累计示范推广面积758.46万亩，总增产玉米

19.93亿斤①，实现总增经济效益10.88亿元，三年累计节水9.6亿立方米、节肥6.2万吨、减膜2.7万吨。2019年在内蒙古推广617.45万亩，2020年内蒙古示范推广737.05万亩，涉及通辽等8个盟（市），平均亩产786.7千克，比对照亩均增产129千克；2021年内蒙古示范面积达到843.25万亩，比上年增加106.2万亩，涉及通辽、鄂尔多斯、赤峰等7个盟（市），平均亩产达790千克，比对照亩均增产111.48千克。

玉米全膜覆盖机械化种植技术，重点在山沙旱作冷凉区推广。2018年在内蒙古共推广122.9万亩，平均亩产778.58千克；2019年赤峰地区推广112.4万亩，平均亩产765千克，较露地种植亩增产232千克；2020年内蒙古推广面积达141.25万亩；2021年内蒙古推广面积119.31万亩，比2020年减少21.94万亩，平均亩产727.7千克，比对照亩均增产145.05千克。

玉米密植高产全程机械化种植技术，重点在灌溉区、平原地区和规模化种植区推广。2021年在通辽市、赤峰市、呼和浩特市等地开展了多片大面积的试验示范，涌现出多个高产典型，如通辽市科尔沁左翼中旗舍伯吐镇500亩示范片现场实收亩产1 126千克；通辽市科尔沁区钱家店镇2 000亩示范片实收亩产1 083千克；赤峰市元宝山区平庄镇玉米密植高产标准化种植示范区500亩标准化种植示范区平均亩产1 122千克，在生产资料投入基本不增加的条件下，每亩实现增产348千克，每亩实现增收超过850元。

（六）成本收益

2021年内蒙古农资价格总体呈稳中小幅波动态势。其中，化肥价格涨幅明显，农膜、农药价格微幅波动，农机用油价格经历10次政策性调整。截至6月25日，内蒙古尿素价格为2.59元/千克，与2020年同期相比上涨35.52%，超过历史平均水平（1.73元/千克）49.7个百分点，不仅刷新了2021年春耕备肥期2.15元/千克的最高价位，也成为近10年来的最高价格水平。下半年内蒙古主要农资价格仍以稳中小幅波动为主，化肥价格温和回落。新型经营主体通过规模化生产，除化肥投入略有增加外，其余物资投入相对稳定，但雇工费用和土地流转费相对提高。2021年，内蒙古玉米生产者补贴43.25亿元，加之玉

---

① 1斤=0.5千克。

米收购价持续上涨，预计2022年玉米种植面积基本稳定。

三、内蒙古玉米产业发展存在的问题

（一）生产方面

1. 玉米品种多，优质专用品种少

内蒙古玉米品种多且杂，但优质高产、脱水快、宜机收、抗性好、稳定性强的优良品种较少，特别是适宜机械籽粒直收的品种更少。目前大多数品种在收获期籽粒含水量在30%以上，机械收穗损失率高。主栽品种在不同年景稳定性不强。

2. 土壤肥力下降严重，恢复地力难度大

主产区玉米重茬现象严重，缺乏合理轮作，导致耕层变浅，土壤有机质含量降低。如通辽玉米田平均耕层深度不足20厘米，土壤有机质含量不到1.0%，且犁底层的形成严重影响玉米根系的生长发育，降低玉米植株的抗倒伏能力。赤峰市也存在同样情况，加上当地农户常年浅耕、浅旋整地，秸秆还田少，仅有20%左右的秸秆还田，严重影响地力恢复。

3. 中西部地区以小农户种植为主，规模化经营程度低

中西部仍以小农户种植为主，通过合作社流转的土地占少数，如巴彦淖尔市土地流转率仅为20%左右，不利于规模化、集约化、全程机械化和标准化生产。

4. 机械粒收技术不完善，配套设备少，限制因素多

近年来，内蒙古很多地区引进了玉米籽粒直收机械，但直收效果不理想，主要表现为籽粒破碎率和产量损失率偏高。据统计，玉米直收籽粒破碎率平均达9.89%；产量损失量平均达49.98千克/亩，总损失率平均达5.77%，均值高于5%的国标标准。主要制约因素为：一是玉米粒收品种仍较为缺乏。目前玉米籽粒直收品种仍比较缺乏，特别是抗倒、脱水快和丰产性好兼备的品种不多，不能满足生产需求。现有品种收获水分一般都在25%以上，烘干成本和能耗较高，低水分直收入库品种尚无。生产上现有推广品种以外企品种为主，自主知识产权品种缺乏。二是缺乏烘干设备。由于缺乏配套的烘干设施，直收的籽粒收贮、加工存在问题，直接限制机械粒收技术的推广。据通辽市不完全统计，

全市仅有 326 座烘干塔，日加工能力 10 万吨左右，远不能满足收获期玉米收储烘干需求。三是粒收品种栽培技术不配套。种植密度偏低和栽培管理粗放导致粒收品群体产量潜力未得到充分挖掘。四是籽粒直收机械少，国产粒收机械收获效率和质量偏低。据初步统计，内蒙古玉米籽粒直收机械仅有几十台，远不能满足内蒙古上千万亩玉米籽粒直接收获的需求。国产粒收机械作业效率和质量较进口设备仍有差距，且配套卸粮、转运设备缺乏，严重制约收获效率。

5. 存储方式不得当，导致品质下降

由于传统习惯和近年玉米收购价偏低的影响，农户在收获后持续观望价格，不急于出售。后期存储以露天堆放或简易棚囤积为主，影响果穗脱水，霉变率增高，导致玉米品质下降，农民种植收益受影响。如 11 月初通辽大雪，造成玉米地趴粮，发热霉变损失严重。

（二）加工方面

内蒙古是优质玉米生产基地，但龙头企业少、带动能力弱、深加工品种单一、开发层次较低、中西部玉米深加工企业缺乏。虽然近几年内蒙古建立起了几家起点较高的龙头企业，但对内蒙古经济具有强大拉动作用的大型龙头企业数量偏少，未发挥黄金玉米产区的区位优势。

玉米鲜食产业发展方面也存在问题，包括育种研发不能满足现实需求、套牌侵权严重、技术标准不完善、产业化水平较低、季节性生产过剩的矛盾突出，深加工力度不足、品牌化程度低等。

（三）市场销售方面

2021 年秋粮上市后，现货市场价格走势很强，但就目前市场的供需形势来看，价格已然步入了高风险区域。结合 2021 年的玉米市场和 2020 年同期的新季玉米市场环境相比，产量大幅增长；下游需求缺乏增长点，生猪存栏受养殖利润的限制增长无力，深加工产业下游已然在高价的抑制下消费边际明显缩窄；政策调控方面一再强调打击囤积居奇、恶意炒作等，总而言之，两年同期的市场环境已经大不相同，现有市场的价格高位主要受到收割推迟、物流运输、资源类价格上涨等因素共同发酵所引发的阶段性行情，在需求缺乏增长点、大丰

收的背景下，现阶段的强势行情的持续性必定有限。结合 2022 年春节到来较早，留给基层农户在节前的售粮时间段被迫大幅压缩，市场的风险系数也将因此陡然增加。

（四）技术支撑方面

近几年从国家到地方，技术集成的重点已从高产向绿色、节本、高质高效的方向转变，技术发展方向和重点明确。内蒙古各地集成的玉米栽培技术不少，但技术示范推广的资金支持力度有限、技术覆盖面偏低、到位率不高。

（五）政策支撑方面

政策的支持对象多为农户的直接补贴，对技术集成示范推广的补贴相对较少，支持力度不足。

四、玉米产业发展预测及下一步工作建议

（一）玉米产业发展预测

分析近两年玉米价格走势和市场供需情况，2022 年玉米种植面积和产量将稳中有增。虽然 2021 年内蒙古玉米播种面积较 2020 年有所增加，但在农业供给侧结构性改革继续推进和生产者补贴倾斜大豆的双重作用下，2022 年内蒙古玉米种植面积只可能保持略增。因比较效益高，以及科技支撑力不断增强、生产投入增加等综合因素影响，预计内蒙古玉米单产将呈持平或略增趋势，内蒙古玉米总产量将保持基本稳定或略增。

（二）下一步产业发展建议

1. 进一步规范优质品种鉴选工作

针对内蒙古玉米品种多杂乱，而优质高产、脱水快、宜机收、抗性好、稳定性强的优良品种较少的现象，各地区要加强优质品种鉴选工作，并将此项工作进一步规范化。依托科技示范园区和各农业项目示范片加强玉米品种鉴选试

验示范工作，连续多年对各方面表现进行观察记载和测产，并对表现突出的品种进行全面论证后推广。

2. 鼓励发展特色玉米种植

内蒙古是养殖大区，要加大对粮饲兼用整株青贮玉米种植的支持力度。同时建议发展鲜食玉米、爆裂玉米等特色玉米的种植。目前鲜食玉米市场很大，价格也比较理想，发展鲜食玉米从"按斤卖"到"论穗卖"可有效实现农民增收致富，是未来努力的方向。

3. 加大对玉米深加工企业扶持力度

充分发挥内蒙古优质玉米生产基地的区位优势，培育和扶持玉米深加工企业，加快玉米深加工业的技术创新步伐，推动产业结构升级，提高内蒙古玉米的就地转化率，提升农民收益。考虑我国粮食安全战略，用于深加工的玉米总量在今后很长的一段时间内将缓慢提高，在国家既定的产业政策和原粮使用限制规定下，保证玉米加工产业健康发展的关键在于提高玉米的综合利用程度，开发多元醇、有机酸等高附加值的发酵类产品。

4. 加快玉米籽粒直收发展步伐

近年来，随着高质量发展理念的不断深入，玉米籽粒直收已成为今后玉米收获的主要方向。各地玉米籽粒直收发展速度明显加快，而内蒙古发展相对落后，成为玉米全程机械化生产的"最后一公里"问题。因此，要加大玉米籽粒直收机械和仓储设备的投入和补贴力度，促进"良种+良法+良机+规模化+烘干"协同发展，保障内蒙古玉米产业高质量发展。

5. 加大玉米绿色标准化生产技术推广力度

只有加大以玉米无膜浅埋滴灌水肥一体化种植技术为代表的绿色生产标准化技术的创新、集成和示范推广投入，才能保证玉米产业的高质量发展。

6. 鼓励玉米内部种植结构调优

在稳定玉米种植面积的基础上，调整玉米种植布局和品种结构，鼓励农牧交错带和农区畜牧业聚集区大力发展青贮玉米，特别是在养殖区加大青贮玉米种植面积，实现为养而种。加快建设优势特色农产品产业带，培育壮大玉米生物制药等产业，提高玉米优势区域集中度，提升综合生产能力和产品质量，形成玉米千亿级产业集群。

内蒙古自治区马铃薯产业发展报告

一、马铃薯产业发展基本概况

（一）基本情况

我国是世界上马铃薯第一生产大国，种植面积稳定在 7 000 万亩以上。2018 年 7 137.1 万亩，2019 年、2020 年和 2021 年种植面积在 7 000 万~7 100 万亩小幅波动，马铃薯种植面积进入相对稳定的平台期，但马铃薯平均亩产稳步提升。2012 年以前平均亩产一直在 1 000 千克左右，2012 年以后稳定在平均亩产 1 100 千克以上，2017 年平均亩产达到了 1 213.8 千克，2019—2021 年平均亩产均接近 1 300 千克，增长趋势稳定。

内蒙古是我国马铃薯的主产区之一，目前生产规模在全国排名第 6 位。2005 年以前，内蒙古马铃薯种植面积位居全国第 3 位，2005—2008 年上升到全国第 2 位，2009—2012 年成为全国第一，2010 年和 2011 年更是突破 1 000 万亩，分别达到 1 005.6 万亩和 1 001.1 万亩。2013 年随着内蒙古马铃薯生产由数量型发展向质量型发展转变，无效产能压缩，种植面积回调，到 2019 年下调到 446.1 万亩，2020 年和 2021 年分别为 416.1 万亩、401.8 万亩，种植面积进入了一个相对稳定的发展时期，但平均亩产大幅提升。2012 年以前，内蒙古平均亩产徘徊在 1 000 千克以下，2013 年以后平均亩产稳定保持在 1 000 千克以上而且提升趋势明显，到 2018 年平均亩产达到了 1 419.9 千克，2020 年平均亩产 1 492.2 千克，2021 年平均亩产 1 529.5 千克，再创历史新高。

（二）产区分布

我国根据气象条件和各地马铃薯耕作特点，将全国划分为 4 个栽培区域，即北方一作区、中原二作区、西南混作区和南方冬作区。

北方一作区包括东北地区的黑龙江、吉林两省和辽宁除辽东半岛以外的大部，华北地区河北北部、山西北部、内蒙古及西北地区的宁夏、甘肃、陕西北部，青海东部和新疆天山以北地区。本作区气象特点是无霜期短，一般在110~170天，年平均温度在-4~10℃，大于5℃积温在2 000~3 500℃，年降水量50~1 000毫米。本作区气候凉爽，日照充足，昼夜温差大，适于马铃薯生长发育，因而栽培面积较大，占全国马铃薯总栽培面积的近40%，是我国马铃薯主要产区，如黑龙江、内蒙古等因所产块茎的种性好，成为我国重要的种薯生产基地。本作区种植马铃薯一般是一年只栽培一季，为春播秋收的夏作类型。每年的4—5月播种，9—10月收获。本作区拥有"中国马铃薯之乡"称号的有甘肃省定西市安定区、黑龙江省讷河市、宁夏西吉县、河北省围场县、内蒙古武川县、陕西省定边县。

中原二作区包括辽宁、河北、山西、陕西四省的南部，湖北、湖南两省的东部，河南、山东、江苏、浙江、安徽、江西等省。本作区无霜期较长，在180~300天，年平均温度10~18℃，年降水量在500~1 750毫米。本作区因夏季长，温度高，不利于马铃薯生长，为了躲过夏季的高温，故实行春秋两季栽培，春季生于2月下旬至3月上旬播种，扣地膜或棚栽播种期可适当提前，5—6月中上旬收获；秋季生产则于8月播种，到11月收获。春季多为商品薯生产，秋季主要是生产种薯，多与其他作物间套作。本作区马铃薯栽培面积不足全国总栽培面积的10%，但近些年来，随着种植马铃薯效益及栽培技术的提高，种植面积有逐年扩大的趋势。本作区的山东省滕州市拥有"中国马铃薯之乡"称号。

西南混作区包括云南、贵州、四川、西藏等省（区）及湖南、湖北的西部山区。本作区多为山地和高原，区域广阔，地势复杂，海拔高度变化很大。马铃薯在本作区有一季作和二季作栽培类型。本作区的贵州省威宁县拥有"中国马铃薯之乡"称号。

南方冬作区包括广东、广西、海南、福建和台湾等省（区）。本作区无霜期在300天以上，年平均温度18~24℃，年降水量在1 000~3 000毫米。属于海洋性气候，夏长冬暖，四季不分明，日照短。本作区的粮食生产以水稻栽培为主，主要在水稻收获后，利用冬闲地栽培马铃薯，因其栽培季节多在秋冬或冬春二季，与中原地区春、秋二季作不同，故称南方二作区。本作区大多实行秋播或冬播，秋季于 10 月下旬播种，12 月末至翌年 1 月初收获；冬种于 1 月中旬播种，4 月中上旬收获。

内蒙古马铃薯主要分两大优势种植区：一是中西部阴山沿麓马铃薯种植区，是以乌兰察布市为核心，主要包括呼和浩特市、包头市、锡林郭勒盟、赤峰市，辐射鄂尔多斯市。此区域是内蒙古马铃薯的主要产区，种植面积近几年占到了内蒙古的 85% 以上。二是东部大兴安岭沿麓马铃薯优势产区，是以呼伦贝尔市为核心，辐射兴安盟种植区，此区域马铃薯种植面积占内蒙古的近 15%。

（三）销售加工

1. 贮藏情况

内蒙古现有现代化贮藏库贮藏能力达到 200 万吨，居全国之首。2021 年，截至内蒙古马铃薯收获结束，入库贮藏量占总产量的 55%，与 2020 年持平。其中，农户占比为 48%，较 2020 年减少 2 个百分点，企业和专业合作社、种植大户占比 45%，较 2020 年增加 5 个百分点，经销商和收购商等占比 7%，较上年减少 3 个百分点。截至 12 月底，马铃薯贮藏量占总产量的 38% 左右，较上年同期多 3 个百分点。

2. 加工情况

内蒙古现有销售收入 500 万元以上的马铃薯加工企业 49 家，年加工鲜薯能力达到 300 万吨以上。其中马铃薯全粉加工企业 5 家，加工鲜薯能力 40 万吨左右，加工能力占全国的 35% 左右；淀粉加工企业近 40 家，加工鲜薯能力 240 万吨，加工能力占全国的 30% 左右。据不完全统计，2021 年度秋季加工期内，内蒙古马铃薯鲜薯加工量 60 万吨左右，加工率 9.7%，比 2020 年同期增加 0.7 个百分点。内蒙古马铃薯加工呈现深入化和多元化，产业链条稳步延伸。加工业主要以乌兰察布市为核心，全市现有薯都凯达、蓝威斯顿、蒙薯、健坤、希森等重点马铃薯加工企业 32 家。主要生产精淀粉、全粉、薯条、粉丝等产品。其中，薯条加工企业 4 家，淀粉加工企业 23 家，全粉加工企业 3 家，马铃薯酸奶饼加工企业 1 家，马铃薯无矾粉丝加工企业 1 家，马铃薯醋、酱油、料酒加工企业 1 家，马铃薯淀粉餐具加工企业 1 家，马铃薯鲜切加工企业 2 家。

3. 市场销售情况

2021年8月下旬到9月初，内蒙古马铃薯主产区地头收购价格0.9~1.4元/千克（150克鲜薯），较2020年降低0.2~0.45元/千克；9月收获进入高峰期，产地销售价格0.8~1.2元/千克，比2020年同期降低0.2~0.3元/千克；10月中下旬以来，马铃薯以库薯销售为主，出库价格上涨0.9~1.4元/千克，同比下降0.1元/千克。2021年马铃薯产地销售价格较2020年略低，客商采购积极性一般，走货较慢，基本顺畅。截至12月下旬，库薯销售价格较10月下旬下降0.1~0.2元/千克。150克以下小薯主要用于淀粉加工，收购价格0.7元/千克左右，主要销往当地淀粉厂；淀粉专用薯价格多在800~1200元，按照每1%淀粉含量60~65元进行收购，市场行情总体平淡，但走势平稳。

（四）产业优势概述

内蒙古马铃薯产区相对集中，产品质量好，产业基础扎实，在马铃薯脱毒种薯繁育、绿色节本增效技术推广、标准化生产、规模化种植、产业化经营以及贮藏加工等方面引领全国，具有突出的比较优势。

1. 产品优势突出

内蒙古脱毒种薯交易量占全国的60%以上，淀粉加工能力占全国的30%左右，全粉加工能力占全国的35%左右。内蒙古乌兰察布市2009年被中国食品工业协会评为"中国马铃薯之都"，2018年被国家认定为"内蒙古乌兰察布马铃薯中国特色农产品优势区"。2017年呼伦贝尔市被农业部（现称农业农村部）确定为"马铃薯脱毒种薯繁育基地"。乌兰察布市、阿荣旗、固阳县的马铃薯均获得中华人民共和国农产品地理标志产品证书。2018年经中国品牌建设促进会评估，地理标志产品"乌兰察布马铃薯"的品牌强度为910；中国优质农产品开发服务协会评估"乌兰察布马铃薯"品牌价值174.32亿元。

2. 产地优势突出

内蒙古地处内蒙古高原，气候冷凉，昼夜温差大，光照强，雨热同期，对马铃薯生长发育极为有利。主产区乌兰察布市土壤多为栗钙土，土质疏松，平均海拔1300米左右，在马铃薯生长需水量最大的结薯期降水量占全年的70%，这一时期平均气温17~21℃，生产的马铃薯干物质含量高，口感好，耐贮存，易达到绿色有机标准。同时，该地区空气干燥，风速大，传毒媒介少，病虫害发生频率低，具有生产种薯得天独厚的优势。

3. 优势产区集中

内蒙古马铃薯优势产区主要集中在阴山沿麓的乌兰察布市、呼和浩特市、包头市、锡林郭勒盟和赤峰市以及大兴安岭沿麓的呼伦贝尔市，种植面积占内蒙古的90%以上，产量占95%左右，该区域集中了全部的加工、物流龙头企业特别是乌兰察布市，规模化推进马铃薯全产业链发展基础条件好，种植面积约占内蒙古的43%，加工、物流龙头企业占内蒙古的70%左右。

4. 产业格局优化

内蒙古已建设形成以乌兰察布市为中心的中部马铃薯产业优势区和以呼伦贝尔市为中心的东部马铃薯产业优势区。中部优势区以脱毒种薯繁育生产为主，围绕马铃薯加工龙头企业，建成加工专用薯基地和绿色、有机鲜食薯基地；东部优势区以"绿色"鲜食薯生产为主，围绕加工龙头企业和脱毒种薯生产企业，建成加工专用薯和脱毒种薯生产基地。

5. 品牌发展极具潜力

内蒙古各级党委政府和相关部门，特别注重品牌培育、打造，在充分发挥品牌引领作用方面做了大量卓有成效的工作。乌兰察布市2009年被中国食品工业协会评为"中国马铃薯之都"，2018年被国家认定为"内蒙古乌兰察布马铃薯中国特色农产品优势区"。乌兰察布市、包头市固阳县的马铃薯均获得中华人民共和国农产品地理标志产品证书。2018年经中国品牌建设促进会评估，地理标志产品"乌兰察布马铃薯"的品牌强度为910；中国优质农产品开发服务协会评估"乌兰察布马铃薯"品牌价值174.32亿元。乌兰察布市利用草原和火山文化，培育出绿色富硒优质金奖品种"后旗红"，享誉线上线下，扬名全国。

6. 政策基础逐步夯实

2020年内蒙古先后出台了多个扶持马铃薯产业发展的文件，夯实了政策基础。

2020年2月21日，内蒙古自治区党委、政府印发自治区一号文件《关于抓好"三农三牧"领域重点工作确保如期实现全面小康的实施意见》，明确提出"着力发展优势主导产业，重点建设玉米、马铃薯、肉羊、肉牛等15个优势特色农畜产品产业带，培育奶业、玉米 2 个千亿级以及肉羊、向日葵、肉牛、羊绒、马铃薯、小麦、杂粮杂豆、蔬菜、饲草 9 个百亿级产业集群"。2020 年 5 月，内蒙古自治区党委、自治区人民政府又印发《关于加快推动农牧业高质量发展的意见》，明确了 11 个优势特色产业集群到 2022 年的目标、任务和措施，提出了优势特色产业集群发展的用地、财政、金融、人才、科技、品牌等方面支持政策。

2020 年 6 月，内蒙古自治区财政厅、发改委、农牧厅联合印发了《关于完善玉米大豆和马铃薯生产者补贴政策的通知》文件，将国家拨付内蒙古的玉米和大豆生产者补贴资金的 5%，每年拿出 4 亿多元，用于支持马铃薯产业发展。

2020 年 10 月 23 日，为贯彻落实习近平总书记考察内蒙古讲话精神和李克强总理对内蒙古马铃薯产业的重要指示精神，内蒙古自治区印发了《内蒙古自治区人民政府办公厅关于促进马铃薯产业高质量发展的实施意见》。

2020 年 12 月 6 日，内蒙古自治区人民政府印发《关于印发〈种业发展三年行动方案（2020—2022 年）〉的通知》，要求提升马铃薯种业自主创新能力，建设马铃薯种业技术创新中心。

二、2021 年马铃薯生产发展情况

（一）种植情况

1. 种植面积基本稳定

2021 年内蒙古马铃薯种植面积 401.8 万亩，较 2020 年 416.1 万亩下降 14.3 万亩，波动幅 3.4%。种植面积出现小幅波动的主要原因：一是 100 亩以下的小规模种植户正常的轮作倒茬；二是马铃薯种植效益不稳，风险较大，而玉米、大豆等作物收购价格相对稳定，种植效益较好，而且政府的种植补贴力度较大，对马铃薯种植形成了冲击。

2. 单产水平继续提升

2021 年内蒙古马铃薯总产鲜薯 614.6 万吨，与 2020 年的 620.9 万吨基本持平；平均亩产 1 529.5 千克，较 2020 年 1 492.2 千克增产 37.3 千克，增幅 2.4%，较数量型发展的巅峰期 2011 年 919 千克，增产 610.5 千克，增幅达到 66.4%。

马铃薯主产地区平均亩产较 2011 年均大幅度增加，其中，乌兰察布市平均亩产 1 100.7 千克，增幅 72%；锡林郭勒盟平均亩产 1 610.1 千克，增幅 42.1%；呼和浩特市平均亩产 1 467.4 千克，增幅 90.3%；包头市平均亩产 1 043.9 千克，增幅 113.9%；赤峰市平均亩产 2 272.3 千克，增幅 24.1%。

3. 种薯生产稳步推进

内蒙古现有注册备案的种薯经营企业 57 家，其中国家级农业产业化重点龙头企业 3 家，自治区级 10 家。原原种设计生产能力达到 30 亿粒以上，年设计生产能力 500 万粒以上的种薯生产企业 30 多家。据不完全统计，2021 年实际生产微型薯近 9 亿粒，马铃薯种薯生产面积保持在 80 万亩左右，其中原种生产面积 10 万亩以上。内蒙古脱毒种薯的普及率达到 93%，较 2020 年提升 3 个百分点。

（二）种植品种

2020 年内蒙古主要种植品种是冀张薯 12 号占总种植面积的 40% 左右，荷兰系列占比 22% 左右，老旧品种克新一号占比 5% 左右，夏波蒂占比 5% 左右，兴佳 2 号、华颂 7 号、中加 2 号、希森 6 号、V7、后旗红、川引 2 号、青薯 9 号等品种占比 28%。2020—2021 年马铃薯销售季节，希森 6 号、V7 等品种因薯形好、色泽漂亮受市场青睐，收购价格高位坚挺，最高达到 2.0 元/千克；而冀张薯 12 号等品种收购价格最低只有 0.8 元/千克。2021 年，种植品种出现大幅调整，种植品种和市场需求以及喜好紧密衔接，优化时间和周期大幅缩短，近几年内将达到与市场需求同步共振；其中，希森 6 号和 V7 的占比猛增到总面积的 28% 和 23%，冀张薯 12 号下降到 15%，荷兰系列下降到 10%，兴佳 2 号和华颂 7 号均上升到 5%，中加 2 号占比 3%，后旗红、早大白、尤金、雪川红、大西洋、英尼维特、沃土 5 号等品种占到 11%。

（三）主推技术

据不完全统计，2020 年内蒙古以滴灌等节水种植为核心的节水栽培技术模式（包括滴灌和喷灌种植以及水肥一体化技术）的推广应用面积占总种植面积的 45%；2021 年上升到 55%，提升了 10 个百分点。

（四）主要成效

1. 生产基础进一步强化

制约内蒙古马铃薯生产发展的主要气候因素是干旱少雨，随着马铃薯生产由数量型发展向质量型提升转变，内蒙古马铃薯种植条件逐年优化。据调研，2021年内蒙古马铃薯水浇地种植面积达到280万亩左右，占总种植面积的70%左右，较2020年提高了10个百分点以上，较数量型发展的巅峰期2011年增加了40个百分点。

2. 规模种植快速发展

2021年内蒙古马铃薯100亩以上规模种植达到260万亩，占总面积的65%，较2020年提高20个百分点。以乌兰察布市为例，乌兰察布市马铃薯种植面积占内蒙古的40%，2020年50亩以上的规模种植只占全市总播面积30%，2021年100亩以上的规模种植占比大幅提升到46%。这些规模种植主体年种植马铃薯的面积基本稳定，生产技术水平高，投入有保证，对保证和提升马铃薯生产能力及质量有重要的实际意义。

三、马铃薯产业发展存在的问题

1. 标准化生产进程缓慢

近年来，内蒙古着力推进马铃薯标准化生产，但成效不尽如人意。虽然制定了一批"蒙字标"种植标准（内蒙古地方标准），但是对标准化生产的推动作用没有显现。一是标准的实用性存在瑕疵；二是标准化的推进缺乏有效和操作性强的措施；三是没有明确的项目和资金支持，实际推进力度不足。

2. 加工专用薯品种少

目前，全国的商品薯市场是周年货源充足，而且是供大于求，虽然从2011年开始，经过10年的产业内部调整，种植上从品种、装备、技术等方面来讲都得到了大幅提升，也优化到了一个较高的水平，与发达国家的差距也大幅缩小，综合生产能力得到大幅提升，但是商品薯的生产总量还维持在一个高位，受多方面原因的影响，短期内很难得到根本改观。内蒙古马铃薯主要以外销为主，而且种植面积大，又是一季作区，集中生产、集中上市，受市场的冲击非常大，单纯地依靠商品薯生产，产业的发展很难有新的突破。内蒙古是全国马铃薯加工的大省份，加工业发展基础雄厚，具有得天独厚的地域、气候、文化、政策和技术等优势，通过近年来的发展和扶持，马铃薯加工产业集群已初具规模，但是，加工原料薯的生产发展滞后，其中加工专用薯品种少是主要的制约因素之一。现在淀粉加工企业都在发展高淀粉品种生产种植订单，但是适应性好、淀粉含量达标的品种寥寥无几，亟须有针对性地选育或引进并登记一批加工专用品种，支撑加工企业健康发展。

3. 加工业亟须提档升级

加工转化率低，产业链条短，高附加值产品少。以内蒙古马铃薯加工聚集区的乌兰察布市为例，现有马铃薯加工企业28家，但加工转化率不足20%。其中淀粉加工企业23家，多属中小型企业，加工周期短，实际加工量少，产品质量不高；薯条加工企业4家、全粉加工企业3家，年加工鲜薯仅18万吨左右，更高附加值的加工产品几乎没有。

4. 储藏损失居高不下

内蒙古马铃薯储藏设施80%以上为中小型储藏库，损失率在15%~20%，而现代化储藏设施损失率可降低到3%。以乌兰察布市为例，马铃薯总仓储能力230万吨，其中现代化储库17处，仓储能力65万吨，仅占到全市仓储能力的28%。但是现代化储藏设施投入大，5 000吨容量的现代化储藏设施建设费用在1 000万元左右，多数经营主体承担不起，影响马铃薯产业高质量发展，亟须政府支持建设。

四、马铃薯产业发展建议及2022年发展预测

（一）产业发展建议

1. 强化基础设施建设

高标准农田建设和高效节水灌溉等农业基础设施建设项目，持续向马铃薯

主产旗县倾斜，特别要加大以滴灌为主的高效节水灌溉建设力度，中西部马铃薯水浇地实现滴灌全覆盖。在主产旗县大力推广深耕深松、增施有机肥、秸秆还田等培肥地力措施，力争经过 3 年的努力，有条件的地块实现深耕深松、增施有机肥、秸秆还田全覆盖。

2. 调整优化种植结构

按照做强种薯、做大专用薯、做优鲜食薯的思路，进一步优化马铃薯种植布局，中部以乌兰察布市为重点，东部以呼伦贝尔市为重点，稳定鲜食薯种植规模，水浇地重点发展种薯和加工专用薯，打造全国优质种薯繁育基地，依托加工企业建设优质加工薯生产基地；旱作区依托绿色生态优势，发展绿色、有机鲜食马铃薯。持续优化品种结构，进一步压减市场竞争力弱的品种，大力推广品相好、品质优、抗性强的品种和适宜精深加工的专用品种。

3. 扶持做强种薯产业

落实和创设支持种薯企业发展的政策，推进种薯基地建设。重点扶持一批育繁推一体化的种薯企业，加大新品种研发投入，提升企业自主创新能力，加快选育和推广适应细分消费市场需求和绿色高质量发展要求的新品种。强化质量意识，按照高质量要求完善马铃薯良种繁育体系，建设一批优质种薯繁育基地，严格执行种薯生产标准，健全种薯质量追溯体系，打造优质种薯知名品牌，提升品牌价值，提高市场竞争力，拓展销售市场。

4. 持续推进标准化生产

推进马铃薯生产由数量优先转向质量第一，由增产导向转向提质导向。梳理符合高质量、绿色发展要求的生产标准，培育扶持新型经营主体，推广优质专用品种和绿色节本增效技术，建设标准化生产基地，主产旗县全面实施生态友好型三年轮作制度，努力实现化肥农药双减少、用水用膜双控制、质量效益双提升。

5. 发展壮大产地加工业

一是合理布局加工企业，支持中小型加工企业兼并重组，建立马铃薯加工产业园区，集中进行二次加工利用或废水处理，探索实行以企业为主体，政府补贴的废水利用、治理模式。二是继续发挥产地优势，支持发展精深加工，提高就地加工转化能力，提升产品档次，提高产品附加值。三是重点支持加工企业与规模经营主体，通过企业+基地+合作社等模式开展订单生产，建立利益共享、风险共担的利益联结机制。四是发展马铃薯初加工，积极引导新型经营主体开展贮藏保鲜、产后净化、分级包装、净菜加工等初加工，提高产后商品化处理能力和水平。

6. 提升"蒙薯"品牌影响力

扶持打造"蒙薯"品牌，加大品牌宣传和推广力度，努力扩大"中国马铃薯之都""乌兰察布马铃薯"等区域公用品牌影响力，提升美誉度。积极扶持种薯企业、加工企业、新型经营主体，培育"蒙字号"优质特色产品品牌，加强品牌推广，提升品牌知名度，提高市场占有率。强化品牌保护意识，严把产品质量关，完善质量追溯体系，打造信誉度好、生命力强的"蒙字号"优秀品牌。

7. 加强科技创新

持续加强内蒙古马铃薯产业科技服务体系建设。内蒙古也像国家一样组建了产业技术体系，但由于后期没有经费投入，体系工作的开展受到了极大的影响。从事马铃薯科研的技术团队处于各自为战的状态，形不成整体合力。建议组建内蒙古马铃薯产业技术体系，成立首席专家、岗位专家、综合实验站的金字塔形式团队，分工明确、研究方向清晰、联合攻关，使内蒙古马铃薯产业提档升级。立项开展绿色种质资源和脱毒种薯高质量快繁，以及绿色高质高效栽培技术创新；支持育繁推一体化的种薯企业选育高产优质多抗专用新品种和种薯繁育技术创新。

（二）2022年马铃薯产业发展预测

1. 种植方面

虽然市场低位运行，相对稳定顺畅，从内蒙古的种植主体以及政策引领等多因素分析，预测2022年内蒙古马铃薯种植面积将继续保持相对稳定，预计种植面积在400万~450万亩波动。

2. 市场方面

受疫情等不确定因素影响，市场会出现小幅的波动，但均属于地域性情况，总体市场较2021年将有所起色，但也不容乐观，出现暴发性价格上涨的可能性不大。

3. 加工方面

在 2021 年加工业发展基础上，内蒙古马铃薯加工将会有一个较大的提升，特别是在加工专用薯的订单生产方面会有较大的增加，对稳定商品薯市场有较大的现实意义。

内蒙古自治区杂粮杂豆产业发展报告

一、内蒙古杂粮杂豆产业基本情况

我国是杂粮生产大国和世界杂粮优势产区，谷子、大粒裸燕麦、荞麦等杂粮作物起源于我国，有着悠久的种植历史和饮食文化。我国杂粮常年播种面积约9 750万亩，占粮食播种面积的6%以上。我国谷子播种面积和总产量均居世界第1位；荞麦播种面积和总产量居世界第2位；绿豆、红小豆总产量占世界总产量1/3左右；同时我国也是燕麦、豌豆、红小豆等杂粮杂豆的主产国。杂粮是种植业调结构、转方式的重要替代作物，是改善居民膳食结构、促进营养健康的重要口粮作物，也是老少边穷地区提高农民收益、促进乡村振兴的重要经济作物。

杂粮杂豆在内蒙古有着悠久的种植历史和区位优势，是内蒙古重要的优势特色作物。内蒙古是我国杂粮种植面积最大的区域之一，燕麦、荞麦、谷子等杂粮种植面积在1 300万亩左右，占内蒙古粮食总播种面积的10%左右，总产量占内蒙古粮食总产量的5%左右。2015年起，随着国家农业供给侧结构性改革及新一轮种植业结构调整的推进实施，内蒙古杂粮作物种植面积和产量均呈逐年增加趋势，2021年杂粮种植面积1 409.5万亩，总产量达到54.92亿斤，面积和总产量分别较2016年增加34.19%和98.27%（表1）。说明内蒙古杂粮生产规模和产业发展水平均呈现持续快速发展态势。杂粮作物的生产情况如下。

表1　2016—2021年内蒙古杂粮杂豆种植情况

年度	粮食作物		杂粮杂豆				
	面积/万亩	总产量/亿斤	面积/万亩	占内蒙古粮食面积比例/%	总产量/亿斤	占内蒙古粮食总产量比例/%	单产/（千克/亩）
2016	10 205.1	652.7	1 050.4	10.3	27.7	4.2	133.0

（续表）

年度	粮食作物		杂粮杂豆				
	面积/万亩	总产量/亿斤	面积/万亩	占内蒙古粮食面积比例/%	总产量/亿斤	占内蒙古粮食总产量比例/%	单产/（千克/亩）
2017	10 171.4	650.9	1 145.7	11.3	32.8	5.0	140.2
2018	10 184.8	710.7	1 108.4	10.9	43.2	6.1	194.6
2019	10 242.0	730.6	1 256.6	12.3	49.3	6.7	191.0
2020	10 249.8	732.8	1 335.5	13.0	53.7	7.3	183.7
2021	—	—	1 409.5	—	54.92	—	194.82

谷子：内蒙古谷子面积全国第3，产量第2。内蒙古谷子种植面积434.47万亩左右，干旱年份可达到600万亩左右，产量占全国谷子产量的1/4。

燕麦：内蒙古燕麦常年种植面积在300万亩以上，平均亩产量150～200千克，不同地区间单产差异较大，总产量约30万吨。内蒙古燕麦播种面积产量均居全国第1。

荞麦：内蒙古荞麦面积和总产量均为全国第1，荞麦生产受气候影响较大；种植面积年际间变化较大。近年来内蒙古荞麦种植面积约250万亩，最高年份达350万亩，荞麦单产在100～200千克/亩，不同地区差异较大。

高粱：高粱是内蒙古主要杂粮作物之一，面积和产量均为全国第1，近年来内蒙古高粱种植面积200万亩左右，2021年有所下降，总产量50万吨左右，平均单产在300～400千克/亩。

糜黍：内蒙古是全国最大的糜黍产区之一。内蒙古糜黍常年播种面积约100万亩，平均产量200～400千克/亩，不同产区间差异较大。

绿豆：内蒙古绿豆面积第1，产量第2（吉林第1），主要在兴安盟、赤峰市、通辽市等地种植，以上三个盟（市）常年种植面积约250万亩。此外，西部乌兰察布市、呼和浩特市、鄂尔多斯市等地有少量种植。

二、杂粮杂豆产区分布

内蒙古杂粮杂豆产区属于春播杂粮区，一年一熟，分为东部和西部两个产区。东部产区为杂粮春播区，主要种植谷子、高粱、荞麦、大麦、糜子、芸豆、绿豆等，机械化程度较高。西部产区主要分布在锡林郭勒、乌兰察布、呼和浩特、包头、鄂尔多斯等地，主要种植谷子、黍子、糜子、燕麦、荞麦、高粱、绿豆、芸豆等抗旱、耐瘠薄品种。

谷子优势产区在赤峰市、通辽市、兴安盟，其中赤峰市常年种植面积200万亩左右，占内蒙古的70%以上。燕麦优势产区在乌兰察布市、呼和浩特市、包头市北部、锡林郭勒盟、赤峰市等地，其中乌兰察布市常年播种面积占内蒙古的50%以上。荞麦优势产区在赤峰市、通辽市和西部的乌兰察布市、呼和浩特市、包头市。黍子和糜子优势产区在鄂尔多斯市、巴彦淖尔市、包头市、赤峰市和通辽市。高粱优势产区在赤峰市、通辽市和兴安盟。绿豆优势产区集中在东部的兴安盟、通辽市和赤峰市。

三、内蒙古主要杂粮杂豆种植情况

2021年内蒙古杂粮杂豆总播种面积1 409.49万亩；总产量约54.92亿斤，分别较2020年增加5.50%和2.25%；不同作物单产增减情况不同。杂豆与上年相比种植面积有所下降，谷子种植面积与上年持平，燕麦、高粱种植面积有较大幅度上升，荞麦主产区干旱较为严重，种植面积有所下降。详见表2、表3。

表2 2021年不同杂粮杂豆作物种植生产情况

作物	播种面积/万亩			单产/（千克/亩）			总产量/亿斤		
	2021年	2020年	增幅/%	2021年	2020年	增幅/%	2021年	2020年	增幅/%
谷子	479.56	380	26.2	208.31	256	-18.63	19.98	19.44	2.78
绿豆（包括红小豆）	217.81	269	-19.03	96.67	93	3.95	4.21	4.33	-2.77
高粱	219.49	225	-2.45	350.74	401	-12.53	15.40	18.05	-14.68
燕麦	220.48	251	-12.16	144.80	123	17.72	6.39	6.14	4.07
荞麦	131.98	104	26.90	147.66	109	35.47	3.90	2.26	72.57
其他	140.17	107	31	131.23	148	-11.33	5.04	3.49	44.41
合计	1 409.49	1 336	5.50	179.90	173.24	3.84	54.92	53.71	2.25

表3　2021年内蒙古各地不同杂粮杂豆作物种植生产情况

地区	项目	谷子	绿豆（包括红小豆）	高粱	燕麦	荞麦	其他
呼伦贝尔市	播种面积/万亩	0.1	0.42	11.2	9.5	—	10.48
	单产/（千克/亩）	100	142.86	102.68	57.89	—	76.34
	总产量/亿斤	0.002	0.06	1.15	0.55	—	0.8
兴安盟	播种面积/万亩	30.82	43.77	52.32	4.6	0.34	3.22
	单产/（千克/亩）	250.49	81.79	450.69	186.96	147.06	93.17
	总产量/亿斤	7.72	3.58	4.72	0.86	0.05	0.3
通辽市	播种面积/万亩	51.54	42.33	33.18	6.86	14.71	5.77
	单产/（千克/亩）	303.45	150	350	190	150	43.33
	总产量/亿斤	3.13	1.27	2.30	0.15	0.38	0.05
赤峰市	播种面积/万亩	366.89	111.09	87.42	0.05	83.33	56.07
	单产/（千克/亩）	251.03	81.92	415.47	200	108.84	175.85
	总产量/亿斤	18.42	1.82	7.26	0.002	1.814	1.972
锡林郭勒市	播种面积/万亩	—	—	—	53.42	0.25	29.67
	单产/（千克/亩）	—	—	—	157.06	40	170.21
	总产量/亿斤	—	—	—	8.39	0.02	5.05
乌兰察布市	播种面积/万亩	17.03	13	10.00	105	7	18.9
	单产/（千克/亩）	150	65	300	160	80	140
	总产量/亿斤	0.51	0.17	0.6	1.7	0.114	2.16
呼和浩特市	播种面积/万亩	10.12	4.08	16.37	32.4	3.59	9.1
	单产/（千克/亩）	257.91	36.76	318.27	98.77	111.42	258.24
	总产量/亿斤	2.61	0.15	5.21	0.64	0.4	2.35
包头市	播种面积/万亩	1.18	0.13	6.2	8.6	21.85	0.42
	单产/（千克/亩）	262.71	100	490.33	75.58	59.50	170
	总产量/亿斤	0.06	0.06	0.61	0.13	0.26	0.013
鄂尔多斯市	播种面积/万亩	1.88	2.99	2.8	0.05	0.91	6.54
	单产/（千克/亩）	90.87	115.06	378.5	176	124.46	53.97
	总产量/亿斤	0.034	0.069	0.21	0.0018	0.023	0.071

四、2021年杂粮产业发展现状

（一）种植品种

燕麦品种：燕科1号、草优1号、草优2号、花早2号、坝莜1号、坝莜8号、坝莜15号、坝莜18号、白燕系列、内燕系列、燕科系列、内农大系列。

荞麦品种：温莎大粒荞麦、通荞1、日本大粒荞、赤荞1、赤苦荞1、赤苦荞2、赤甜荞1、纯甜1、库伦大三棱、赤甜荞1号、库伦大粒。

高粱品种：凤杂101、凤杂4、瑞杂7号、内杂5、吉杂118、210、敖粱8、敖粱10、九粱12、新杂2、禾粱3、禾粱1、齐杂33、红糯5号、哲杂、赤杂、赤粱、吉品、吉杂、敖杂等系列。

谷子品种：大金苗、毛莨谷子、晋谷21、晋谷29、黄金苗、毛毛谷、峰红谷4、赤优金谷、豫谷18、敖谷1、敖谷9、金苗K1、红钙谷、竹叶青、山西红谷、张杂谷系列、赤谷、龙谷系列。

豆类品种：鹦哥绿、赤绿1、大明绿、鹏程中绿、鹏程密荚、鹏程小粒明绿、鹏程明绿、鹏程大粒明绿、白绿11、冀绿0816、英国红、白芸豆、深红芸豆、大红袍、珍珠红、红小豆、小粒红、合丰50、黑农84、中黄30、本地黑豆、吉育86、龙博等系列。

糜子品种：内糜5号、伊糜5号、大红糜子、内糜9号。

黍子品种：大黄黍、大红黍、大黑黍、白黍子、晋黍4号、晋黍8号、晋黍9号。

（二）主推技术

内蒙古杂粮杂豆主要以旱地传统种植模式为主，近年来杂粮耕种收机械化程度不断提高。东部杂粮产区高粱、谷子主要推广全程机械化综合高产栽培技术模式，随着膜下滴灌技术的示范推广，谷子全膜膜下滴灌种植和旱作全膜覆盖种植技术面积逐步扩大。通辽市开展了小面积谷子无膜浅埋滴灌水肥一体化技术模式和旱作全膜覆盖双垄沟播技术模式示范推广。在东部产区，荞麦大垄双行轻简化全程机械化栽培技术模式推广面积逐渐扩大。此外，在燕麦上，兴安盟、赤峰市推广燕麦粮草复种栽培技术、燕麦宽幅条播栽培技术等模式，通辽市推广燕麦、荞麦两季复种模式。

在西部产区，杂粮作物主要种植在丘陵旱作区，种植较为分散，规模化及全程机械化程度相对较低，主要生产技术采用小型或大中型拖拉机耕整地—选用良种—机械施肥播种—人工除草或使用除草剂除草—适时收获（小型收割机或联合收获机收获）的技术模式。近年来在谷子上推广旱作全膜覆盖种植技术，增产效果显著。

五、销售加工情况

随着新型农业经营主体的迅速发展，订单生产也逐渐增加，优质特色杂粮销售在一定程度上得以保障，杂粮生产投入也随之增加，高产优质生产技术得以大面积应用，促进了规模化经营和标准化生产。从目前来看，杂粮杂豆销售情况正常，供求关系相对平衡，销售价格相对稳定。例如燕麦原粮的销售价格自收获后一直维持在3元/千克以上，有的订单种植甚至可以达到3.5元/千克，在一定程度上激发了农民种植积极性。

内蒙古杂粮杂豆加工企业数量较多，规模比较大的有内蒙古阴山优麦食品有限公司、内蒙古燕谷坊生态农业科技（集团）股份有限公司、内蒙古蒙清农业科技开发有限责任公司、三主粮集团股份公司、凉城县世纪粮行有限公司等企业，其中主要产品有独立品牌的燕麦片、燕麦米、荞麦面条、小米、藜麦米、米稀以及一些精深加工产品，产品供应国内大中城市商场和超市。此外，内蒙古燕谷坊生态农业科技（集团）股份有限公司、内蒙古西贝江通农业科技发展有限公司、武川县禾川绿色食品有限责任公司等杂粮加工企业快速发展，新上燕麦休闲保健食品生产线，促进龙头企业开展杂粮杂豆系列产品研发上市，拓展了市场，走精品化之路，延伸了产业链。内蒙古大部分杂粮杂豆企业是中小企业，也有自主的产品品牌，但多数产品为初加工，以米、面和包装后的原粮为主，兼作贴牌生产，产品主要销往周边省市。另外，杂粮加工企业加强构建与农户的利益联结，使企业在推动地区产业发展方面起到带动作用，增强了农民种植积极性，拓宽了当地杂粮杂豆市场，杂粮杂豆产业发展初具规模，杂粮杂豆市场优势也逐渐显现。

六、杂粮杂豆产业发展存在问题

1. 科研基础薄弱，经费投入不足，新技术推广缓慢

由于农技人才不足，农村青壮年劳动力大多进城务工，直接从事农业生产的多为老人、妇女，整体种植水平不高，对新品种、新技术、新的生产经营方式接受较慢。连年耕作，中低产田改造滞后，部分地区耕地质量下降，生产规模化低，全程机械化技术应用水平低，不能适应现代农牧业发展需要，生产效益一般。农业整体科技水平不高，科技成果转化率低。

2. 杂粮优质品种少，良种覆盖率低

除了谷子、燕麦、藜麦等作物，多数杂粮杂豆种植品种主要以农户自留品种为主，可更新替代的优质高产品种较少，部分品种混杂退化问题突出，主产区的杂粮杂豆良种覆盖率较低。

3. 龙头加工和销售企业带动能力不足

龙头加工和销售企业深加工水平不高，原粮类产品占比高，产品科技含量和附加值低，尚未实现优质优价，品牌效应不突出，现有加工企业主要以民营企业为主，存在着规模小、实力弱、辐射带动力不强、影响力不大等问题，限制杂粮产业发展。

4. 销售市场单一，渠道不稳定

杂粮加工企业的市场交易也限于零售渠道和电商平台，销售渠道窄，产品价格相对较低且不稳定，多样化的营销模式和体系尚未构建。

5. 产业抗灾能力弱

由于杂粮杂豆种植多集中在贫困地区，存在生产条件脆弱，投入能力小、抗风险能力差等实际困难，在遭遇严重自然灾害之后对贫困地区稳定脱贫和农户恢复生产影响较大。

6. 规模化经营困难

由于燕麦等杂粮仍然以户为单位分散种植，广种薄收，粗放管理。种植比较效益低，有规模的种植专业合作社、家庭农场基本不在水地种植，农民主要将杂粮杂豆作为轮作倒茬作物种植于旱坡地等中低产田，种植规模受到限制。

七、杂粮杂豆产业 2022 年预测及工作建议

（一）2022 年预测

"十四五"期间，杂粮杂豆产业已列入内蒙古 13 个农牧业优势特色产业集群规划建设之中，为内蒙古杂粮产业健康发展提供政策支持和技术保障。2022年，受内蒙古优势特色产业集群的政策支持，在国家重点生态保护区实施"水改旱"的政策影响下，在各地龙头企业进一步推广"订单种植"的价格优势，以及杂粮杂豆已逐步成为马铃薯、向日葵等作物的主要轮作倒茬作物等因素的共同作用下，杂粮杂豆的种植面积和规模会进一步扩大。此外，当地政府特色农产品种植基地建设，鼓励农民种植杂粮，龙头企业开发杂粮各类系列产品，拓宽杂粮市场，提升杂粮种植的比较效益，将会进一步激励农民种植积极性，有力地促进杂粮杂豆产业发展。

（二）工作建议

1. 发挥区域优势，形成规模化生产

根据杂粮杂豆的实际生产情况，综合考虑产地资源条件、生产基础、市场环境以及资金技术等方面因素，着眼国际国内市场需求，重点发展市场占有率高、市场前景广阔的优质杂粮杂豆产品。通过区域规划布局，形成规模化生产、标准化管理、产业化经营的发展格局。

2. 强化技术落实，提高杂粮杂豆单产水平

杂粮杂豆主要种植在旱耕地，土壤瘠薄、水源条件差是导致杂粮杂豆单产水平较低的重要原因。因而亟待改善生产条件，通过加强水源基础设施建设、增施有机肥、秸秆还田等符合实际的技术措施，开展培肥地力，实施测土配方施肥、配套绿色轻简化生产技术模式，切实提升杂粮杂豆单产和品质，实现大面积均衡增产。

3. 抓好品种的选育、提纯和复壮

增加科研经费投入，强化推广部门、科研部门的合作。做好新品种引进与

试验示范，重点推广优质高产适合旱地、水浇地栽培的优良品种，对于保证杂粮杂豆生产意义重大。在杂粮杂豆重点生产区域建设良种提纯复壮、新品种试验示范基地，以提高优良品种的集约化应用水平。

4. 加大高素质农民的培育，从根本上扭转农业农村落后面貌

整合涉农培训资金，强化高素质农民培育，至少每个村有一名职业农民，引领带动当地优势特色杂粮产业生产上台阶、上水平，迅速将杂粮新品种、种植集成技术应用到生产中，发挥科技的支撑作用。

5. 扶持发展龙头企业，推进产业化经营，发展精深加工

以杂粮杂豆加工企业为龙头，采取企业依托基地、依托农户的方式，完善企业、基地、农户的利益关系，推进杂粮杂豆生产的产业化进程。在积极扶持加工龙头企业的同时，建立、培育、扶持农村专业合作经济组织，搞好农村经纪人队伍建设，提高经纪人的素质和能力，搞活管好农贸、粮食市场，广泛开展社会化服务，畅通销路，实现杂粮杂豆产量和经济效益的同步增长。

6. 树立品牌意识，提高绿色食品的市场占有率

充分发挥杂粮杂豆种类多、品质好的优势，加强宣传引导，使生产者树立和提高品牌意识，对符合绿色、有机食品条件的产品，政府协助生产单位及早做好申请认证工作。开发潜在的国内外杂粮杂豆绿色品牌市场，在杂粮杂豆集中产区建设现代化的产地批发市场，在市场设立绿色、有机食品专区，建立连锁经营，提高市场占有率。

内蒙古自治区大豆产业发展报告

　　内蒙古是我国重要的大豆生产基地，也是我国绿色优质大豆主产区之一。"十三五"以来，内蒙古持续实施大豆振兴计划，大豆产业实现快速发展。2020 年内蒙古大豆播种面积首次突破 1 800 万亩，达到 1 802.5 万亩，总产量 234.5 万吨，面积、产量均创历史新高，居全国第 2 位。2021 年，内蒙古在全面做好疫情防控的前提下，积极采取有效措施，抵御春季大风低温、夏季阶段性洪涝干旱、秋季多雨低温等自然灾害影响，突出抓好大豆生产标准化技术落实，深入开展大豆新品种、新技术试验示范和技术集成，强化技术指导服务，全力抓好大豆生产。但受2020 年玉米价格大幅上涨、农民种植玉米意愿增强影响，2021 年大豆播种面积和总产量均呈下降趋势，播种面积为 1 339.8 万亩，总产量 168.5 万吨。

一、大豆产业发展基本概况

（一）国内外大豆产业发展概况

　　目前世界上有 50 多个国家和地区种植大豆，年种植面积 19 亿亩左右、总产量 3.4 亿~3.6 亿吨，主产国有巴西、美国、阿根廷、中国、印度、巴拉圭等。2020 年全球大豆产量 36 205 万吨，其中巴西占 36.6%（达 13 300万吨）、美国占 31.2%（达 11 350 万吨）、阿根廷占 13.7%（5 000 万吨）。中国仅占全球产量的 5.4%（1 960 万吨），排名第 4。2021/2022 年度收获季全球大豆产量预估达38 000 万吨以上。

　　在我国，大豆是仅次于三大主要粮食作物的重要农产品，是最大宗进口农产品，占粮食种植面积的 10%。近 20 年来，由于种植比较效益低，大豆主产区改种玉米、水稻等比较效益高的作物，导致我国大豆播种面积总体呈减少趋势，到 2015 年下滑到最低点，为 1.02 亿亩，总产量 1 236 万吨。2016 年我国大豆产量扭转了持续降低的局面，实现恢复性增长，总产量达到1 600万吨。其主要原因是2014年开始国家实施的大豆目标价格补贴、2015年实施的"镰刀弯"地区结构调整减少玉米种植、2017年开始实施的大豆生产者补贴政策拉动，以及国内大豆市场需求的持续增长和国家黑土地保护、耕地轮作制度试点等项目带动，调动了农民种植大豆的积极性。

同时，大豆作为重要的植物蛋白来源，近20年，我国大豆消费量持续攀升，供需缺口居高不下，大豆进口量逐年增长，从2011年的5 264万吨增长到2020年的10 032.8万吨，增长90.6%，进口量首次超过1亿吨。目前我国已成为世界第一大大豆进口国，而且大豆进口来源高度集中于巴西、美国和阿根廷三个国家，占进口总量的90%以上，给我国粮食安全带来巨大风险。

我国进口大豆主要用于压榨，国产大豆主要用于食用。2020年我国大豆播种面积为1.48亿亩，产量为1 960万吨，当年我国大豆总消费量约为1.2亿吨，约占全球产量的1/3，其中压榨消费占比达到81.98%，食用消费占比14.54%，种用消费占比0.62%。2021年我国大豆播种面积1.26亿亩，比2020年减少2 200万亩，下降14.8%，主要受2020年玉米价格大幅上涨，种植效益提高，农民种植玉米意愿增强影响。2021年我国大豆产量为1 640万吨，比2020年减少320万吨，单产130千克/亩，比上年减少2.3千克/亩。2021年我国进口大豆9 652万吨，在肉类和牛奶产量创新高的情况下，大豆进口量未增反降，比2020年减少380.8万吨。主要原因为2021年农业农村部开展了饲用豆粕减量替代相关工作，通过积极开辟新饲料资源，引导牛羊养殖减少精料用量，通过"提效、开源、调结构"等综合措施，减少对进口大豆的依赖（表1）。

表1 近些年我国大豆面积、总产量和进口量

年度	面积/亿亩	面积增减/%	总产量/万吨	总产量增减/%	进口量/万吨	进口量增减/%
2014	1.06	0.7	1 268	2.2	7 140	12.6
2015	1.02	-3.8	1 236	-2.5	8 174	14.5
2016	1.08	5.9	1 266	2.4	8 391	2.7
2017	1.23	13.9	1 489	17.6	9 554	14.7
2018	1.26	2.4	1 600	7.5	8 806	-7.8
2019	1.40	11.1	1 810	13.1	8 551	-2.9

（续表）

年度	面积/ 亿亩	面积增减/ %	总产量/ 万吨	总产量增减/ %	进口量/ 万吨	进口量增减/ %
2020	1.48	5.7	1 960	8.3	10 032.8	19.3
2021	1.26	−14.8	1 640	−16.3	9 652	−3.8

（二）内蒙古大豆产业发展概况

内蒙古大豆多属于东北北部产区，富含亚麻酸、肌醇磷脂、卵磷脂、维生素 E、β-胡萝卜素、总异黄酮、铁等功能性活性物质。

内蒙古大豆种植面积占全国大豆总面积的 12%左右，面积、产量、商品品质、种植水平均居全国第 2 位。受生产者补贴政策和耕地轮作制度试点的推动，近几年大豆面积和总产量得到恢复性增长，2015—2020 年内蒙古大豆播种面积、总产量占粮食作物总播种面积、总产量的比例逐年提高。2021 年受 2020 年玉米价格大幅上涨，农民种植玉米意愿增强，玉米大豆相互争地影响，大豆种植面积在连续 6 年增长后首次出现下降（表 2）。

表 2　内蒙古大豆种植面积和产量统计表

年度	面积/ 万亩	比上年 面积增减/ %	总产量/ 万吨	比上年总 产量增减/ %	单产/ （千克/亩）	比上年 单产增减/ %	占内蒙古 粮食作物 播种面积/ %	占内蒙古 粮食作物 总产量/%
2015	1 219.3	9.2	126.7	10.2	103.9	0.9	12.4	3.8
2016	1 385.1	13.6	150.8	19.0	108.9	4.8	13.6	4.8
2017	1 483.4	7.1	162.6	7.8	109.6	0.6	14.6	5.0
2018	1 641.36	10.6	179.4	10.3	109.3	−0.3	16.1	5.05
2019	1 784.7	8.7	226	25.9	126.7	15.9	17.4	6.2
2020	1 802.5	1.0	234.5	3.8	130.3	2.8	17.8	6.4
2021	1 339.8	−25.7	168.5	−28.2	125.8	−3.5	13.0	4.4

（三）产区分布

我国绝大多数省份都种植大豆，逐渐形成北方春作大豆种植区、黄淮海流域春夏大豆种植区和南方多作大豆种植区的生产格局，三大区域大豆种植面积基本呈现5∶3∶2分布。北方春作大豆区是我国最大的大豆产区，具体分布在包括黑龙江、吉林、辽宁、内蒙古、宁夏、新疆等省（区）及河北、山西、陕西、甘肃等省北部，面积和总产量均占全国总量的55%以上，单产水平居中为117千克/亩。其中黑龙江是全国最大的大豆主产区，内蒙古居第2位。

内蒙古大豆优势产区集中，主要分布在东部的呼伦贝尔市和兴安盟，面积占内蒙古的89%，其中呼伦贝尔市大豆面积占内蒙古的78%左右，兴安盟占10%左右。

（四）销售加工

目前，内蒙古大型大豆生产加工企业近20家，年设计总加工能力约100万吨。销售收入500万元以上的大豆加工企业有13家，其中，自治区级以上加工龙头企业5家。内蒙古蒙佳粮油工业集团有限公司为国家级龙头企业，拥有原粮仓储能力95万吨，植物油仓储能力22万吨，油脂生产线5条，大豆浓缩蛋白生产线1条，大豆改性蛋白生产线1条，年可加工10万吨大豆的能力。但由于主产区大豆价格偏高等因素，企业加工本地大豆的量不足总加工量的10%，主产区大豆90%以上以原粮外销。

内蒙古大豆以油脂、豆粉等初加工产品为主，大豆蛋白、功能性成分产品开发利用少，产品的附加值低。2020年，核心产区已建成大豆收购、交易市场49处，年交易量200多万吨。其中，"蒙佳"牌、"淳江"牌非转基因大豆油、大豆蛋白、豆粕等产品畅销全国。

（五）产业发展优势

1. 资源优势

内蒙古大豆主产区土壤类型以黑土和栗钙土为主，土层深厚，土壤有机质含量在2%~10%，保水保肥能力强。水资源较为丰富，年平均降水量350~500毫米，受季风气候的影响，主要分布在7—9月，占全年降水量的70%左右。无霜期85~130天，≥10℃年积温1 800~2 700℃。土壤肥沃、集中连片、降水充沛、雨热同期，有利于大豆脂肪的形成和积累，有利于大豆的专业化、规模化、机械化生产，是大豆理想的种植优势区。

2. 生产优势

大豆主产区具备了区域化布局、规模化经营、标准化生产和产业化发展的条件和基础，特别是国营农牧场和合作社、涉农企业、家庭农场等新型经营主体，在大豆规模化经营过程中积累了丰富的经验，并拥有国内外最先进的大豆整地、播种、田管和收获机械。2020年，大豆核心产区标准化种植面积达到511.2万亩，占核心产区大豆种植面积的32%。其中，呼伦贝尔市大豆标准化种植面积450.9万亩、兴安盟标准化种植面积60.3万亩。通过农机农艺高度融合，规模化生产的大豆基地大型农机作业率达到100%，主推的技术模式、技术措施到位率达到100%。

3. 竞争力优势

一是种植规模大。内蒙古大豆主产区具有明显的大豆生产优势，近几年播种面积都在1 400万亩左右。二是产区集中。主要集中在呼伦贝尔市岭东南的扎兰屯市、阿荣旗、莫力达瓦达斡尔族自治旗及鄂伦春自治旗南部和兴安盟的扎赉特旗、科尔沁右翼前旗，总播种面积接近内蒙古大豆种植面积的90%。三是商品率高。多年来主产区大豆商品率都保持在90%左右。四是绿色无污染。大豆主产区远离工业园区，耕地开发时间短，化肥农药使用量少，土壤无残留，是闻名全国的一方无污染的净土，具有开发绿色食品得天独厚的环境和资源优势。2012年内蒙古"阿荣大豆"被评为农产品地理标志保护产品，2014年阿荣旗100万亩大豆获得了国家级绿色食品原料标准化生产基地认证，2017年7月，阿荣旗被授予全国首批国家农产品安全示范县。大兴安岭农场局绿色食品大豆认证面积达到50万亩，有7家农场被确定为国家农产品质量追溯体系建设单位。五是非转基因大豆。目前进口大豆基本为转基因大豆，用来补充油用和饲用市场的不足，而内蒙古生产的正是目前市场短缺的食用高蛋白大豆和蛋白质、脂肪双高的优质大豆。六是农牧结合发展。以呼伦贝尔市为例，有大小牲畜1 000万头（只）以上，每年消耗大量的蛋白饲料，为大豆产业的发展提供市场，而养殖业的发展又为优质大豆生产提供大量的有机肥，促进了大豆的绿色生产。

4. 科研优势

内蒙古大豆科研以呼伦贝尔市农牧科学研究所为主，内蒙古农牧业科学院和赤峰市农牧科学研究所也开展品种选育和配套技术的相关研究。其中，呼伦贝尔市农牧科学研究所是国家大豆改良中心呼伦贝尔分中心、国家大豆产业技术体系呼伦贝尔综合试验站、国家大豆原原种繁殖基地、内蒙古自治区大豆引育种中心。现育成大豆新品种45个，目前推广面积最大的品种为登科5，2020年推广面积达到277万亩，在全国排名第7。新审定的蒙豆1137推广面积近70万亩。赤峰市农牧科学研究所大豆所在承担国家大豆产业技术体系有关工作同时，选育出适合内蒙古中西部地区推广的赤豆3号、赤豆1号和赤豆5号等优质大豆品种。

5. 繁育基础

内蒙古通过采取"政府主导、企业主体、社会参与"原则，积极推进大豆良种繁育基地建设。2019年，在呼伦贝尔市莫力达瓦达斡尔族自治旗和鄂伦春自治旗共建设2个国家级大豆区域性良种繁育基地，项目旗县每年投资1 000万元，连续投资3年。目前，已建成选育种基地5 270亩和大豆良种繁育基地7.6万亩，为良种繁育打下了良好的基础。

二、2021年内蒙古大豆产业发展基本情况

（一）种植情况

呼伦贝尔市和兴安盟是内蒙古大豆的主产区，大豆播种面积约占内蒙古的89%，其中呼伦贝尔市约占78%、兴安盟占10%左右。近些年，赤峰市大豆种植面积逐年扩大，目前为80万~95万亩，通辽市大豆面积30万亩左右。中西部地区乌兰察布市面积最大，为40万亩左右，呼和浩特市为10万亩左右，鄂尔多斯市为15万亩左右，包头市和巴彦淖尔市因近两年引进大豆玉米带状复合种植技术，开始种植大豆，目前面积较小（表3）。

表3　各盟（市）大豆种植面积　　　　　　　　单位：万亩

年度	呼伦贝尔市	兴安盟	通辽市	赤峰市	乌兰察布市	呼和浩特市	包头市	鄂尔多斯市	巴彦淖尔市
2020	1 413.3	187.8	35.3	94.7	42.8	12.9	0.5	12.7	0.8
2021	1 026.9	136	26.8	87.8	32.8	9.9	1.7	17.3	0.4

受 2020 年玉米价格偏高影响，2021 年内蒙古大豆播种面积明显减少，为 1 339.8 万亩，较上年减少 462.7 万亩，减少 25.7%；总产量 168.5 万吨，较 2020 年减少 66 万吨，减少 28.2%；单产 126 千克/亩，较 2020 年减少 4.5 千克/亩，减少 3.5%。

（二）生长特点

2021 年，由于春季低温，大豆播种时间平均推迟 3~5 天。加上前期温度较常年低，造成大豆生育期在苗期偏晚 7~10 天。进入结荚期，主产区降雨集中、高温热量条件好，坡地大豆生育进程加快，生育期较常年还偏晚 5 天左右。低洼地块受积水影响，大豆生长缓慢，根腐病发生严重。如呼伦贝尔市从 6 月下旬到 8 月有持续降雨，低洼地块大豆涝害严重，个别地块有绝产现象。

（三）种植品种

目前内蒙古大豆品种类型较多，生育期跨度较大，从 1 850℃ 积温到 3 500℃ 积温区都有大豆种植。种植品种有内蒙古科研单位选育的，也有从不同省份引进筛选出适合内蒙古不同生态类型的优良品种。品种类型能够满足生产需求，并且高油、高蛋白等优质品种占推广面积的 65% 以上。

东北部地区是内蒙古大豆优势产区，品种类型丰富，如高蛋白品种有蒙豆 11、蒙豆 42、黑河 45、蒙豆 36、蒙豆 13、黑农 48 等；高油品种有蒙豆 32、登科 5 号、登科 1 号、蒙豆 14、蒙豆 26、蒙豆 28、蒙豆 33、垦农 18、东生 7 号等；广适高产品种有内豆 4 号、天源 1 号（华疆 2 号）、蒙豆 46、黑河 43、蒙豆 15、蒙豆 1137、蒙豆 359、蒙豆 43、合农 95、兴豆 5 号、赤豆 3 号等；特用大豆品种主要有札幌绿（毛豆）、东农 60（芽豆）、绥无豆腥 2 号等。中部地区筛选出的高油、耐密植、适合平播的高产品种有赤豆 3 号、赤豆 5 号、合农 50、合农 55、吉育 86、合农 71 等。西部地区有耐旱、耐瘠薄、耐阴的品种，如晋豆 21、中黄 30 等。

另外，根据生产中的问题，筛选出的耐重迎茬大豆品种有登科 3 号、兴豆 3 号、兴豆 5 号、兴豆 7 号等，耐大豆根腐病品种有登科 1 号、蒙豆 28、蒙豆 1137、蒙豆 43 等，耐密植品种有华疆 2 号、登科 1 号等。内蒙古育种单位科研人员通过对不同类型大豆品种的筛选，实现了内蒙古大豆稳产、丰产的目标。

（四）主推技术

近几年，内蒙古大豆主推技术坚持选择适宜规模化、标准化、全程机械化生产的要求，主要有大豆大垄高台栽培技术，2021年推广面积约300万亩；大豆垄上三行窄沟密植技术，推广面积约396万亩；大豆垄三栽培技术，推广面积约531万亩，是内蒙古应用面积最大的大豆栽培技术。2018年研发的创造内蒙古大豆高产纪录的大豆大垄密植浅埋滴灌栽培技术，经过不断完善优化，2020年上升为内蒙古地方标准，2021年已正式发布实施，2021年示范面积为5.3万亩。另外，2020年和2021年，结合国家农业重大技术协同推广——玉米大豆带状复合种植技术推广项目的实施，大豆玉米带状复合种植技术在内蒙古推广面积达到了5.02万亩，涉及8个盟（市）21个旗县区，2021年有5个示范点在试验示范中取得了玉米基本不减产，增收大豆的目标，为推进内蒙古大豆东中西三区布局，全面提升大豆产能提供了新的技术途径。

（五）高产典型

近年来，内蒙古积极围绕大豆绿色发展加强技术集成创新，在有水浇条件的大豆产区集成示范推广的大豆大垄密植浅埋滴灌栽培技术，2018年、2019年、2020年连续三年刷新了内蒙古大豆单产最高纪录，为内蒙古大豆生产实现增产增效树立了典型示范。2018年实收实测面积1.18亩，实收亩产量291.1千克，刷新了2005年内蒙古创造的大豆亩产251.0千克的高产纪录。2019年实收实测面积1.017亩，实收亩产达到309.3千克，大豆亩产首次突破300千克，再次刷新了自治区大豆单产纪录，同时刷新了多年来东北北部地区的大豆亩产历史。2020年实收面积1.32亩，平均亩产达到310.51千克，再次刷新东北北部地区大豆高产纪录。

（六）价格与销售

2021年，普通大豆开秤价达到2.85元/斤左右，较2020年同期上涨约0.80元/斤。清选后的大豆约2.95元/斤。进入11月以后，价格持续上涨，出现了价格的高峰，普通大豆平均为3.04元/斤，清选后为3.11元/斤。12月，普通大豆平均价格为2.95元/斤，清选后为3.05元/斤。

受价格持续走高影响，2021年大豆销售进度偏慢，12月中旬主产区销售进度不足70%。内蒙古大豆主要销往山东、广东、海南、天津、安徽、河南、河北等省（市）以及东北三省和内蒙古中西部盟（市）。以大兴安岭农场管理局为例，2021年因大豆价格过高，导致基本没有原料供应给广东海天集团、福建达利集团、陕西秦豆园等合作伙伴，仅被北京首农集团收储2万吨。同时受价格影响，企业统管的17万亩耕地生产的2万吨大豆网上拍卖成交量也明显下降。

（七）成本与效益

2021年内蒙古农资价格普遍上涨。春季化肥价格平均涨幅超过10%。大豆种子尤其是优质种子价格上涨明显，涨幅超过15%，除草剂价格与2020年持平。土地成本明显增加，2021年种植大豆土地租赁费平均都在300元/亩以上，主要是受大豆生产者补贴政策拉动、耕地轮作项目推动和近两年大豆价格持续走高影响，内蒙古农民种植大豆积极性不断提高，种植大豆的优质土地增加，抬高了种植大豆的土地成本。如呼伦贝尔市阿荣旗种植大豆的土地流转费平均达到400元/亩、扎兰屯为350元/亩、莫力达瓦达斡尔族自治旗为300元/亩、兴安盟扎赉特旗水浇地达到600元以上、科尔沁右翼前旗约为350元/亩。目前土地成本已经占到了大豆生产成本的一半以上，成为影响种植收益的最大因素。

受价格上涨影响，2021年内蒙古大豆种植收益有所增加，平均净利润在96.7（扎兰屯）~234.4元/亩（扎赉特旗），比2020年上涨85%左右。2021年呼伦贝尔市大豆生产者补贴为266元/亩，兴安盟大豆生产者补贴为235元/亩，加上生产者补贴，种植大豆收益达到362.7~469.4元/亩，与种植玉米相比，种植大豆均少收入150~200元/亩。

三、大豆产业发展存在问题

（一）品种创新能力有待加强

目前，仅呼伦贝尔市农牧科学研究所拥有自主选育的优质品种，其他育种单位和种业公司自主创新能力不足，高蛋白食用大豆品种储备较少，高油、高产、抗逆突破性品种不足。

（二）标准化生产水平有待提高

大豆主产区机械化精量播种和联合收获作业率达到 90% 以上，但机械深松作业比例仅占 30% 左右，而且还有 40% 以上的散户采取"小四轮"作业，机械化、标准化、专业化和信息化发展水平还很不均衡，产量水平差异较大。

（三）种植效益低而不稳

大豆与玉米等作物比较属于低产作物，同时主产区缺少大型收储企业和销售队伍，农民主要将大豆销售给小商贩，处于被动销售状态。而且大豆价格受国际贸易影响大，价格波动剧烈，农民种植收益不稳定。

（四）中西部大豆生产水平有待提高

内蒙古中西部地区主要种植玉米、马铃薯，缺少适宜的大豆品种、优质的栽培技术和配套的作业机械，推进中西部大豆生产任务依然艰巨。

（五）地方企业加工能力有待提升

内蒙古现有的 10 余家规模以上大豆加工企业，普遍存在产品单一、加工量小、产品竞争力弱、企业效益低、带动能力不强的问题。

（六）品牌销售有待加强

作为全国大豆生产第二大省，内蒙古大豆龙头企业相对较少，"呼伦贝尔大豆""兴安大豆"区域公用品牌影响力还不强，大豆加工产品的品牌培优滞后。

四、大豆产业发展预测及下一步工作建议

（一）继续强化和稳定政策支持

大豆生产者补贴和耕地轮作制度试点是稳定内蒙古大豆种植面积的重要政

策和项目，建议进一步拉大大豆和玉米生产者补贴差距，继续实施耕地轮作制度试点，有效保障内蒙古大豆种植面积的同时，通过轮作调整种植结构，推进可持续发展，提高大豆产量，促进玉米大豆均衡发展。

（二）大力发展大豆种业

继续增加大豆良种繁育基地大县数量，扩大繁种基地建设规模。依托呼伦贝尔市农牧科学研究所（国家大豆改良中心呼伦贝尔分中心、国家大豆产业技术体系综合试验站）和种业公司开展联合育种，加快大豆提纯扩繁，提高大豆良种供应能力，从源头上解决大豆单产低的问题。

（三）有力推动大豆标准化生产

建议国家加大对规模化新型经营主体的支持力度，通过新主体推动大豆机械化、规模化和标准化生产，有效提高大豆单产和种植收益。

（四）加大新技术示范推广力度

我国大豆生产与发达国家最大的差距就是单产低，与美国相比，平均单产低 100 千克左右。内蒙古自主创新的"大豆大垄密植浅埋滴灌栽培技术"，平均亩产在 260 千克以上，最高亩产达到 310.54 千克，是解决东北地区大豆单产低的一项绿色增产增效技术；"玉米大豆带状复合种植技术"可有效解决玉米、大豆争地的矛盾，是增加中西部大豆种植面积的有效模式，建议国家加大资金支持力度，支持新技术大面积推广应用。

（五）大力扶持大豆深加工企业

解决大豆主产区产品销售难、市场价格不稳等问题，急需培育发展大豆深加工企业，增强产业的竞争实力和辐射带动能力。建议对现有大豆深加工企业技术改造升级、引进大豆食品加工企业，在用地、税收等方面给予支持。

（六）强化销售保障生产

鼓励开展订单生产，联合粮食等部门继续强化产销对接，引导种植大豆的新型经营主体直接与加工大省对接，建立长期供销关系，从而稳定大豆生产，促进增收。

内蒙古自治区水稻产业发展报告

一、水稻产业发展概况

（一）基本情况

水稻是全球约 50% 人口的主粮，其中近 90% 产于亚洲，并在亚洲等发展中国家消费。水稻也是我国重要的口粮作物，全国 60% 以上居民以稻米为主食。我国稻谷产量约占世界稻谷总产量的 30%，居世界第 1 位；种植面积约占世界水稻种植面积的 20%，仅次于印度，居第 2 位。

进入 21 世纪，我国水稻面积和产量总体上都呈增加趋势。2004 年以来，随着前期积压的稻谷库存减少，我国水稻播种面积和产量开始出现恢复性增长，占全国粮食总产量 35%，仅次于玉米，居第 2 位；平均单产达到 449.5 千克/亩。2011—2021 年，我国水稻面积和总产量基本稳定在 4.5 亿亩和 2 亿吨以上，人均占有量稳定在 150 千克左右，确保口粮绝对安全。2015 年以后，由于受到国内稻谷市场供需充足、低价进口大米数量较大和国家连续下调稻谷最低收购价格标准的影响，我国水稻种植面积和总产量波动下降，但仍保持在 4.5 亿亩左右；单产水平持续提高，2019 年突破 470 千克/亩。2020 年，在稻谷最低收购价格上调等利好政策推动下，水稻种植面积和总产量均呈恢复性增长。2021 年，受上年度玉米价格大幅上涨，种植效益提高，农民种植玉米意愿增强及气候条件不适宜、种植结构调整等因素影响，全国水稻种植面积稳中略降为 44 881.8 万亩，较上年减少 232.2 万亩；单产 474.2 千克，较上年提高了 4.6 千克，创历史新高；总产量 21 284.3 万吨，增产 98.3 万吨，也创历史新高（表 1）。

表1　2015—2021 年全国水稻生产情况

年度	粮食作物		水稻				
	面积/万亩	总产量/万吨	面积/万亩	占粮食作物比例/%	总产量/万吨	占粮食作物比例/%	单产/（千克/亩）
2015	178 444.5	66 060.3	46 176.0	25.9	21 214.2	32.1	459.4
2016	178 845.0	66 043.5	46 119.0	25.8	21 109.4	32.0	457.7
2017	176 983.5	66 160.7	46 120.5	26.1	21 267.6	32.1	461.1
2018	175 557.0	65 789.2	45 283.5	25.8	21 212.9	32.2	468.4
2019	174 096.0	66 348.0	44 541.0	25.6	20 961.0	31.6	470.6
2020	175 152.0	66 949.0	45 114.0	25.8	21 186.0	31.6	469.6
2021	176 447.3	68 285.1	44 881.8	25.4	21 284.3	31.2	474.2

　　水稻是内蒙古重要的优势口粮作物，内蒙古水稻主产区也是优质粳稻的优势产区，但由于受水源条件的制约，内蒙古水稻种植面积和总产量在内蒙古粮食作物种植面积和总产量中的比例均较小，仅为 2% 左右。与全国水稻生产发展趋势不同，2015 年后，受种植结构调整、玉米临储政策取消、盐碱地改良推进、主产区水稻品牌影响力不断提升、种植收益相对稳定等因素影响，内蒙古水稻种植面积开始回升，总产量和单产逐年提高。2019 年内蒙古水稻种植面积达到241.5 万亩，总产量 136.2 万吨，单产 564 千克/亩，均创历史新高。2020 年后，受水资源条件限制及水稻种植成本连年提高、收益空间有限，玉米大豆市场价格上涨、种植补贴和轮作补贴等政策影响，内蒙古水稻种植面积稳中略降。2021 年内蒙古水稻种植面积为 232.7 万亩，总产量为 115.3 万吨，分别较 2020年减少 8.6 万亩和 7.7 万吨，除呼和浩特市和包头市略增外，其余主产盟（市）面积、总产量均较 2020 年略有减少；单产为 495.48 千克/亩，较 2020 年减少 14.26 千克（表2）。

表2　2015—2021 年内蒙古水稻生产情况

年度	粮食作物播种		水稻				
	面积/万亩	总产量/万吨	面积/万亩	占内蒙古自治区粮食面积比例/%	总产量/万吨	占内蒙古自治区粮食总产量比例/%	单产/（千克/亩）
2015	9 869.94	3 292.60	132.04	1.34	50.55	1.54	382.84

年度	粮食作物播种		水稻				
	面积/ 万亩	总产量/ 万吨	面积/ 万亩	占内蒙古 自治区粮食 面积比例/ %	总产量/ 万吨	占内蒙古 自治区粮食 总产量比例/ %	单产/ （千克/亩）
2016	10 205.11	3 263.30	163.26	1.60	69.80	2.14	427.53
2017	10 171.38	3 254.55	183.28	1.80	85.25	2.62	465.13
2018	10 184.78	3 553.30	225.67	2.22	121.85	3.43	539.95
2019	10 242.00	3 653.00	241.01	2.35	136.15	3.73	564.92
2020	10 249.80	3 664.00	241.30	2.35	123.00	3.40	509.74
2021	10 326.50	3 840.30	232.70	2.25	115.30	3.00	495.48

（二）产区分布

我国除青海省外的 30 个省（区、市）均有水稻种植。我国水稻种植区域大体上可以秦岭、淮河为界，分为南方和北方两个稻区。水稻种植主要在南方稻区，主要种植籼稻品种；北方水稻种植面积小，以粳稻品种为主。但就发展优质水稻而言，北方粳稻潜力更大（表 3）。

表 3   2020 年全国各主产区水稻生产情况

地区	面积/ 万亩	占比/ %	总产量/ 万吨	占比/ %	单产/ （千克/亩）
全国	45 114.0	—	21 185.7	—	469.6
黑龙江	5 808.0	12.9	2 896.2	13.7	498.7
湖南	5 990.9	13.3	2 638.9	12.5	440.5
江西	5 162.7	11.4	2 051.2	9.7	397.3
江苏	3 304.2	7.3	1 965.7	9.3	594.9
湖北	3 421.1	7.6	1 864.3	8.8	544.9
安徽	3 768.2	8.4	1 560.5	7.4	414.1
四川	2 799.5	6.2	1 475.3	7.0	527.0
广东	2 751.6	6.1	1 099.6	5.2	399.6
广西	2 640.2	5.9	1 013.7	4.8	384.0

（续表）

地区	面积/ 万亩	占比/ %	总产量/ 万吨	占比/ %	单产/ （千克/亩）
吉林	1 255.7	2.8	665.4	3.1	529.9
内蒙古	241.3	0.5	136.2	0.6	565.0

黑龙江、辽宁、吉林等北方 13 省（区、市）的水稻种植面积和总产量约占全国的近 20%；平均亩产接近 500 千克，高于全国平均单产水平。北方水稻种植主要集中在黑龙江、吉林和辽宁 3 省，占北方 13 省（区、市）水稻种植面积的 90% 以上，其中黑龙江省水稻种植面积最大、总产量最高。2020 年黑龙江省粳稻种植面积 5 808 万亩，总产量 2 896.2 万吨，总产量居全国第 1 位，面积仅次于湖南省居全国第 2 位，面积和总产量分别占北方 13 省（区、市）水稻的 67.4% 和 65.7%（表 4）。

表 4　2020 年北方 13 省（区、市）水稻生产情况

地区	面积/ 万亩	占比/ %	总产量/ 万吨	占比/ %	单产/ （千克/亩）
全国	45 114.0	—	21 185.7	—	469.6
黑龙江	5 808.0	12.9	2 896.2	13.7	498.7
吉林	1 255.7	2.8	665.4	3.1	529.9
辽宁	780.6	1.7	446.5	2.1	572.0
内蒙古	241.4	0.5	123.1	0.6	510.0
陕西	157.7	0.3	80.5	0.4	510.6
河北	118.1	0.3	48.9	0.2	414.2
宁夏	91.2	0.2	49.4	0.3	541.7
新疆	71.4	0.2	41.9	0.3	586.8
天津	80.1	0.2	50.2	0.2	626.7
甘肃	5.1	0.0	1.7	0.0	333.3
山西	3.6	0.0	1.7	0.0	472.2
北京	0.3	0.0	0.1	0.0	333.3
青海	0.0	0.0	0.0	0.0	0.0
13 省（区、市）合计	8 613.2	19.1	4 405.6	20.9	511.5

2020 年内蒙古水稻种植面积和总产量均在全国排第 19 位。在北方稻区中，内蒙古水稻种植面积和总产量均居黑龙江、吉林、辽宁之后，排第 4 位，但与东北三省差距较大。

内蒙古稻区属于高纬度寒地稻作区域，主要集中在北纬 42°~49°的东北部地区。稻田主要分布在嫩江水系的诺敏河、阿伦河、雅鲁河、绰尔河、归流河流域和西辽河水系的西拉木伦河、老哈河、新开河、教来河流域的冲积平原。按盟（市）分布看，内蒙古除锡林郭勒盟、乌兰察布市和阿拉善盟外的 9 个盟（市）均有水稻种植。但产区集中，内蒙古 98%左右的水稻种植集中在东部的兴安盟、通辽市、呼伦贝尔市和赤峰市 4 个盟（市），其中兴安盟种植面积最大，单产水平最高，面积和总产量占内蒙古的 1/2 以上。在主产旗县中，兴安盟扎赉特旗水稻种植面积最大，占兴安盟水稻种植面积的 3/5 以上，占内蒙古种植面积的 1/3 左右；单产水平也最高，最高亩产可达 600 千克/亩，接近全国最高单产。此外，随着盐碱地改良的推进和沿黄河滩涂地的开发利用，西部的巴彦淖尔市和鄂尔多斯市的水稻种植面积增速较快。

（三）销售加工

1. 销售情况

国内稻米市场供给充足，市场价格整体偏弱运行。我国稻谷消费中口粮约占 85%，其余为饲料、工业、种子等。近 10 年来，我国稻谷需求总量趋于稳定、年际间变化小，主要是增加了肉、蛋、奶消费，人均口粮消费减少；但由于人口仍在刚性增长，消费总量将保持基本稳定或小幅增加。据国家粮油信息中心数据，近 10 年来我国稻谷需求总量稳定在 1.95 亿~2.15 亿吨。由于我国稻米市场整体呈现供过于求，加上低价大米进口持续增加、国内最低收购价格调整等影响，稻米市场持续低迷。2020 年我国早籼稻、晚籼稻和粳稻价格分别为 2.42 元/千克、2.56 元/千克和 2.72 元/千克，分别比 2013 年下跌 0.16 元/千克、0.09 元/千克和 0.197 元/千克，跌幅分别为 6.1%、3.3%和 6.7%。尽管普通稻市场持续低迷，但优质稻、专用稻等市场走势持续向好，价格优势明显。

受国内稻谷市场整体价格低迷的影响，内蒙古稻谷销售进度整体偏慢。截至 2021 年底，内蒙古稻谷销售仅三成左右，整体进度与上年基本持平，主要以销往本地加工企业为主，约占80%。销售进度偏慢的主要原因：一是受前期稻米加工企业尚未全部开工，收购企业贮藏条件和资金有限，收购进度偏慢；二是2022年稻谷开市收购价格偏低，种植户普遍存在惜售心理，销售进度放缓；三是西部地区品牌影响力弱，加工能力有限，没有稳定的销售渠道和受疫情影响，销售进度仅为一至二成。但部分订单种植和稻米品牌影响力较大的新型经营主体稻谷销售进度明显快于普通农户，年底已销售八成左右，部分全部售完。下一阶段，随着春节临近，加工企业加工量增大，市场需求加大，稻米价格趋于平稳，种植户惜售心理减弱，预计销售进度会有所加快，年底前或全部售完。

稻谷收购价格下降，米强稻弱形势明显。2022年，内蒙古稻谷收购价格整体较上年略有下降。主产区11月稻谷收购价格基本为2.4~2.9元/千克，环比略降0.05~0.1元/千克，同比下降0.1~0.2元/千克。但市场销售粳米零售价格整体稳中小幅上涨，截至12月内蒙古粳米平均零售价格为3.13元/斤，与年初相比零售价格上涨0.32%。稻谷价格受品种、出米率和外观品相影响更加明显，品种定价和优质优价进一步显现，优质稻谷销售进度快，且收购价格较普通稻谷价格高0.3~0.5元/千克。

2. 加工情况

内蒙古水稻主产区有稻谷加工企业70余家，以中小型加工企业为主，约占70%，规模化加工企业不到30%。兴安盟作为内蒙古的水稻主产区，大米加工企业数量最多、规模最大。全盟从事水稻相关产业的龙头企业有54家，其中规模以上企业达到25家。全盟设备加工能力万吨以上水稻加工企业27家（其中10万吨以上5家、20万吨以上2家），2021年新增水稻加工能力30万吨，总设备加工能力达到168万吨/年。2021年兴安盟36家授权用标企业原粮收购量29万吨，实际加工量24万吨，销售量21万吨，加工转化率近80%，实现销售收入近20亿元。

目前内蒙古水稻加工企业还存在加工企业少、规模小、加工设备落后、加工水平偏低、技术创新能力弱、加工产品以初级品为主、深加工能力和市场拓展不足等问题。此外，由于内蒙古水稻种植面积在内蒙古粮食作物播种面积中的占比偏小，关注度不足，内蒙古稻谷加工企业基本情况掌握不全面，成为制约产业精准分析研判的短板。

（四）品牌建设

长期以来，内蒙古大米品牌建设一直以企业品牌和产品品牌为主。但随着农业绿色发展要求的提出，农业品牌意识不断增强，各级政府的支持力度不断加大，大米区域公用品牌建设力度不断加强。目前，内蒙古已注册的稻米区域公用品牌有三个，分别是"兴安盟大米""翁牛特大米"和"达拉特大米"。2017年5月，国家质检总局批准对"科尔沁左翼后旗大米"实施地理标志产品保护。特别是近年来，兴安盟加大对"兴安盟大米"区域公用品牌打造力度，培育了一批优质稻米企业，如二龙屯、绰勒银珠、天极、魏佳米业、岭南香等。2018年"兴安盟大米"获得中国大米十大区域公用品牌。2019年被评为中国农产品区域公用品牌市场新锐品牌，2019年国家农产品区域公用品牌价值评估活动中，"兴安盟大米"评估价值为180.26亿元，列第12位。2020年兴安盟大米绰勒银珠品牌获自治区"蒙"字标授权，区域公用品牌的影响力和品牌价值不断提升。此外，呼伦贝尔市的阿伦新米、笑顺稻，通辽市的马莲河、连笙，赤峰市的龙乡玉品、三绿，巴彦淖尔市的沙漠水稻，鄂尔多斯市的达拉特大米等品牌影响力也在不断提升。

（五）产业优势

内蒙古东部水稻主产区是发展优质粳稻的优势产区，特别是兴安盟地处北纬46°大兴安岭南麓生态圈、世界公认的寒地水稻黄金带，具有发展优质水稻生产的天然优势。一是生态环境优。内蒙古水稻主产区主要集中在东四盟（市），该区域生态环境好，土壤有机质含量高，工业污染少，耕地开发时间短，化肥农药使用量少，具有生产安全、绿色、优质稻米的天然优势。二是稻米品质好。主产区水资源丰富，四季分明，光照充足，雨热同期，昼夜温差大，一年一熟，有利于稻谷干物质积累，稻米口感好，米质优。经权威机构（通标标准技术服务有限公司）检测，"兴安盟大米"属一级优质大米，水分含量14.8%，富含B族维生素、维生素C、维生素E、烟酸和钙、硒等15种维生素、矿物质及微量元素，米粒晶莹透亮，自带稻香味。三是规模化生产条件优。内蒙古水稻种植历史悠久，产区集中，主产区集中在东四盟（市），是内蒙古的粮食主产区，新型经营主体发展迅速，具备了区域化布局、规模化经营和产业化发展的基础。

近年来，水稻规模化种植程度、机械化、标准化种植水平有效提升。四是品牌知名度不断提升。2018年以来，兴安盟行署着力打造"兴安盟大米"区域公用品牌，制定了《"兴安盟"大米品牌宣传方案》，通过加强中央和自治区主流媒体宣传、积极参加国内外知名展会、举办主题活动、对接线上电商平台，提升品牌影响力。2018年以来，兴安盟大米先后被授予"内蒙古优质稻米之乡""2018中国十大大米区域公用品牌""2018十大好吃米饭""中国草原生态稻米之都"，并入选2020年全国第十四届冬运会唯一指定用米。

二、2021年内蒙古水稻产业发展情况

（一）种植情况

2021年内蒙古水稻生产总体呈"稳中略减"，面积、单产、总产均较上年略有下降，但仍保持在较高水平（表5）。

表5　2021年内蒙古各地区水稻生产情况

地区	面积/万亩		面积较上年增减/%	单产/（千克/亩）		单产较上年增减/%	总产量/万吨		总产量较上年增减/%
	2020年	2021年		2020年	2021年		2020年	2021年	
内蒙古自治区	241.26	231.76	-9.50	510.42	497.50	-12.92	123.14	115.30	-7.84
兴安盟	137.80	134.79	-3.01	521.45	508.92	-12.53	71.86	68.60	-3.26
呼伦贝尔市	27.00	24.11	-2.89	496.63	511.22	14.59	13.41	12.33	-1.08
通辽市	35.00	33.91	-1.09	516.57	528.99	12.42	18.08	17.94	-0.14
赤峰市	29.40	29.09	-0.31	515.23	429.04	-86.19	15.15	12.48	-2.67
呼和浩特市	0.41	0.54	0.13	387.63	389.04	1.41	0.16	0.21	0.05
包头市	0.21	0.32	0.11	369.76	411.58	41.82	0.08	0.13	0.05
鄂尔多斯市	8.45	7.08	-1.37	367.99	403.55	35.56	3.11	2.86	-0.25
巴彦淖尔市	2.60	1.55	-1.05	458.76	431.46	-27.30	1.19	0.67	-0.52
乌海市	0.33	0.38	0.05	300.46	249.54	-50.92	0.10	0.09	-0.01

一是面积略有减少。受2020年玉米、大豆收购价格上涨，生产者补贴政策支持力度加大和稻谷市场持续低迷、水稻种植成本偏高、收益下降等因素影响，

内蒙古水稻种植面积稳中略减。统计数据显示，2021 年内蒙古水稻种植面积为231.76 万亩，连续 4 年稳定在 200 万亩以上，较上年基本持平略减 9.5 万亩。各产区面积均有减少，主要集中在兴安盟和呼伦贝尔市，分别减少 3.01 万亩和2.89 万亩；西部巴彦淖尔市和鄂尔多斯市分别减少 1.05 万亩和 1.37 万亩，但由于总量小，减幅最大，较上年分别减少了 40.4% 和 16%。

二是单产略有降低。统计数据显示，2021 年内蒙古水稻单产为 497.50 千克/亩，较上年减少 12.92 千克。各主产盟（市）有增有减，其中东部兴安盟、赤峰市和西部巴彦淖尔市单产降低；呼伦贝尔市、通辽市和鄂尔多斯市单产增加。水稻单产增减主要受气候条件影响，兴安盟、赤峰市地区由于受育秧期大风天气偏多，部分育秧棚受损，影响秧苗质量；移栽后遇低温天气，缓苗慢，生育期较常年推迟 5~7 天；8 月中下旬至 9 月遇低温寡照天气，影响稻谷灌浆，且后期降雨增多，部分地块排灌不及时，水肥管理不到位，造成部分地区水稻倒伏，增加收获难度，影响产量和质量。

三是总产量持平略降。2021 年内蒙古水稻总产量 115.30 万吨，连续 4 年保持在 100 万吨以上，较上年减少 7.84 万吨，减少 6.4%。减少原因主要是内蒙古水稻种植面积减少和单产下降，其中面积减少对总产降低的影响更大。

（二）生长特点

2021 年内蒙古水稻生产属正常偏差年景。3—4 月东部主产区气温偏低，大风天气偏多，部分农户育秧棚受损、光照不足，秧苗不如往年。受 5—6 月低温天气影响，插秧后缓苗慢，生育期普遍推迟 3~5 天；6 月下旬后气温回升较快，至 7 月末高温天气居多，光热充足，水稻分蘖、拔节孕穗进程加快；进入 8 月后，水稻进入灌浆成熟期，主产区降雨增加，持续低温阴雨寡照天气影响水稻灌浆，造成成熟度不好，空瘪率增加，影响出米率；后期降雨偏多，加之部分地块水肥管理不适时，倒伏现象较往年偏多，增加收获难度和作业成本，影响稻田产量和品质。其中呼伦贝尔市莫力达瓦达斡尔族自治旗水库决堤，部分稻田冲毁，造成绝收。

（三）种植品种

内蒙古水稻主产区积温条件不同，种植品种也略有差异，但均为常规粳稻品种。呼伦贝尔市水稻品种以垦稻 20、龙盾 106、龙庆稻 3 号、北稻 2 号、北稻 8 号、新水晶 4、绥粳 16、绥粳 4、龙粳 21、龙粳 31、龙粳 39、龙粳 24、稼禾 1 号等高产优质、耐冷凉粳稻品种为主。兴安盟种植的水稻品种主要有绥粳 18 号、龙洋 16、龙稻 21、龙粳 31、东农 425、兴育 13A04 等优质粳稻品种。通辽市水稻品种主要有丰优系列、吉粳系列、通育系列和特种（黑、绿、红）香稻系列等，其中水稻主产区科尔沁左翼后旗金宝屯镇及散都水稻区重点推广种植有吉林稻花香、吉林长粒香、吉林圆粒香、沈阳长粒香等。赤峰市主要种植品种为稻花香系列、松粳系列和龙洋系列，其中松粳系列种植面积最大。巴彦淖尔市主要推广品种为松粳 16、吉粳 816、宁粳 57、龙稻 18 以及宁粳 50，其中宁粳 50 种植面积最大。鄂尔多斯市主要种植品种稻花香、宁粳 38、宁粳 57、松粳 16 号、松粳 22 号、松粳 9 号、平粳 27 号、东北 899 等。

（四）主推技术

1. 水稻智能浸种催芽技术

该技术主要是通过智能循环加温，将温度控制系统水温保持在 25~28℃，实现高温破胸，适时催芽。该技术通过采取温水喷淋措施，确保催芽时期的温度要求，保证种箱内部温度一致，同时也起到控制种箱内种子自身升温，防止出现烧种现象。目前内蒙古已建成水稻智能催芽温室 5 处，全部在兴安盟，集中催芽育苗供苗能力达到 42 万亩。其特点和优势是通过智能化控制系统实现实时监测、智能调温、出芽效果比传统方式有明显提高，具有出芽整齐、芽势好、出芽快、芽率高的优点，且省时、省工。智能程控催芽方式发芽率达到 96% 以上，是目前较为理想的催芽技术。技术推广的制约因素主要是智能催芽温室建设的一次性投入较高，投资回收周期长，基本是由项目支持建设，在新型经营主体中起示范带动作用。

2. 水稻全程机械化栽培技术

近年来，随着规模化经营的不断推进，主产区积极开展水稻智能催芽、工厂化育秧技术、机械插摆秧、机械收获等全程机械化栽培技术，进一步提升内蒙古水稻全程机械化生产水平，主产区水稻生产全程机械化基本实现全覆盖，内蒙古水稻耕种收机械化水平达到 90% 以上。同时，部分地区还开展了无人机喷药施肥等现代新型技术的试验示范。

3. 钵形毯状秧盘机械摆秧技术

该技术在兴安盟水稻生产旗县都有应用，推广面积占内蒙古水稻种植面积80%左右。水稻钵形毯状秧苗机插技术能有效解决常规毯状秧苗机插技术存在的问题，实现机插高产高效。该技术使用钵形毯状秧盘，培育的机插秧苗形成上毯下钵状，用常规插秧机即可进行钵苗机插。秧苗大部分根系盘结在钵中，插秧机按钵苗精确取秧，根系实现带土插秧，提高了秧苗质量，插秧后返青较快，发根以及分蘖较早，有利于实现高产。由于这项技术采用的是"盘+穴"育秧法，因此被称为钵形毯状秧。大面积推广应用可实现比普通机插亩增产 20~40 千克，亩增效 60~120 元，亩降低插秧费 50 元以上。

4. 水稻精确定量栽培技术

重点在兴安盟地区推广应用。该技术根据水稻植株的生长发育规律，用主茎叶出生的多少来确定水稻其他器官的生长发育状况，充分利用叶、分蘖、根、穗的相互关系来掌握水稻生育进程，调控管理措施的最佳应用时间及相关肥、水用量，最终实现水稻增产增效、资源高效节约的目标。但该技术在应用推广时，需做大量前期的基础工作：调查当地主推品种的叶龄模式、确定关键叶龄期、确定合理基本苗、优化最佳水肥管理方式等，由于内蒙古长期缺乏相关基础研究，限制了该技术的大面积推广应用

5. 水稻旱作覆膜滴灌栽培技术

兴安盟扎赉特旗从 2016 年开始试验示范水稻旱作覆膜滴灌栽培技术。该技术是以膜下滴灌水肥一体化技术为基础，改育秧移栽为机械覆膜滴灌直播，种子不经育苗和插秧，旱整地后即可直接播种、施肥、覆膜、铺管一次性完成。苗期旱长，生育中后期进行科学合理灌溉，其他如施肥、除草、防治病虫害等田间作业均在旱田条件下进行。2019 年、2020 年连续两年推广应用面积达到 10 万亩。2021 年受玉米市场价格上涨的因素影响，水稻旱作覆膜滴灌面积大幅减少，为 5 万亩左右。

6. "水稻+"绿色高质高效种植技术

"水稻+"是以稳定水稻生产为前提，以优化稻田生态系统为基础，实现了种植业和养殖业结合，有利于改善稻田环境、拓展稻田功能、提高种稻收益、

减轻资源压力。近年来，内蒙古在兴安盟开展了以稻田养鱼、养鸭、养蟹、养小龙虾为主的水稻综合种养模式试验示范，示范推广面积逐年扩大，并依托合作社等新型经营主体对稻田认领、直播种稻等新型经营模式和降解秧盘、秸秆纤维地膜、沼渣沼液施用等绿色生产技术进行了有益探索。目前，内蒙古"水稻+"稻田综合种养模式推广应用主要以水产部门为主，农技推广部门缺少项目抓手，存在种养技术发展不平衡的问题。且该项技术具有交叉学科性质，要求技术人员既要懂种植也要懂养殖，一定程度上影响了技术指导到位率。

（五）成本收益

2021年内蒙古水稻主产区亩成本为900~1 400元，按稻谷平均收购价格每千克2.6元，平均亩产500千克计算，亩收益1 300元，亩纯收益-100~400元，收益较上年降低20%左右。生产成本中种子、化肥、农药等生产资料240~280元，占成本的15%~20%；劳动用工100~220元，占10%~15%；机械作业150~300元，占15%~30%；地租400~800元，占40%~60%。生产成本中，地租成本在新型经营主体生产投入中的占比较高，不同地区差异较大，且上涨明显，普遍上涨100~200元。调度情况显示，2021年内蒙古水稻成本较上年增加，其中化肥、农药等生产资料较上年略有上涨；地租价格上涨明显，涨幅在20%~30%；随着机械化水平逐年提高，劳动用工减少、用工成本略有降低，但机械作业费用略有增加。加之2021年稻谷收购市场价格偏低，在成本持续增加的情况下，收益较2020年降低。

三、水稻产业发展存在问题

尽管水稻是内蒙古重要的口粮作物，且东部地区由于适宜的土壤、光照和水分条件成为优质粳稻产区，但受无霜期偏短及水资源不足等自然条件限制和项目支持少等客观因素影响，内蒙古水稻生产还存在一些问题，主要表现如下：一是重视和支持力度不足。尽管水稻是内蒙古重要的优势口粮作物，但由于种植面积在内蒙古粮食作物占比偏少，各级政府及业务部门对水稻生产的重视程度不足，在水稻品种选育、技术集成等科研和推广工作的支持力度不够，近年来几乎没有专门的项目支持开展相关工作，造成优质米品种推广力度不大，绿色高产高效新技术推广应用较慢。二是基础设施薄弱。水稻生产对田块整理，供排水工程要求较高，但近年来由于缺乏项目支持，田间基础设施老化，节水渠系不配套，造成水资源利用率低，影响水稻生产发展。三是专用优质品种缺乏。当前内蒙古专门从事水稻育种的科研部门和人员较少，自育品种在生产中推广的面积小，主产区水稻种植品种多是来自黑龙江、吉林、辽宁、宁夏选育的品种，各地参考有效积温区域引进示范种植，普遍存在未认定先种植现象。四是审认定品种与生产实际之间不衔接。2015—2020 年，内蒙古共审认定水稻品种 34 个，但这些品种在内蒙古的示范推广面积非常有限。2020 年在主产盟（市）种植面积排前 5 名的水稻品种中，没有一个是经过审认定的品种。五是高产高效生产技术集成力度不足，到位率低。尽管当前内蒙古水稻生产已逐步由产量向品质导向转变，但由于重视程度不足，支持力度不够，水稻绿色化、轻简化生产技术储备不足，减肥、减药技术集成创新不够、技术标准化还需进一步提高。生产中还普遍存在育秧播种密度、插秧密度偏高，杂草防除措施不力，倒伏偏重等问题。

四、水稻产业发展预测及下一步工作建议

（一）水稻产业发展预测

综合分析全国及内蒙古水稻生产、价格走势和市场供需情况，预计 2022 年内蒙古水稻生产的趋势如下：一是稳定水稻种植面积难度加大。尽管国家发展和改革委员会已经明确 2022 年度水稻最低收购价格上调，且近些年来以兴安盟为代表的主产区品牌建设卓有成效，品牌影响力和价值不断提升，但受国际国内稻米市场影响供需保持宽松，稻谷市场价格相对稳定，涨幅空间有限；玉米、大豆价格向好，生产轻简，成本投入低；大豆、玉米生产者补贴及轮作补贴政策实施和大豆玉米带状复合种植面积扩大等诸多因素影响，种植户水稻种植意向偏弱，面积有进一步减少的趋势。二是优质水稻种植面积将进一步扩大。2021 年秋季稻谷收购过程中，加工企业优先收购优质稻谷、不同品种稻谷收购价格差异明显，品种定价，优质优价进一步显现。受此影响，预计 2022 年优质水稻种植面积将进一步扩大，优质稻米品种覆盖率和标准化生产技术覆盖率将

进一步提高。三是普通水稻种植收益将会继续下降。受土地流转价格和生产资料、用工成本逐年上涨的影响，预计2022年水稻生产成本仍会增加，而受库存影响，普通稻谷价格将基本保持稳定或略有下降，收益空间将进一步缩小。

（二）下一步工作建议

内蒙古水稻产业发展应稳定面积，突出优势，绿色生产，打品质和品牌牌，拓宽增收渠道，走"小而优，优而特"的产业发展之路。

1. 稳定面积，优化区域布局

结合内蒙古实际，水稻种植面积应稳定在200万亩左右，不宜盲目扩大面积。重点发展东部水稻优势产区，严格控制井灌稻，控制水资源匮乏地区水稻种植。东部优势产区在确保品质不降低的前提下，可通过品种优选、技术提升进一步提高单产和品质，主要包括呼伦贝尔市、兴安盟、通辽市和赤峰市。依托内蒙古自治区东部稻区的资源优势，积极引进资金，加强项目支持，加大财政投入，大力开发水稻生产基地建设，鼓励地上水资源丰富的区域发展优质绿色粳稻生产，建立东部优质绿色水稻标准化生产基地。中西部地区，结合黄灌区滩涂地利用和盐碱地改良推进，在保证品质的前提下，可适度扩大水稻生产规模。

2. 加强联合，选育优质品种

2018年，兴安盟袁隆平院士水稻专家工作站成立。2019年工作站在兴安盟开展了常规水稻和耐盐碱水稻育种与栽培技术研究，筛选优质、高产、多抗和耐盐碱水稻品种试验示范。2020年兴安盟袁隆平院士水稻专家工作站盐碱地水稻，经专家测评在pH值为8.8~9.2，盐度含量在5‰~6‰的土地上耐盐碱水稻平均亩产稻谷达到533.95千克，平均亩产稻谷再破千斤，再创历史新高。下一步，应加大对水稻新品种，特别是适宜主产区的优质水稻品种选育的支持力度，设立专项研究经费，鼓励科研院所和大专院校开展水稻新品种选育和绿色高效技术模式集成。

3. 科技支撑，提高技术到位率

加大适宜机插、机械直播、加工专用型等优质、多抗、高产品种的引进示范筛选力度；加强以"节水、减肥、减药"为重点的绿色、轻简、高效栽培技术模式集成示范推广；推进农机农艺融合，提高全程机械化水平；推广应用测土配方施肥、病虫害绿色防控等技术，适当扩大旱作覆膜滴灌种植技术应用范围，配套增施有机肥、秸秆还田、调酸改土等措施，夯实绿色生产基础。

4. 加大投入，提高综合生产能力

结合高标准农田建设等项目实施，加强对水田基础设施建设投入力度，建设标准粮田，提高排灌能力，确保旱涝保丰；加强对中低产田改造投入，进一步提高单位面积的产出能力和高产稳产能力，实现均衡增产。

5. 拓宽渠道，提升种植收益

水稻生产具有发展休闲农业的天然优势。随着当前人们生活水平的日益提高，体验回归田园的愿望日趋强烈，农业休闲旅游逐渐热门，各地可结合实际，因地制宜开展稻田作画、稻田认养、体验收割等乡村旅游项目，利用"旅游+""生态+"等模式，推动水稻生产与旅游、文化等产业深度融合，拓宽种植农户增收渠道，提升水稻产业附加效益。合理发展"水稻+"，提高技术到位率，提高综合收益。

内蒙古自治区小麦产业发展报告

一、小麦产业发展基本概况

（一）基本情况

1. 全国小麦基本情况

小麦是我国重要的粮食作物，也是主要的口粮作物，播种面积仅次于玉米和水稻，是第三大作物，"十三五"全国播种面积 3.57 亿亩，总产量 2 621.78 亿斤，单产 367.8 千克/亩。2021 年全国播种面积 3.44 亿亩，总产量 2 687 亿斤，单产 390.9 千克/亩。相比"十三五"，面积减少 0.13 亿亩，总产量增加 65.22 亿斤，单产增加 23.1 千克/亩。与 2020 年相比，播种面积增加 300.4 万亩，增长 0.9%；总产量增加 59.3 亿斤，增长 2.1%；单产增加 4.2 千克/亩，增长 1.1%。2021 年全国小麦生产呈现三增，即种植面积、总产量和单产均增加。

2021 年全国小麦单产提高的主要原因：一是气候条件总体有利。秋冬播以来，主产区大部降水充沛、热量充足、墒情适宜，气象条件总体有利于夏粮生长发育和产量形成。越冬期间，部分地区遭遇低温寒潮天气，但未造成明显冻害。初春气温回升较快，高于常年同期，小麦返青拔节期提前，发育进程加快。4 月以来北方麦区气温接近常年同期或略低，小麦幼穗分化时间延长，穗粒数增加。抽穗开花期，各地光温水条件较为适宜。灌浆成熟期，光照充足，昼夜温差大，有利于小麦干物质积累和品质提高。二是田间管理得到加强。针对小麦条锈病、赤霉病发生风险高的情况，各地及早制定防控预案，加强田间管理，加大病虫害防控力度，推进统防统治、联防联控，落实"一喷三防"等措施，后期病虫害得到有效控制。三是农业生产条件不断改善。建设旱涝保收、高产稳产的高标准农田；发展农业社会化服务，因地制宜开展多种形式的生产托管，积极推广优良品种、规范化播种及节水稳产等农业生产技术，促进单产水平稳步提高。

2. 内蒙古小麦基本情况

小麦是内蒙古的主要粮食作物和口粮作物，播种面积仅次于玉米和大豆，排第 3 位。"十三五"期间，内蒙古小麦平均播种面积 884.08 万亩，平均总产量 39.68 亿斤，平均单产 226.06 千克/亩。

目前，内蒙古小麦种植面积在全国排第 11 位。播种面积占全国的 2.6%，总产量占全国的 1.52%，单产偏低，仅为全国平均水平的 63.6%。全国全部种植春小麦的省份主要集中在北方的黑龙江、辽宁、吉林、青海、西藏和内蒙古，内蒙古小麦均为春小麦，播种面积占全国春小麦面积的 40%，总产量是全国春小麦总产量的 31%，单产是全国春小麦平均单产的 91.1%。在北方春小麦产区，内蒙古小麦生产还是非常有优势的，同时也占有重要的地位。小麦作为重要的口粮作物，在北方不仅满足人们日常生活需求，在保障粮食安全、调整种植业结构、增加农民收入等方面都具有重要的作用。

（二）产区分布

从 2020 年的数据来看，全国小麦播种面积排在前 5 位的省份分别是河南、山东、安徽、江苏、河北，5 省小麦播种面积之和占全国 71.9%，总产量之和占 79.3%。河南省是我国小麦主产省份，2020 年小麦播种面积 8 510.51 万亩，比上年减少 49.46 万亩，占全国总播种面积 29.3%；总产量 750.68 亿斤，占全国总产量 28.5%，单产 882 斤，超全国平均 109 斤，是单产最高的省份。

内蒙古小麦种植主要集中在以下区域：一是西部河套灌区，主要是以巴彦淖尔市为主，近些年平均播种面积 120 万亩，约占内蒙古 13%；二是东部大兴安岭沿麓地区，包括呼伦贝尔市和兴安盟，近些年平均播种面积 400 万亩左右，约占内蒙古 45%；三是阴山北部丘陵区和燕山丘陵区，包括呼和浩特市和包头市阴山以北，乌兰察布市、锡林郭勒盟和赤峰市，近些年平均播种面积 350 万亩左右，约占内蒙古 40%。

（三）销售加工

内蒙古小麦根据种植区域不同，销售、价格等也有明显差异。西部巴彦淖尔市小麦主要被本地区加工企业收购，基本上可以全部就地加工转化，2021年价格3.0元/千克，与上年基本持平。东部大兴安岭沿麓地区和阴山北部、燕山丘陵区，有带动能力的大型小麦加工企业较少，小麦就地加工转化少，种植户多直接销售原粮，或简单地加工成面粉进行销售，无品牌、无包装、无附加值，产业链条短，缺乏竞争力。受粮食市场多因素影响，2021年小麦价格在2.4元/千克左右，与上年同期水平一致。从总体来看，内蒙古小麦价格与2020年基本一致，相对稳定，且销售通畅。

（四）产业优势

内蒙古小麦生产具有以下优势：

一是西部河套灌区是我国粮食主产区，光热资源丰富，昼夜温差大，光照时间长，无霜期长，水源充沛，灌溉便利。小麦生长期间降水少，病虫害轻，生产的小麦品质优良，加工的面粉质量上乘，河套小麦收购价格和河套雪花粉销售价格在全国都是较高的。

二是东部大兴安岭沿麓地区是我国强筋小麦种植区，无灌溉，以雨养为主，土壤肥沃，有机质含量高，化肥施用量少，气候偏冷凉，病虫害相对较轻，种植规模大，机械化程度高，生产成本低，是小麦加工企业的原粮生产基地。

三是阴山北部、燕山丘陵区主要以旱地小麦为主，该地区降雨少，小麦病虫害发生轻，施用农药少，化肥施用量少，可大力发展绿色有机小麦，提高小麦种植效益和产值。

二、2021年内蒙古小麦产业发展基本情况

（一）种植情况

1. 西部河套灌区

该区域主要包括巴彦淖尔市，是内蒙古小麦高产区和优势种植区，2021年面积、总产量和单产均有减少，全市小麦播种面积76.4万亩，较上年减少21万亩；总产量4.25亿斤，较上年减少1.85亿斤；平均亩产400千克，较上年减少7.9千克，较内蒙古平均水平高163千克。面积和单产减少的主要原因是种植小

麦效益相对较低，影响种麦积极性，另外，春季土壤潮塌严重，一些计划种植小麦的地块只能改种其他作物。单产减少的原因是春季土壤潮塌严重，小麦播种较晚，造成亩有效穗数同比去年有所降低，而且播种质量和出苗不好。另外，在小麦灌浆期温度较往年略高，部分地区出现干热风现象，使得千粒重较去年略有降低。

2. 东部大兴安岭沿麓地区

该区域主要包括呼伦贝尔市和兴安盟，是内蒙古小麦主要种植区，2021年小麦播种面积 343.9 万亩，较上年增加 9.5 万亩；小麦总产量 18.1 亿斤，较上年增加 0.9 亿斤；平均亩产量 265 千克，较上年增加 5 千克。2021 年雨水充沛，完全满足小麦生长需求，田间长势良好，但部分小麦田出现倒伏，而且在小麦生产后期，特别是 9 月降雨偏多，严重影响小麦的品质和收获进度。另外，由于连续免耕和降水较多，小麦病害有加重的趋势。

3. 阴山北部丘陵区、燕山丘陵区

该区域包括乌兰察布市、锡林郭勒盟、赤峰市和包头市北部、呼和浩特市北部，是内蒙古旱作小麦主要种植区，也是内蒙古小麦单产水平较低的地区，2021 年播种面积 257.57 万亩，较上年减少 33.63 万亩；总产量 8.4 亿斤，较上年减少 1.1 亿斤；平均单产 172.2 千克/亩，较上年减少 1.5 千克/亩，影响小麦产量的主要原因是在小麦生长季节降水少、气候干旱和抗旱丰产稳产品种缺乏。

（二）种植品种

1. 西部河套灌区

小麦主栽品种有永良 4 号、农麦 2 号、农麦 4 号、巴麦 13 等，近年来审定的新品种有农麦 5 号、农麦 730、农麦 482、农麦 300 和巴麦 12 号、巴麦 13 号、巴麦 15 号、巴麦 22 号，目前正处于小面积示范阶段，还没有应用于大面积生产。从品质来看，有中强筋、中筋和弱筋等不同类型，可以满足人们对主食多样化的需求，但是缺少强筋类型小麦品种。

2. 东部大兴安岭沿麓地区

小麦主栽品种有龙麦 35、克旱 16、克春 4、内麦 19、农麦 2 号、垦九 10、格莱尼、龙麦 30、拉 2577、克春 8 号等，品种多样且混杂。近年审定的新品种

华垦麦 1 号和华垦麦 2 号，属高产中筋类型，目前还没有大面积推广。总体来看该生态种植区自育品种较少，外省品种占多数，生产中缺少丰产稳产、品质稳定和抗旱抗病性好的品种。

3. 阴山北部丘陵区、燕山丘陵区

阴山北部丘陵区旱地小麦主栽品种主要是当地品种小红皮、玻璃脆，还有内麦 21、晋春 9 号等，水浇地主要是永良 4 号和内麦 19 等；燕山丘陵区赤峰地区主要有赤麦 2 号、赤麦 5 号、赤麦 7 号、农麦 4 号等。该生态种植区近年来几乎没有小麦新品种审定和推广，丰产、抗旱品种严重缺乏，制约着小麦产业发展。

（三）主推技术

1. 西部河套灌区

主推技术有春小麦"两改三防"配套绿色增效标准化栽培技术、春小麦套种晚播向日葵绿色栽培技术、春小麦绿色高效种植及麦后复种栽培技术。

2. 东部大兴安岭沿麓地区

主推技术有以保护性耕作为核心的小麦全程机械化综合配套技术，小麦抗旱、高产机械化综合配套技术，小麦避旱、稳产机械化综合配套技术。

3. 阴山北部丘陵区、燕山丘陵区

主推技术有小麦机械化保护性耕作技术、干旱半干旱地区春小麦高效节水丰产技术。

（四）主要成效

近年来，由于国家连续几年调低小麦最低收购价格，而化肥等农资价格上涨，小麦成本增加，小麦种植的纯收益减少。各地区小麦成本收益具体如下：

1. 西部河套灌区

每亩投入：种子 4 元/千克，用种量 25 千克/亩，用种成本 100 元；机械播种 30 元，耕翻 30 元，收获 50 元，共 110 元；浇水 110 元；化肥 100 元，除草剂、农药 10 元。合计每亩总投入 430 元。

每亩产出：小麦 444.15 千克，价格 3.1 元，销售 1 376.87 元。

每亩纯收益：946.87 元。

2. 东部大兴安岭沿麓地区

每亩投入：种子 2.5 元/千克，用种量 22 千克/亩，用种成本 55 元；机械播种 15 元，耕翻 20 元，收获 22 元，共 57 元；化肥 50 元，除草剂、农药 10 元。合计每亩总投入 172 元。

每亩产出：小麦 224 千克，价格 2.4 元，销售 537.6 元。

每亩纯收益：365.6 元。

3. 阴山北部丘陵区

每亩投入：种子 4 元/千克，用种量 15 千克/亩，用种成本 60 元；机械播种 30 元，耕翻 30 元，收获 40 元，共 100 元；化肥 30 元，除草剂、农药 10 元。合计每亩总投入 200 元。

每亩产出：小麦 130 千克，价格 2.4 元，销售 312 元。

每亩纯收益：112 元。

（五）形势变化分析

1. 总体情况

从总体来看，2021 年内蒙古小麦生产呈现"二减一稳"，即种植面积、总产量均较上年有所减少，单产稳定。播种面积内蒙古 12 个盟（市）有 11 个减少，只有呼伦贝尔市增加了 14.4 万亩。总产量减少的主要原因还是在种植效益上，虽然在价格方面内蒙古小麦价格与 2020 年基本持平，小麦种植效益与 2020 年相比变化不大，但是由于玉米市场价格高、效益好，农民种植小麦的积极性不高，玉米比较效益加大，比 2020 年增加 570 万亩，挤压了小麦的种植面积。

2021 年小麦播种面积 663.22 万亩，比上年减少 55.18 万亩，比"十三五"平均水平减少 220.86 万亩；总产量 31.44 亿斤，比上年减少 2.72 亿斤，比"十三五"平均水平减少 8.24 亿斤；单产 237 千克/亩，与上年基本持平，比"十三五"平均水平增加 11 千克/亩。

从气候因素来看，由于春季土壤潮塌严重，小麦播种较晚，且播种质量和出苗不好，造成亩有效穗数同比 2020 年有所降低，灌浆期温度较往年略高，部分地区出现干热风现象，使得千粒重较上年略有降低。乌兰察布地区旱情影响小麦的出苗和生长，导致一部分小麦缺苗断垄、苗情较差，因旱造成产量损失。呼伦贝尔地区 2021 年雨水充沛，完全满足小麦生长需求，田间长势良好，只是后期降水太多影响小麦及时收获。

2. 加工情况

从小麦加工来看，西部巴彦淖尔市小麦产业链完整，面粉加工企业多，生产能力较大的企业有内蒙古恒丰食品工业股份有限公司、内蒙古兆丰河套面业有限公司、中粮面业（巴彦淖尔）有限公司等，年生产能力在 10 万吨以上，河套雪花粉知名度高，本地区生产的小麦价格高还供不应求，提高了小麦种植效益。中部和东部地区虽然也有面粉加工企业，但是多数加工能力和规模小，知名品牌少，对本地区小麦产业的带动能力弱，种植户多简单加工成面粉进行自食或销售，甚至直接销售原粮，无品牌、无包装，无附加值，产业链条短，缺乏竞争力。总体来看，内蒙古小麦产业还没有形成完整的产业链，以小麦生产销售为主，小麦加工业发展较慢，地区间发展不平衡。

三、内蒙古小麦产业发展存在问题

（一）品种和技术方面

一是内蒙古小麦种业创新能力不足，品种选育进度慢，现有小麦品种缺乏，不能满足生产需求，小麦新品种推广力度小，更新速度慢，严重制约小麦产业发展。另外，生产上主栽品种退化混杂，尤其是优质专用品种缺乏，不能满足生产需要。

二是小麦标准化生产程度低，管理粗放，良种良法不同步，严重影响新技术的推广应用。小麦订单种植面积小，抗市场风险能力低，收入不稳定。种植小麦比较效益差，种麦效益不稳定，容易出现丰产不丰收，农户、合作社、农场种麦积极性低。

（二）项目和经费方面

小麦科研和推广经费少，项目支持不稳定，内蒙古小麦科研人员少、力量单薄，创新能力不足，品种和技术不能够有效地满足产业发展。

（三）生产方面

内蒙古降雨少，农业生产条件较差，虽然有部分水地小麦，但大部分小麦主要集中在地力瘠薄的旱地，缺水少肥，尤其是农田水利设施不配套，应对自然灾害的能力较弱，严重干旱气候的影响制约小麦的产量形成，导致单产水平低。

（四）加工方面

多数地区缺乏有带动能力的加工企业，产业链条短。缺乏具有一定规模的面粉加工企业，种植户多简单加工成面粉进行自食或销售，甚至直接销售原粮，无品牌、无包装，无附加值，产业链条短，缺乏竞争力。没有形成完整的产业链，以小麦生产销售为主，小麦加工业发展较慢，发展不平衡。

（五）市场销售方面

多数地区本地面粉加工企业规模小，资金链、产业链不强，加工能力不足，产品品牌打造投入少，市场销售方面力量弱。

（六）政策支撑方面

小麦种植效益低，生产者种麦积极性差，政策优势不强，粮食收储制度和小麦产业扶持力度不够，种植补贴不给力，加之价格影响，收储加工的积极性不高，制约着小麦生产。

四、内蒙古小麦产业发展预测及下一步工作建议

（一）发展目标和思路

"十四五"和今后的目标是通过政策和技术措施，使内蒙古小麦恢复增长并稳定在 1 000 万亩，重点提高单产水平，保障口粮供给。

保障内蒙古东中西部小麦优势产业带种植面积，积极引导适度扩大内蒙古

小麦种植面积。以巴彦淖尔市为主的沿黄灌区和以呼伦贝尔市为主的大兴安岭沿麓优质小麦产业带为重点，带动中部小麦发展，因地制宜推广强筋、中强筋、弱筋等优质专用品种。沿黄灌区推广秸秆还田、麦后复种绿肥、增施有机肥、除草剂和化肥减量等技术，持续推进减肥控水降本，推广复种增加效益。中部地区探索合理轮作模式，发挥小麦在轮作倒茬中的作用，扩大旱作技术应用面积，重点发展绿色、有机旱地小麦。大兴安岭沿麓优势区重点推广免耕轮作、秸秆还田、施用缓控释肥和微肥、有机肥替代等技术，重点打造区域公用品牌，推进产地加工业发展。

（二）下一步产业发展建议

（1）加大小麦品种选育、技术研发和推广支持力度，通过重大专项、种业工程等项目，加大对小麦科研的支持力度，壮大科研队伍，增强科研力量，提高创新能力。

（2）加快建立内蒙古小麦产业技术地方体系，从人员和经费给予长期稳定支持，联合科研院所、高校、推广部门和生产加工企业，集中优势力量，加快内蒙古小麦育种、栽培技术研究和示范推广步伐，争取研究出多的品种和技术应用到生产，为内蒙古小麦产业发展提供品种和技术保障，解决制约内蒙古小麦产业发展的"卡脖子"问题。

（3）加强农田基础设施投入，提高抗异常气候能力，稳定小麦生产能力，及时做好小麦防旱抗旱措施和病虫害预测预报工作。

（4）积极争取和制定各项政策和措施，加大适度规模化种植和标准化生产扶持补贴力度，提高种麦积极性，发展优质、绿色、高效生产。

（5）积极扶持建立和壮大小麦加工企业，实现主产区小麦就地加工转化，指导加工企业建立小麦生产基地，实行订单收购，提高小麦种植收益。

（6）加快小麦生产技术示范推广步伐，重点在主产区实施以下措施：

①中西部河套灌区要加大力度推广春小麦绿色高效栽培技术和麦后复种多元栽培技术，推行企业订单收购，提高小麦种植收益。要以小麦麦后复种为主，调整种植业结构，提倡秸秆还田，培肥地力，减少化肥、农药、除草剂使用，减少投入成本，提高品质和种植效益。

②东部大兴安岭沿麓地区要选用优质强筋品种，推广抗旱、避旱栽培技术，

提高抗旱能力。通过有机肥替代，减少化肥投入，通过预测预报及时防治赤霉病，发展绿色优质小麦，发展小麦加工企业，实现小麦就地转化，提高效益，壮大产业。

③阴山北部丘陵区要选用抗旱、耐旱品种，推广小麦机械化保护性耕作技术和干旱半干旱地区春小麦高效节水丰产技术。发展马铃薯和小麦轮作，提倡秸秆还田，培肥地力，通过有机替代，减少化肥投入，提高效益。

内蒙古自治区油料产业发展报告

内蒙古油料作物主要是向日葵、油菜、花生、胡麻，其他油料作物包括蓖麻、芝麻和线麻等。

一、种植份额和区域

2021 年向日葵播种面积占 59.3%，比 2020 年下降 15.3%，产量占 70.8%，比 2020 年下降 9.9%；油菜面积占 27.5%，比 2020 年下降 9.0%，产量占 15.1%，比 2020 年上升 13.8%；花生面积占 8.4%，比 2020 年上升 28.0%，产量占 12.0%，比 2020 年上升 61.9%；胡麻面积占 4.8%，比 2020 年上升 4.4%，产量占 2.1%，比 2020 年下降 6.4%；其他油料面积占 0.01%，比 2020 年下降 73.4%。

（一）向日葵

内蒙古各地均有种植，主要集中在黄河两岸、阴山北麓和东部丘陵地区，为内蒙古面积的 98%，产量的 99%。近 5 年向日葵面积平均 944.1 万亩，占全国的 56.9%；总产量 170.76 万吨，占全国的 57.7%；面积和产量居全国首位，亩产 181.71 千克，居全国 7 位。以食用向日葵为主体，油用向日葵仅占 1% 左右。2021 年巴彦淖尔市种植面积占内蒙古 62.2%，产量占 68.9%，是全国向日葵的主要集散地。

（二）油菜

主要集中在大兴安岭西北及阴山北麓地区，为内蒙古面积的 97%，产量的 98%，其中双低油菜面积占 66%。近 5 年油菜面积平均 408.96 万亩，占全国的 4.1%，居全国第 9 位；总产量 27.26 万吨，占全国的 2.0%，居全国第 11 位；亩产 90.68 千克，比全国平均水平低 44.37 千克。2021 年呼伦贝尔市种植面积占内蒙古 62.3%，产量占 68.8%，是国内最大的春油菜产区，且含油率高，品质好，深受群众欢迎。

（三）花生

集中在西辽河流域的沙土带，为内蒙古面积的 98%，产量的 99%。近 5 年花生面积平均 49.22 万亩，占全国的 0.71%；总产量 9.18 万吨，占全国的 0.62%；亩产 182.74 千克，比全国平均水平低 66.90 千克。2021 年通辽市种植面积占内蒙古 88.9%，产量占 91.1%，是内蒙古花生的集中生产地。

（四）胡麻

主要集中在阴山南北麓地区，为内蒙古面积的 98%，产量的 99%。近 5 年胡麻平均种植面积 80.87 万亩，占全国的 23.9%，居全国第 2 位；产量 6.13 万吨，占全国的 19.4%，居全国第 3 位；亩产 77.69 千克，比全国平均水平低 16.02 千克。2021 年乌兰察布市种植面积占内蒙古 73.9%，产量占 76.0%，是内蒙古胡麻的主要生产区。

二、播种面积及产量

2021 年内蒙古油料种植面积 1 223.49 万亩，比 2020 年减少 140.73 万亩；总产量 213.89 万吨，比 2020 年降低 3.37 万吨；亩产 174.82 千克，比 2020 年增加 15.57 千克。

（一）向日葵

2021 年播种面积 726.04 万亩，比 2020 年减少 130.82 万亩；总产量 151.46 万吨，比 2020 年下降 16.69 万吨；单产 208.61 千克，比 2020 年增加 12.37 千克。种植品种以 SH363 系列为主，三瑞系列、JK601、3638C 以及双星 6 号、圣地 2 号、金太阳 1 号等抗列当品种为辅，杂交种使用基本普及。年度总趋势是面积和总产量下降，单产提高，商品性提升，收购价格增长，总收益增加。

1. 沿黄河灌区

播种面积和总产量下降，单产上升。以巴彦淖尔市为代表种植面积增加 26.85 万亩，总产量增加 9.01 万吨，单产增加 6.60 千克。其原因是 2021 年度种植结构发生了变化。

2. 阴山北麓滴灌区

播种面积、总产量、单产下降。以乌兰察布市为代表种植面积减少 40.34 万亩，单产降低 7.87 千克，总产量减少 7.12 万吨。其原因是 2020 年度向日葵列当、菌核病为害严重，产量和商品性降低，收益下滑。

3. 东部丘陵混合灌溉区

播种面积、总产量、单产大幅下降。以赤峰市为代表种植面积减少 30.91 万亩，单产提高 24.97 千克，总产量减少 4.51 万吨。其原因是 2020 年度向日葵菌核病影响，收益降低，玉米价格攀升，种植业结构发生了调整。

（二）油菜

2021 年播种面积 335.9 万亩，比 2020 年减少 33.20 万亩；总产量 32.24 万吨，比 2020 年提高 3.91 万吨；单产 95.99 千克，比 2020 年提高 19.23 千克。油菜品种在东部产区实现杂交化，以青杂号系列、新油 14、秦杂油 19、三丰 66、丰油 737 为主，西部产区仍以大黄菜籽为主。年度总趋势是东部区面积下降，产量和单产略有提高；西部区面积产量双上升，销售价格有所提升。

1. 大兴安岭西北地区

面积产量大幅下降，以呼伦贝尔市为代表种植面积减少 19.61 万亩，单产增加 30.54 千克/亩，总产量增加 4.91 万吨。其原因在于 2020 年受气候影响，出现低产赔本情况，收益低下。

2. 阴山北麓地区

面积产量小幅提升，以乌兰察布市为代表种植面积增加 5.93 万亩，单产提高 24.85 千克/亩，总产量增加 1.61 万吨。其原因在于 2021 年气候正常，2020 年价格上涨，农户种植意愿增强。

（三）花生

2021 年播种面积 102.66 万亩，比 2020 年增加 22.49 万亩，增幅为 28.1%，

在内蒙古首次超过胡麻面积，位列第 3；总产量 25.68 万吨，比上年增加 12.43 万吨；单产 250.18 千克，比去年提高 52.26 千克。主要原因是市场稳定，经济效益良好。品种以唐油 3203、鲁花号系列、白沙系列为主。

（四）胡麻

2021 年播种面积 58.49 万亩，比上年增加 2.45 万亩；总产量 4.48 万吨，比上年减少 0.31 万吨；单产 76.56 千克，比上年降低 8.83 千克。主要原因是胡麻大多在干旱地种植，受气候影响大，产量不稳定，经济效益低。品种更新较慢，以晋亚 7 号、内亚 9 号、轮选 1 号、陇亚 10 号为主。

（五）其他油料作物

2021 年播种面积 1 135.0 亩，比上年减少 3 100.0 亩；总产量 56.5 吨，比上年减少 296.5 吨；单产 49.78 千克，比上年减少 32.87 千克。主要在各地零星散种，蓖麻依据订单种植，麻子、芝麻自用或零售。

2021 年内蒙古主要油料作物生产情况见表 1。

表 1　2021 年内蒙古主要油料作物生产情况统计

地区	作物	总面积/万亩	单产（千克/亩）	总产量/万吨
内蒙古	内蒙古油料作物	1 223.49	174.82	213.89
	向日葵	726.04	208.61	151.46
	油菜	335.90	95.99	32.24
	花生	102.66	250.18	25.68
	胡麻	58.49	76.56	4.48
	其他	0.11	49.78	0.01
呼伦贝尔市	油料作物	209.30	106.04	22.19
	向日葵	0.06	101.67	0.01
	油菜	209.24	106.04	22.18
	花生			
	胡麻			
	其他			

（续表）

地区	作物	总面积/万亩	单产（千克/亩）	总产量/万吨
兴安盟	油料作物	37.13	133.18	4.95
	向日葵	13.47	128.58	1.73
	油菜	18.47	116.38	2.15
	花生	5.19	205.00	1.06
	胡麻			
	其他			
赤峰市	油料作物	61.25	211.25	12.94
	向日葵	54.02	214.49	11.59
	油菜	0.88	146.44	0.13
	花生	6.11	198.00	1.21
	胡麻	0.07	63.48	0.01
	其他	0.03	90.85	0.01
通辽市	油料作物	103.02	247.50	25.50
	向日葵	11.22	181.68	2.04
	油菜	0.40	134.67	0.05
	花生	91.30	256.27	23.40
	胡麻			
	其他			
锡林郭勒盟	油料作物	38.95	134.38	5.23
	向日葵	15.72	199.71	3.14
	油菜	10.53	115.45	1.22
	花生			
	胡麻	12.71	69.27	0.88
	其他			
乌兰察布市	油料作物	146.11	103.71	15.15
	向日葵	49.09	160.93	7.90
	油菜	53.73	71.54	3.84
	花生	0.02	193.94	0.01
	胡麻	43.21	78.72	3.40
	其他			

（续表）

地区	作物	总面积/万亩	单产（千克/亩）	总产量/万吨
呼和浩特市	油料作物	44.92	104.59	4.70
	向日葵	23.05	137.71	3.17
	油菜	19.91	69.10	1.37
	花生			
	胡麻	1.88	77.71	0.15
	其他	0.08	33.09	0.01
包头市	油料作物	80.75	106.07	8.57
	向日葵	59.47	123.73	7.36
	油菜	20.74	56.39	1.17
	花生			
	胡麻	0.55	69.95	0.04
	其他			
巴彦淖尔市	油料作物	453.20	230.52	104.47
	向日葵	451.29	231.26	104.36
	油菜	1.90	55.02	0.10
	花生	0.00	200.00	0.00
	胡麻	0.01	116.79	0.01
	其他			
鄂尔多斯市	油料作物	42.90	202.55	8.69
	向日葵	42.71	202.79	8.66
	油菜	0.10	147.09	0.01
	花生	0.04	204.28	0.01
	胡麻	0.04	101.05	0.01
	其他	0.01	133.33	0.00
乌海市	油料作物（向日葵）	0.06	219.86	0.01
阿拉善盟	油料作物	5.88	252.31	1.49
	向日葵	5.87	252.39	1.48
	油菜			
	花生			
	胡麻	0.01	148.94	0.01
	其他			

三、生产成本及收入

经多方调查咨询，2021 年内蒙古各油料作物亩成本、亩纯收益分别为：向日葵亩成本 550~1 200 元，比上年增加 60~300 元，纯收益为 300~1 800 元，比上年增加 450~800 元；油菜亩成本 200~380 元，比上年增加 30 元，纯收益为 100~500 元，比上年增加 80~300 元；花生亩成本 400~650 元，比上年增加 60 元，纯收益为 500~1 200 元，比上年增加 200~500 元；胡麻亩成本 180~280 元，比上年增加 20 元，纯收益为 200~500 元，比上年增加 130~300 元。成本增加主要是化肥等生产资料及土地流转费用上涨造成，收入增加主要是市场价格上涨及单产增加造成。

（一）向日葵

市场总体走高，沿黄河地区市场快速运行，阴山北麓地区市场销售火爆，东部丘陵地区市场供大于求。农户手中货物不足三成。

1. 沿黄河灌区

商品性一般，但市场强劲，目前购销通畅，旧货、好货已经销售，留在手中的货物只是待价出手。巴彦淖尔市平均售价为 8 元/千克，亩收入为 1 725 元，减去物质成本 566 元，净收入 1 159 元，比上年增加 466 元。2021 年单产增加，销价 7~11 元/千克，比上年提高 1.6~2 元，种植户收入可观。

2. 阴山北麓滴灌区

商品性较好，货物畅销，连上年存品夹带而走。乌兰察布市平均售价为 10 元/千克，亩收入为 984 元，减去物质成本 475 元，净收入 509 元，比上年增加 305 元。2021 年受气候和病害影响，单产偏低，销价 8~12 元/千克，比上年提高 2~3 元，种植户收入意外。

3. 东部丘陵混合灌溉区

商品性好，价格飙升，销售接近尾声。赤峰市平均售价为 15 元/千克，亩收入为 2 373 元，减去物质成本 582 元，净收入 1 791 元，比上年增加 790 元。本区域采用稀植降密技术，播种至收获全程使用人工，种植大户人工成本在 400~

500 元。2021 年受病害影响，单产下降至中等水平，销价 14~18 元/千克，比上年上涨 3~4 元，种植户收入惊喜。

（二）油菜

市场总体向好，销售较快，价格有所上升。主产区大兴安岭西北地区价格上涨，收购价格 5.7~6.1 元/千克，比上年高 0.5。呼伦贝尔市油菜亩收入 683 元，成本 380 元，纯收入 303 元。阴山北麓地区价格上涨，收购价格 5.6~6.4 元/千克，比上年高 0.6 元。乌兰察布市油菜亩收入 560 元，成本 200 元，纯收入 360 元。种植户保本有利，比较满意。

（三）花生

市场总体平稳，产量增加，价格未降。收购价格 6~8 元/千克，与上年持平，通辽市收益平均比上年增加 467 元，种植户非常满意。

（四）胡麻

市场稳中有升，单产提高，受油菜市场影响，价格推升，收购价格 7~9 元/千克，比上年提高 0.8 元。种植户基本满意。

四、加工转化及产业升级

内蒙古现有油料加工企业 134 家，其中巴彦淖尔市 120 家、包头市 7 家、乌兰察布市 3 家、阿拉善盟 2 家、锡林郭勒盟 1 家、呼伦贝尔市 1 家。包括仓储物流、炒货剥仁、饲料榨油、果胶提取等多种加工转化形式，全面覆盖整个油料产业链。小型炒货、油坊遍布各地，调节当地供需产业链。巴彦淖尔市规模以上企业 69 家，年销售收入 59.8 亿元。籽仁类产品年加工能力达 110 万吨，2020 年实际生产 65 万吨。销售收入百万元以上的油脂加工企业 26 家，生产能力 50 万吨左右。其中，山东鲁花集团有限公司、上海佳格食品有限公司、巴彦淖尔市宏发食品有限公司 3 家大型龙头企业年生产能力 40 万吨。在向日葵副产物利用方面，除秸秆加工、兑换饲料外，内蒙古康斯特生物科技有限公司以葵盘为原料提取果胶，年加工葵盘 1.5 万吨，生产果胶 1 500 吨。

"2020—2022 年内蒙古河套向日葵产业集群建设"项目实施，巴彦淖尔市五原县、临河区、杭锦后旗，鄂尔多斯市杭锦旗获得国家优势特色产业集群建设任务，国家每年投入资金 1 亿元，用于项目补助。2020 年巴彦淖尔市项目投资 31 793 万元，其中中央财政补助 8 000 万元，主体自筹 23 793 万元；鄂尔多斯市项目投资 7 396.5 万元，其中中央财政补助 2 000 万元，主体自筹 5 396.5 万元。重点围绕向日葵种子研发、品种保护、基地建设、精深加工、现代流通、品牌培育等产业链建设，打造涵盖生产、加工、流通、科技、服务为一体的河套向日葵产业集群，通过延长产业链、优化供应链、提升价值链，促进产业深度融合、转型升级、提质增效。

河套地区是国家最大的向日葵种植基地和产品集散地，年均种植面积 450 多万亩，占全国的 1/4 以上，国内 70% 的向日葵从这里集散。近年来，向日葵已发展成为地方特色优势主导产业，是农民收入的主要来源，为企业提供了优质的加工原料，促进了企业效益和出口创汇的增加。河套地区已发展形成集向日葵种子研发、基地种植、精深加工、市场营销、旅游观光于一体的全产业链条，实现了向日葵一二三产业深度融合发展。农业农村部等九部委公示的第一批"中国特色农产品优势区"名单中，杭锦后旗河套向日葵榜上有名，向日葵景观荣获"中国最美田园奖"称号，"五原向日葵"被确定为国家地理标志农产品。五原县建成全国唯一的"向日葵主题广场"，并成功申报吉尼斯世界纪录，建成全国首家向日葵博物馆、全国最大的向日葵公园、独具特色的向日葵小镇和"母亲河畔万亩葵海"旅游观光基地，成功承办内蒙古花季旅游河套向日葵旅游文化节，成功承办以"天赋河套，世界共享"为主题的"2018 年世界向日葵产业发展论坛"。

五、主要技术推广

内蒙古向日葵主推技术取得了明显成效，其他油料作物受土地贫瘠、生产条件等因素影响，在单产水平上与周边省（区）还有差距。目前生产上推广的主要技术如下：

（一）向日葵扩行降密提质增效栽培技术

巴彦淖尔市上年推广62.3万亩，亩产213.72千克，比对照增产20.01千克，商品性好，单价提升，纯收入增加18 558万元；2021年推广72.5万亩。

（二）地膜二次利用免耕栽培向日葵技术

巴彦淖尔市上年推广39.7万亩，亩产222.05千克，比对照增产20.27千克，节约成本，保护环境，纯收入增加11 972万元；2021年推广35.6万亩。

（三）小麦套种晚播向日葵栽培技术

巴彦淖尔市上年推广27.2万亩，小麦亩产311.93千克，葵花籽亩产164.09千克，利用光热资源，实现增产增收，亩纯收入1 548.08元；2021年推广10.1万亩。

（四）向日葵"6推1防"栽培技术

2021年推广92.3万亩，提高了向日葵的产量和品质，平均亩产突破250千克。

（五）花生浅埋滴灌水肥一体化栽培技术

具有节水、节肥、节药、省工，水肥一体化等特点，在通辽等花生主产区应用。

（六）向日葵套种葫芦（杂豆、花生）栽培技术

套种打籽葫芦技术主要在巴彦淖尔市推广，套种杂豆、花生技术主要在赤峰、通辽推广。

（七）向日葵大垄双行或单行栽培技术

东部丘陵区使用这一技术，亩保苗1 000~1 100株，具有降密提质的效果，经济效益明显提高，商品单价达到14~18元/千克。

（八）向日葵全膜覆盖栽培技术

东部丘陵干旱区使用这一技术，达到保墒增温、增产增收目的。

（九）油菜全程机械化免耕播种技术

在规模化种植、保护性耕作、病虫害和恶性杂草防治方面处于国内先进水平，实现了良种良法结合、农机农艺配套的标准化技术栽培。减少作业工序，缩短了作业时间，提高了工作效率，亩节约作业成本20元左右。

（十）胡麻缩垄增密宽幅条播栽培技术

受种植环境的限制，这一技术推广缓慢。

六、主要工作措施

（一）完善标准化建设，扩大规模化应用

按照有标提标、无标建标的原则制订行业标准，突出体现品种优质、管理标准、节本增效、环境友好、品牌靓丽等内容，建设标准化种植基地，充分发挥科技示范园区规模化生产主力军的作用，依标种植，率先实现农业生产标准化。主抓内蒙古向日葵标准化种植重点推广技术，落实向日葵扩行降密提质增效、阴山北麓向日葵节水控肥增效、向日葵浅埋滴灌等高效栽培技术。

（二）抓好园区示范，推进科技辐射

深入生产一线的农业技术人员短缺，抓好科技园区建设是农业技术推广的创新之路。巴彦淖尔市农业高质量发展科技示范园区，围绕"六新"建设137个农业科技示范园区及示范片，核心区面积82.98万亩，辐射带动414.89万亩。建设市级"双十五"农业高质量发展标准化科技示范园区30个，核心区面积23.35万亩，辐射带动116.74万亩。依托"四级联创""院地共建""科技小院"开展技术服务，在科技示范园区及科技小院内开展各项试验示范，总结经

验，集成一批绿色标准化栽培技术。统筹科研、教学、推广和企业等多方技术力量开展"四端四联一平台"农业科技创新社会化服务，确保各项农业生产标准化技术应用到位。

（三）政策扶持为保障，科技扶持做先锋

农业生产由高产型向高质高效型转变，强化政策保障，提高扶持力度，有针对性的种植补贴、农机补贴、轮作补贴、农业保险、合作社建设等政策扶持，引导农民向标准化生产迈进。赤峰市引导种植户进行绿色生产，利用无人机打药喷肥，实施生物防控和绿色防控技术，既提高防治效果，又达到了减药增效的目标，鼓励农民使用农家肥和生物菌肥；既减少化肥的用量，又为耕地持续利用奠定了基础。

（四）宣传培训要加强，科技创新常探索

受新冠肺炎疫情影响，3月初开始，围绕向日葵关键技术开展网上培训、网上大讲堂、组织线上培训，充分发挥农业技术推广系统的宣传带动作用，重点推荐主产区农户收看、收听，通过网上培训、现场指导、现场咨询等多种方式开展关键技术讲解，将前沿的、适用的关键技术及相关政策调整，宣传到村到户，引导农民开展种植业结构调整。为提高农业的抗风险能力，节省农业资源，减少投入，增加农民收益，乌兰察布市建立向日葵抗列当品种评价及抗列当品种标准化生产示范园、菌核病防治示范点，进行技术培训、观摩学习和宣传推荐等形式，树立典型，总结经验，推广成果，带动向日葵产业高质量发展；赤峰市继续探索无膜浅埋滴灌技术和半膜沟播集雨技术，设立了试验基地，开展密度、肥料、喷施富硒肥及不同种植模式等试验，以减少肥料用量，提高肥料的利用率，提高作物抵御不良气候的能力。

七、产业发展存在问题

（一）油料播种与收获机械化水平滞后

巴彦淖尔市向日葵面积和总产量排在全国第一位，向日葵栽培技术水平也

在全国领先，但是机械化水平却处于落后水平。播种和收获主要依靠人工完成，机械化水平低，种植成本高，影响向日葵产业化发展。

（二）向日葵栽培方面仍存在顽疾

主要表现在向日葵菌核病和列当为害，农户防控意识差，轮作倒茬周期短，缺少人为干预措施，对向日葵生产威胁很大。

（三）技术研发能力与生产发展不适应

一是技术引进相对滞后，向外学习新技术的力度不够。二是自身创新能力不足，技术推陈出新能力差。三是蕴藏在农民实际生产当中的许多适用技术未被充分发掘和提炼。

（四）科技人员服务不到位

基层技术人员短缺，无工作经费，下乡无差旅补助，服务不尽如人意，实践操作能力差，人员流动频繁，忽视资料和数据积累，缺少积极主动工作的精神，技术指导和服务跟不上生产发展的需求。

（五）油用作物面积逐年下滑

油菜、胡麻、油葵大多在干旱地、河头地种植，气候因素敏感，国家补贴几乎没有，收益不多，种植积极性不高，实际种植面积直线下降，油品原料逐年短缺。

八、2022 年生产预测

根据油料作物种植潜力及市场环境预测，2022 年油料作物种植面积接近 1 300 万亩，比 2021 年增加 135 万亩。向日葵面积增加 110 万亩，总播种面积在 810 万亩左右，其中黄灌区增加到 580 万亩、阴山北麓区增加到 80 万亩、东部丘陵区增加到 150 万亩。油菜面积增加 45 万亩，总播种面积在 380 万亩左右。花生面积减少 15 万亩，总面积在 55 万亩左右。胡麻面积减少 5 万亩，总播种面积在 50 万亩左右。

九、产业发展建议

(一) 优化结构，提高品质

实行轮作倒茬，秋压轮耕，逐步调整种植面积，向日葵调减到 600 万亩（其中油葵种植达到 100 万亩），油菜增至 400 万亩，胡麻增至 100 万亩，花生保持 50 万亩，油料作物种植设在 1 150万亩水平运行。研究不同作物不同品种适宜的播种区域和最佳的种植时间、种植密度、肥水管理、病虫草害防治等栽培技术，研究油料作物与其他作物间作、套种的科学种植模式，推行标准化生产，提升品质。

(二) 精深加工，兼顾出口

引进高科技企业，开发油料精深加工产品，延长产业链，提高附加值。在提升加工企业规模和档次的同时，发挥出口创汇优势，继续扩大国际市场，保持内蒙古农产品出口创汇优势地位。

(三) 研发品种，高效栽培

加强科研院所的引领作用，鼓励扶持农业科技企业加大与科研院所合作力度，通过新品种选育和试验示范，筛选一批适宜本地种植、抗草害、抗病虫的优良品种，加速新品种推广力度。实现由企业牵头，科研单位技术支持的生产发展机制，走产、学、研相结合的产业化之路，减少市场风险，促进油料产业健康发展。

(四) 提高水平，打造高端

一是构建全程生产标准体系，制定形成与国家标准、地方标准、行业标准相配套的标准体系，推进农业生产企业、合作社、家庭农牧场、种植大户等实行标准化生产，实现生产有标可依、产品有标可检、执法有标可判。二是加强种子市场监管，出台相关政策，严格规范种子市场，杜绝种子市场上的假、冒、杂、乱问题，减少不必要的经济损失，严厉打击非法经营种子和田间地头兜售种子行为。三是支持规模化种植，支持涉农企业、种植大户和农业合作社，通过土地流转的方式进行规模化种植，提高机械化和统防统治水平。

（五）搭建平台，破解难题

一是发挥龙头企业的带动能力，通过订单种植或自建基地的方式，引导农民在提升油料品质上下功夫，倒逼农民转变传统种植模式，实现优质优价。二是完善农企利益联结机制，支持种植大户和育种、流通、加工等人员组建行业协会。创新企业与农户的合作方式，通过企业把市场信息传送给农户，建立企业与农户利益共享、风险共担的利益关系。三是完善农企合作机制，建立收储中心，采用分级筛选、收购、仓储、统一销售的模式，解决市场赊销、压价囤积等问题；构建数据中心，进行准确的信息发布，为买卖双方搭建信息交流平台，信息资源共享。四是加大信贷投放力度，协调金融机构扩大对企业的信贷投放力度，为企业搭建股权质押、商标专用权质押、动产抵押、会员企业相互联保等融资平台，多方联动破解融资难题。

（六）完善机制，降低风险

完善大风、冰雹、洪涝等重大自然灾害保险以及重大病虫害补偿等保险政策，提高补贴标准，减少病虫渍涝灾害造成的损失，保障生产经营风险，提高种植者生产积极性，促进生产能力的稳定增长。

内蒙古自治区蔬菜产业发展报告

一、蔬菜产业发展基本概况

（一）基本情况

我国是全球最大的蔬菜生产国和消费国，蔬菜种植面积在 3 亿亩以上，年产量在 7 亿吨以上。蔬菜产业作为农业的重要组成部分，是我国除粮食作物外栽培面积最广、经济地位最重要的作物。国家统计数据显示，2015—2020 年我国蔬菜播种面积基本呈增长趋势。2020 年我国蔬菜播种面积 3.22 亿亩，同比增长 2.98%。

2020 年内蒙古蔬菜播种面积排在全国第 22 位，内蒙古已成为京津冀、长三角、珠三角等地区重要的夏淡季优质蔬菜供应基地，国内第一大脱水菜生产基地，第二大加工番茄生产基地、县域最大的红干椒生产基地，赤峰市与山东潍坊、泰安、临沂、辽宁鞍山并列为我国北方设施番茄主产地，喀喇沁旗王爷府镇成为我国最具影响力的番茄之乡。

（二）产区分布

国家统计局公布的数据显示，我国华东、中南、西南地区是我国新鲜蔬菜的主要种植区域，2020 年中南种植面积占全国的 35%，华东占全国 26%，西南占全国 23%，内蒙古所处的华北地区蔬菜种植面积占全国的接近 6%。

据经作系统统计，2021 年内蒙古蔬菜播种面积前 5 位是赤峰市、通辽市、乌兰察布市、巴彦淖尔市、包头市，产量前 5 位的是赤峰市、通辽市、巴彦淖尔市、乌兰察布市、包头市，面积和产量分别占内蒙古的 82.9% 和 85.7%。内蒙古设施蔬菜播种面积以赤峰市一家独大，面积和产量分别占内蒙古的 68.4%

和73.7%。赤峰市宁城县越冬番茄、以喀喇沁旗为主的越夏番茄在全国市场都享有一定的声誉，对全国番茄市场价格有一定的主导作用；以乌兰察布市、锡林郭勒盟为主的冷凉蔬菜，具有地域和气候优势，蔬菜产品品质高，销售渠道畅通；以通辽市红干椒、巴彦淖尔市加工番茄、青红椒为主的加工型蔬菜，都具有稳定的国际市场。

随着"菜篮子"工程的不断推动，内蒙古蔬菜生产基地已初步形成燕山丘陵山区设施蔬菜，围绕京津唐及南方市场的冷凉蔬菜，呼包鄂大中城市"菜篮子"供应基地，巴彦淖尔市加工型蔬菜，西辽河流域红干椒五大优势区域，有效缓解了淡季蔬菜供求矛盾，为保障内蒙古蔬菜均衡供应发挥了重要作用。

（三）销售加工

内蒙古始终致力于区内市场建设和外埠市场开拓，目前已初步形成了稳定的蔬菜销售渠道。主要销往北京、天津、上海、广州、沈阳、西安、武汉等国内一些大中城市，例如赤峰市作为自治区最大的设施蔬菜生产地区，设施蔬菜外销率达到85%左右，冷凉蔬菜同样以外销为主。外销蔬菜种类有番茄、韭菜、彩椒、西蓝花、南瓜等。

内蒙古规模以上加工企业89家，加工能力270万吨，年实际加工量122万吨，年销售额73亿元，出口创汇1.86亿美元。主要加工品种有胡萝卜、红椒、甘蓝、番茄、洋葱、食用菌等，产品有精制红干椒、番茄酱、脱水菜、酸菜、咸菜、酱菜、保鲜蔬菜，销往我国北京、香港、台湾、广东、上海、江苏、辽宁、河北、山东等地，以及日本、韩国、美国、欧盟等国家和地区。加工番茄价格在420～500元/吨，较去年上涨5%～10%；青红椒0.6元/千克，较去年下降30%左右；红干椒主要以外销为主，由于天气等因素综合影响，今年增产约20%。红鲜椒价格2.1元/千克左右，基本与去年持平，干椒9元/千克左右，较去年上涨38.5%。

2021年内蒙古蔬菜市场价格持续高位运行，但仍符合常年季节性波动规律，28种蔬菜内蒙古年均批发价每千克5.21元，同比上涨4.8%。设施越夏硬果番茄价格在3元/千克，基本与去年持平。赤峰市喀喇沁旗越夏茬平均价格1.5元/斤，最高2.3～2.4元/斤，最低0.5～0.6元/斤。由于温度偏低，雨水多，后期灰叶斑病严重等原因，平均亩产7 500千克。日光温室秋延茬均价4元/千克，平均亩产 8 000 千克左右。2021 年秋受南方强降水影响，自治区西部区冷凉露地蔬菜主产区露地蔬菜地头收购价格较高，如乌兰察布市大白菜 4 000~5 000 元/亩，芹菜 8 000 ~ 11 000 元/亩，莴苣 3 000 ~ 4 000 元/亩，胡萝卜 2 500 ~ 3 200 元/亩，西蓝花 2.8~4 元/千克，红、绿南瓜 1.2~1.4 元/千克，露地贝贝南瓜 2~4 元/千克，保护地贝贝南瓜 3~5 元/斤，均显著高于去年价格。

（四）产业优势概述

全国有近 1 亿农民直接从事蔬菜生产，而蔬菜平均经济效益近 9 000 元/亩，远高于其他农作物，可见蔬菜产业是农民增收的重要渠道、乡村振兴的重要抓手。从全国范围看山东、河北、辽宁等区域形成蔬菜产业集中地，蔬菜产品销往国内各大市场。内蒙古地处夏秋淡季冷凉蔬菜基地的中心地带，光照强，温差大，具备生产绿色优质蔬菜的独特资源优势。

1. 适宜夏淡季蔬菜生产

内蒙古地处高海拔、高纬度地区，气候凉爽，是"天然凉棚"，且光照充足，环境污染轻，宜农耕地资源丰富，毗邻陕西、甘肃、宁夏、山西、河北、黑龙江、吉林、辽宁等八省（区），与北京、天津、唐山、沈阳、长春、哈尔滨等大城市距离较近，是发展国内夏淡反季节蔬菜的理想场所。内蒙古开鲁县、科尔沁区、松山区、宁城县、太仆寺旗、临河区、五原县、杭锦后旗列入国家蔬菜重点县，培育出乌兰察布胡萝卜、芹菜、洋葱、甘蓝、大白菜、南瓜、开鲁红干椒、太仆寺旗西芹、绿菜花、生菜、喀喇沁旗越夏番茄等一批具有地域特色名优冷凉蔬菜，为冷凉蔬菜发展奠定了基础。

2. 有错季销售的市场机遇

内蒙古冬季（12 月、1 月、2 月）设施蔬菜生产面积、产量只占全年蔬菜的 17%、10%；春季（3 月、4 月、5 月）生产面积、产量只占全年蔬菜的 24%、26%，冬春季自给率 25.3%，市场供应缺口较大。露地冷凉蔬菜上市时间集中在 7 月、8 月、9 月、10 月，夏秋菜主要以大白菜、甘蓝、西芹、圆葱、胡萝卜、红干椒等调出品种为主，与南方市场互补。

3. 特色蔬菜及加工品出口优势明显

内蒙古番茄酱、脱水蔬菜等蔬菜加工产品具有对欧美、东南亚地区，以及日本、韩国等地的出口优势。内蒙古认证喀喇沁番茄、化德大白菜、商都西芹等25个地理标识产品，注册蔬菜及其加工产品品牌在区内外享有盛誉，有的已进入俄罗斯、蒙古国、韩国、日本等国外市场。

二、2021年蔬菜产业发展基本情况

（一）种植情况

据经作系统调研，2021年内蒙古蔬菜播种面积433.34万亩、产量1 725.74万吨，分别较上年增加2.8%、3.7%；产值386.6亿元，较上年增加9.4%。设施蔬菜播种面积113.3万亩、产量744.6万吨、产值236.9亿元，分别较上年增加6.4%、3.5%和14.6%。内蒙古冬春淡季蔬菜自给率不足30%，呼包鄂等大中城市冬春淡季蔬菜自给率20%。

2021年蔬菜平均亩产量：辣椒2.6吨、番茄6.5吨、黄瓜6.8吨，设施平均亩产量分别为辣椒6.9吨、番茄7.5吨、黄瓜8.0吨。平均亩产量与2020年比较，稳中略升，平均亩产值与2020年比较，受市场价格影响，辣椒和番茄略有降低，黄瓜产值略有上升。

（二）种植品种

内蒙古种植蔬菜种类丰富多样，形成规模的主导品种有辣椒、番茄、大白菜、胡萝卜、黄瓜等20多个，具体播种面积及产量见图1、图2。

（三）主推技术或主要工作

内蒙古力争在品种创新、技术创新和方法创新上取得新突破，开展了番茄多抗品种选育、精准灌溉施肥、秸秆利用、CO_2施肥技术、稀土LED补光技术、分蘖洋葱伴生番茄栽培技术、日光温室蔬菜减药减肥（双减）技术、秸秆菌肥应用技术、设施蔬菜土壤抗连作等技术研究，示范推广了具有内蒙古自主知识产权优良番茄品种，工厂化育苗、生态无土栽培、有机肥和生物肥替代化肥、微生物菌剂应用、水肥精准供给、CO_2施肥、日光温室环境调控（手自一体智能模拟放风器）、起垄沟覆秸秆、熊蜂授粉、PO膜应用、绿色防控等绿色高效技

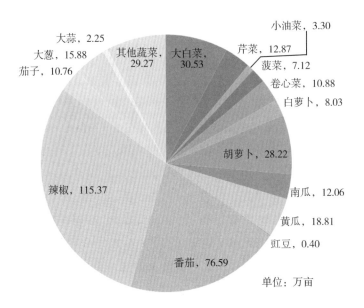

图1 2021年内蒙古主要蔬菜品种面积

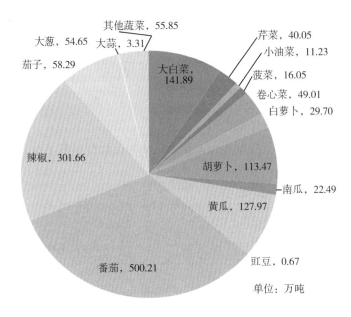

图2 2021年内蒙古蔬菜主要品种产量

术和轨道电动遥控运输车和多功能的黑色防草布等轻简化技术。

（四）成本收益

赤峰市调研数据显示，2021年主栽蔬菜辣椒，农户日光温室辣椒亩投入成本14 400元，纯收入24 000元，产值38 400元；新型经营主体投入成本增加1 425元，纯收入22 575元。大棚甜椒每亩投入成本7 000元，纯收入11 000元，产值18 000元；新型经营主体投入成本增加358元，纯收入17 642元。新型经营主体较农户人工增加10%，稍微管理不善就将亏本，现在很多企业和合作社都将设施租赁给农户生产经营。

2021年日光温室辣椒平均每亩投入14 400元，产值38 400元，纯收入24 000元；2018年日光温室辣椒平均每亩投入16 570.66元，产值34 843.97元，纯收入18 273.31元。2021年塑料大棚辣椒平均每亩投入7 000元，产值18 000元，纯收入11 000元；2018年大棚甜椒平均每亩投入7 185.01元，产值19 602.79元，纯收入12 417.77元。日光温室蔬菜生产呈成本下降趋势，收益主要受价格影响。2021年赤峰市日光温室辣椒平均价格4.8元/千克，较2018年高1.5元/千克，收益主要受价格上涨带动；大棚甜椒2021年平均价格2.4元/千克，比2018年低0.6元/千克，收益主要受价格影响，随价格降低影响而下降。

（五）形势变化分析

2017—2021年内蒙古蔬菜生产面积和产值变化情况见图3和图4。

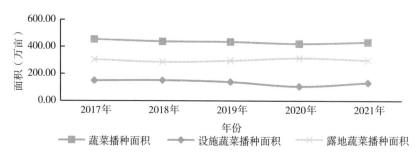

图3　近5年内蒙古蔬菜面积

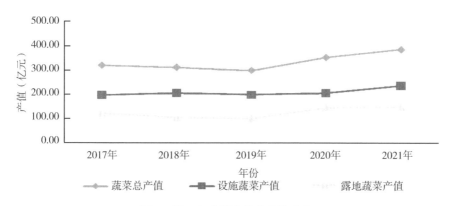

图 4　近 5 年内蒙古蔬菜产值变化

目前，随着我国农业机械化、信息化、智能化水平逐年提高，人民的"菜篮子"对蔬菜种类和品质的需求越来越高，政府政策的大力扶持，蔬菜供给市场的发展良好，直接影响内蒙古蔬菜种植情况，特别是种植面积、收益、市场供给率整体平稳，虽然受新冠肺炎疫情及极端气候导致的自然灾害影响，蔬菜价格出现短期波动，部分地区也有减产减收情况出现，但从整体发展趋势来看，蔬菜产业发展稳中有进。

2021 年内蒙古蔬菜产值 386.6 亿元，较上年增加 33 亿元，其中设施蔬菜产值 236.9 亿元，较上年增加 30 亿元，由于 2021 年蔬菜整体价格走高，农民整体收益稳定，特别是设施农业。未来随着劳动力成本的持续增加，农资产品的价格上涨，以及来自气候变化、市场波动等诸多方面不确定因素的影响，蔬菜生产的收益极易出现波动。

三、蔬菜产业发展存在问题

（一）生产加工方面，布局不合理，物流保鲜技术滞后

目前内蒙古蔬菜生产布局仍不合理，区域间的产能仍然不平衡，例如赤峰市产能较充足，其余 11 盟（市）蔬菜生产量均不能满足本地市场消费需求量。

采后高效低耗保鲜物流技术缺乏，产品劣变机制不清、冷链装备自主研发

能力不足，也是蔬菜产业发展的制约因素。

（二）市场销售方面，信息获取不对称，流通渠道狭窄

一是内蒙古蔬菜产业的市场环境、市场发育程度、流通秩序和信息服务等还不够完善，特别是产地蔬菜生产信息和销地（批发市场）蔬菜信息系统不完善，生产和销售信息获取不对称，导致生产者缺乏总体的供求信息引导，在蔬菜市场价格多变、供求矛盾转化快的新形势下，难以预测蔬菜产销趋势。二是大多数生产企业或种植大户，思维局限仅停留在一时一地，对全国蔬菜生产"一盘棋"的格局认识不清，蔬菜种植品种单一，无法满足消费者对蔬菜的多元化需求。大部分地区蔬菜产品在总量上基本满足市场供应，但存在季节性、结构性供需矛盾，冬春淡季现象明显。导致蔬菜生产出现区域性、结构性、季节性过剩或短缺。

（三）技术支撑方面，轻简化技术普及率不高，标准化生产管理薄弱

蔬菜生产属于劳动密集型产业，劳动力成本不断增加，迫切需要提高轻简化技术和机械化的应用来降低劳动力成本，提高蔬菜产业的生产效率和种植户的经济效益。蔬菜生产包括品种选择、育苗、定植、田间管理、病虫害防治等多个环节，需要全程标准化生产管理，才能保证产出的蔬菜品质优良。蔬菜种类多，规模化生产程度不高，质量监督机制落实不到位。

品质差、单产低，缺乏风味、营养、抗性兼具商品性优良的品种，以及高产高效栽培技术。生产机械化程度总体低下，缺乏适于机械化生产的品种及农机农艺融合技术与装备。缺乏病虫害绿色防控技术体系，对蔬菜肥水需求规律认识不清。

（四）基础设施建设落后，应对自然灾害能力较弱

内蒙古蔬菜生产基地的基础设施如沟、渠、路、水电、排灌、大棚等配套设施投入大，回报率不高，加上政府财政补贴少，基地设施设备简陋，抵御自然灾害能力弱。2021年11月，赤峰市、通辽市遭遇特大暴雪，蔬菜温室、大棚坍塌严重，设施农业发展受到一定程度影响。

（五）人才队伍建设薄弱，产业发展后劲不足

一是蔬菜产业人才培养体系不健全，尽管部分盟（市）建立了科技特派员等模式，但受众面窄，无法从根本上解决蔬菜产业人才培养面临的系统性问题。二是蔬菜生产招工难、用工贵问题突出。从事蔬菜生产的多为中老年人群，专业知识、专业技能欠缺，学习接受能力差、体力差等因素导致生产效率不高。三是各地蔬菜科研、技术推广部门从事蔬菜科研和技术服务人员较少，研究内容重复分散、缺乏协作，基础研究力量薄弱。需不断完善人才体系建设，在品种引进、育苗、种植技术、田间管理、疾病防控、物流仓储、市场销售等各个方面壮大人才队伍，为蔬菜产业种植户、合作社、企业提供了技术保障和人才支撑。

（六）蔬菜生产成本持续走高，利润逐年下降

一是劳动力用工价格不断走高，部分地区占到蔬菜生产企业成本的40%～60%，人工成本已经成为农业生产的主要成本。二是机械化水平低，用工多。蔬菜种类多，配套机械少，机械化水平低。三是农资价格不断上涨，病虫害和连作障碍的持续发生，导致蔬菜生产投入逐渐提高，比较效益不断下降。四是社会化服务水平低，缺乏蔬菜生产的专业化托管服务，影响产品的整体效益。

四、蔬菜产业发展预测及下一步工作建议

农业产业化是我国农业发展的必然选择，这种经营模式在保持家庭经营的基础上，把分散的农户组织起来进行商品生产，在一个产品、一个产业、一个区域内形成了产品规模、产业规模和区域规模，实现农业的聚集效应。有利于克服农户分散经营与社会化大市场的矛盾；有利于更大范围内和更高层次上实现农业资源的优化配置；有利于农业在家庭经营的基础上，逐步实现农业的规模化、专业化和商品化。向着全方位社会化服务的方向发展，实现蔬菜农资供给定制化，蔬菜生产规模化标准化，蔬菜销售品牌化专业化。

（一）加强顶层设计，统筹区域布局

加强蔬菜产业链调研，收集整理蔬菜市场信息，全面掌握区内外蔬菜产业发展状况，了解行业发展和种植经营者的需求，实时监控市场动态，加强各区域之间的沟通协调。搭建内蒙古农产品价格信息平台，解决农产品价格频繁波动、农产品"卖难""买贵"等较突出的问题，集农产品信息收集、整理、发布、分析于一体，全面、及时地传递农产品价格信息，规范和引导农产品市场价格行为，促进农产品产销衔接和现代市场流通体系建设，引导生产者发展优质高档农产品的生产，避免盲目跟风生产，提高农业生产的整体效益。统筹优化内蒙古蔬菜产业区域布局，合理调节不同区域之间蔬菜种植的结构性矛盾，为内蒙古蔬菜生产销售创造良好的生态环境。

（二）推广先进种植技术，提升标准化种植水平

在生产的各个环节提升科技含量，提高种植技术：一是将传统育苗向精准育苗发展，采用科学化、机械化、自动化等技术措施和手段，达到种量少的同时，尽可能减少病虫害发生的目的。二是加强蔬菜生产机械和轻简化设备的研发，提高在整地、播种、田间管理、采收等各环节的先进技术和设备的普及率和到位率，降低劳动力成本，提高蔬菜生产效率，提升标准化种植水平。三是要逐步提高蔬菜生产的机械化水平和物联网技术的应用覆盖率，向智慧农业方向发展。四是在减肥控药上做文章，以绿色生产为目标，在保证产量的同时更加追求蔬菜品质的提升。

（三）做好产销衔接，拓展供应链渠道

各地要根据当地消费需求，主动与优势产区加强协作，建设蔬菜产品保障基地；优势产区要充分利用当地资源，建设服务全国或区域的蔬菜规模化基地，与各大中城市建立长期稳定、互利合作的产销关系。通过产销市场对接、农社对接、农超对接、线上线下对接等方式，拓展蔬菜产销供应链渠道。

（四）建立全程质量追溯体系

建立内蒙古蔬菜产品全程质量追溯信息处理平台，并在蔬菜产品生产企业

或农民专业合作组织中建立完善的农产品全程质量追溯信息采集系统，逐步形成产地有准出制度、销地有准入制度、产品有标识和身份证明、信息可得、成本可算、风险可控的全程质量追溯体系。

（五）塑造品牌形象，提升竞争优势

一是各地要成立专门的品牌营销队伍，协助蔬菜企业、合作社等创建属于自助机的专属蔬菜品牌。二是要注重线上线下的联合品牌传播与品牌渠道建设，扩大品牌的宣传范围，提升品牌的知名度。三是要找准市场定位，精准分析市场环境，借助广告媒体等实施品牌营销，助力品牌塑造。

（六）增加财政投入，培育一批龙头企业

一是扩大投入渠道，各级发改委、财政、农牧、科技、商务、扶贫等部门都应安排资金和项目支持蔬菜产业发展，尤其重点支持蔬菜基地建设、科技创新、市场开发、龙头企业、品牌培育等方面，各级政府应建立财政专项资金，强化导向调控手段，在道路、设施（温室、大棚等）、冷库、排灌系统、绿色防控等基础设施方面进行投入。二是完善投入机制，以财政资金作引导，以农牧民、合作社、企业等经营者投资为主体，以金融部门支持为依托，以社会资金及市场资金为补充，在基地建设、批发市场建设、产销信息服务、社会化服务组织、风险基金建立等方面给予必要的资金投入和政策优惠，促进内蒙古蔬菜产业持续健康发展。三是投入专项资金对蔬菜专业技术人员进行生产、营销、质量控制等知识和技术培训。四是投入专项资金研究解决生产和流通领域中的关键技术、关键设施设备。五是投入专项资金建立"菜篮子"调节基金，稳定蔬菜价格，保护生产者积极性，避免蔬菜价格暴涨暴跌而冲击市场。

内蒙古自治区食用菌产业发展报告

一、食用菌产业发展基本概况

（一）基本情况

我国食用菌栽培历史悠久，是世界上最大生产国、消费国和出口国。近几年食用菌产业迅猛发展，产量逐年递增，目前我国食用菌总产量占全球总产量的3/4以上，栽培品种达40多个。随着我国城镇化的推进、居民收入的提高和居民消费结构的不断升级，对食用菌产品特别是工厂化食用菌产品的消费稳步增长。据中国食用菌协会调查统计，2015—2020年我国食用菌总产量和总产值呈快速增长趋势。2020年全国食用菌总产量和总产值分别为4 012.2万吨和3 166.4亿元，同比增长2.7%和4.1%。

在我国食用菌"南菇北移，北耳南扩"产业升级的推动作用下，2020年内蒙古食用菌总产量排在全国第19位，内蒙古已成为反季节生产优质香菇、赤松茸、滑子菇、黑木耳、羊肚菌等食用菌的重要基地之一，为京津冀、长三角、珠三角等地区食用菌的供应发挥着重要作用。食用菌不仅是内蒙古经济效益高的产业，而且是具有社会效益、生态效益、环保型生物循环的产业，所以发展反季节食用菌产业已作为内蒙古设施农业产业结构调整的方向之一。

（二）产区分布

内蒙古自西向东北狭长分布，自然气候孕育了大量珍稀、有价值的典型野生菌类。特别著名的野生食用菌有：以锡林郭勒盟广阔草原为代表的草原白蘑，以呼伦贝尔大兴安岭山地和森林为代表的松口蘑、猴头蘑、灰树花及野生产量最多的黑木耳，以阿拉善盟贺兰山为代表的紫丝膜菌，以赤峰的丘陵地区为代表的红蘑、羊肚菌、鸡油蘑和紫云盘等，所有这些构成了内蒙古自治区境内菌类资源的多样性。

依据内蒙古资源分布特点，主栽区形成了东北部以黑木耳栽培为主、中西部以香菇和滑子菇栽培为主的比较集中两大食用菌特色产业区域。据经作系统统计，2021 年赤峰市、呼伦贝尔市和巴彦淖尔市为内蒙古食用菌主产区（图1），总产量占内蒙古产量的 96.55%。其中，赤峰是内蒙古食用菌生产第一大市，产业规模总体稳定，年产量保持在 20 万吨以上，主要以宁城县的滑子菇、克什克腾旗的香菇、敖汉旗的北虫草等品种为主。滑子菇和黑木耳栽培面积主要分布在赤峰市和呼伦贝尔市，北虫草栽培面积主要分布在赤峰市，香菇栽培面积主要分布在呼和浩特市、赤峰市和乌兰察布市，白玉菇栽培面积主要分布在鄂尔多斯市，羊肚菌和平菇主要分布在呼和浩特市和赤峰市。

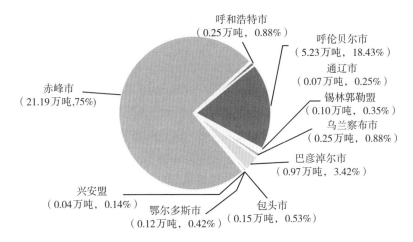

图1　2021 年内蒙古食用菌产量分布

随着"小蘑菇"撑起"大产业"助力农民增收的不断推动，内蒙古大宗人工栽培食用菌生产基地已初步形成，有效丰富了"菜篮子"工程的蔬菜种类，有效缓解了区内外淡季食用菌供求矛盾，为保障区内外食用菌均衡供应发挥了重要作用。

（三）销售加工

内蒙古对食用菌的生产和研究起步较晚，目前食用菌主要以干、鲜销售为主，主要销往北京、上海、广州、深圳等国内一些大中城市，例如呼和浩特市为内蒙古最大的羊肚菌设施生产地区，以空运的方式直接发往北上广深地区，外销率达到95%以上。赤峰市滑子菇主要供应东北三省及北京、天津等地。

食用菌深加工产品，如干香菇、干木耳等产品在全国各地均有销售，甚至远销东盟、美国等地。香菇、木耳、白蘑类即食类的产品在内蒙古开发较多，也是消费者较为喜爱的深加工产品之一，内蒙古利用香菇独特的风味加工成功能性复合调味品菇精、香菇酱、火锅底料、香菇碎片，利用草原白蘑研制原味和麻辣味的白蘑酱制品销往区内外。

2021年受新冠肺炎疫情的影响，我国部分农贸市场间歇式停止经营，食用菌批发受阻，影响了食用菌部分产品的销售；部分餐饮店停止经营，直销渠道也临时停止；大部分企业或合作社没有线上销售渠道，导致物流受阻，劳动力短缺，生产管理无法像往年一样正常进行，造成菇品销售不畅，库存积压。但对内蒙古来说，现在是危机也是转机，食用菌产品粗加工单一，可转入深加工，生产中、高端消费产品，提高附加值，以推动内蒙古食用菌产业更好更快地发展。

（四）产业优势

食用菌产业已是中国农业（粮食、蔬菜、果树、油料、食用菌）第五大产业，我国食用菌从1978—2018年，增长速度700倍，在全世界绝无仅有。在国家整个脱贫攻坚过程中，全国有70%~80%的国家级贫困县首选食用菌并通过食用菌行业实现脱贫致富。食用菌产业具有不与人争粮、不与粮争地、不与地争肥、不与农争时、不与其他产业争资源的"五不争"特性。食用菌反季节栽培在内蒙古已经推开，这是依赖于本区夏、秋季冷凉的气温和适宜的海拔高度，廉价的原材料和充裕的劳动力资源，以及优越的地理位置，具备生产绿色优质食用菌的独特资源优势。

1. 气候资源优势

内蒙古地处蒙古高原地带，北纬37°24′~53°24′，海拔多在800米以上，大部地区年平均气温为0~8℃，年气温日较差12~16℃，气候冷凉、高温期短、昼夜温差大、多风少雨，气候条件符合优质、高产食用菌的生产要求，同时病虫害发生率低，是食用菌保护地生产不可多得的有利条件，在此环境下生产的菌类，其干物质含量和营养成分均较高，风味浓厚，备受消费者青睐。2011 年中华人民共和国农业部批准对"阿尔山黑木耳"实施农产品地理标志登记保护，2017 年农业部批准对"鄂伦春黑木耳"实施农产品地理标志登记保护，2019 年"鄂伦春黑木耳"入选第四批全国名特优新农产品名录。

2. 原料资源优势

内蒙古地域辽阔，可用于食用菌生产的原材料丰富多样，便于取材。如农业的麦秸、谷草、玉米芯、豆秸、玉米秸等；畜牧业家禽、家畜的粪便；加工业的木屑、油粕、麸皮、糟渣以及生态建设的枯草、灌木枝条（沙柳、柠条）等。所有这些副产品、下脚料经过食用菌生产可无害转化、就地升值，使物尽其用、变废为宝。此外，将废弃的菌棒、菌渣、菌糠可以加工成菌肥，菌肥能够提高土壤肥力、改善土壤理化性状、增强持水力和通透性、刺激根际固氮微生物的生长，是一种很好的有机肥，可循环利用降低种植成本。这样不仅可以减少环境污染，还可以对菌棒再次循环利用，减少资源浪费，增加经济效益。

3. 人力资源优势

随着社会的发展、农业生产机械化水平的提高、乡村城镇化建设的加速，使得农业剩余劳动力也大幅增加。食用菌产业属劳动密集型产业，内蒙古城镇和农村富余劳动力充足、廉价、发展食用菌产业又成为安置剩余劳动力的有效途径。种植玉米、水稻、小麦等农作物都需要合适的时节，食用菌则没有农时限制，利用农牧民的闲暇时间就可发家致富、奔小康，是脱贫攻坚与乡村振兴的重要抓手。

4. 独特的地理优势

我国的内蒙古北与蒙古国和俄罗斯接壤，边境口岸众多，横跨东北、华北、西北地区，毗邻陕、甘、宁、晋、冀、黑、吉、辽八省（区），与京、津、唐、沈、长、哈等大城市距离较近，与京津冀、东北、西北经济技术合作关系密切，是京津冀协同发展辐射区。所有粮食都需要良田才能高产，食用菌则可以在荒漠化、盐碱地上生产，不需要良田，内蒙古各类沙漠化土地总面积 313 520.01平方千米，占内蒙古总土地面积的 26.5%。因此，内蒙古土地广袤，交通便利，地理优势独特，是发展国内反季节栽培食用菌的理想场地。

二、2021 年内蒙古食用菌产业发展基本情况

（一）种植情况

2021 年内蒙古食用菌种植规模约 3.3 亿棒（袋）、产量 28.37 万吨、产值 21.66 亿元，较 2020 年同比分别增长 0.3%、1.07% 和 1.8%，2021 年兴安盟的食用菌生产规模稍有萎缩。

赤峰市和呼伦贝尔市是内蒙古两大食用菌主产地，2021 年食用菌产量分别为 21.19 万吨和 5.23 万吨，分别占内蒙古食用菌总产量的 74.70% 和 18.43%（图 2，图 3）。其中，赤峰市滑子菇产量 15.72 万吨、香菇 3.42 万吨、北虫草 1.34 万吨、黑木耳 0.35 万吨，均居内蒙古首位，其中滑子菇占内蒙古滑子菇总产量的 80%，香菇占内蒙古的 70%，北虫草占内蒙古的 99%，黑木耳占内蒙古的 60%。呼伦贝尔市是内蒙古食用菌生产第二大市，为滑子菇、平菇、猴头菇、黑木耳和灵芝的主产区，产量分别为 3.96 万吨、0.63 万吨、0.23 万吨、0.19 万吨和 0.11 万吨。其中，平菇、猴头菇和灵芝产量均居内蒙古首位，猴头菇和灵芝是呼伦贝尔市特色优势品种，产量占内蒙古总产量的 99%，平菇占内蒙古总产量的 50%；滑子菇和黑木耳产量均居内蒙古第 2 位，产量占比分别为 20% 和 32%。

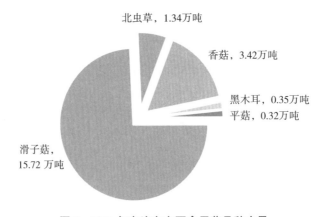

图 2　2021 年赤峰市主要食用菌品种产量

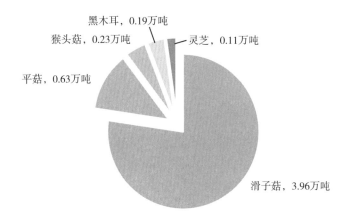

图 3　2021 年呼伦贝尔市主要食用菌品种产量

　　其他盟（市）如鄂尔多斯市、呼和浩特市、巴彦淖尔市、包头市、兴安盟等地也有少量种植，这些盟（市）食用菌生产体量不大，年产量均不足 1 万吨，产业发展的支持力度还需进一步加强。

（二）种植品种

　　目前内蒙古种植的食用菌种类已达 20 余种，大宗品种主要有滑子菇、黑木耳、平菇、香菇、北虫草、杏鲍菇、双孢菇、姬菇、鸡腿菇、金针菇等，珍稀品种如猴头菇、白玉菇、灵芝、羊肚菌、赤松茸等也逐渐受到市场青睐，成为内蒙古食用菌产业新的增长点。2021 年内蒙古产量前 5 名的食用菌品类有滑子菇、香菇、北虫草、平菇和黑木耳（图 4），产量分别为 19.69 万吨、4.88 万吨、1.34 万吨、1.2 万吨和 0.58 万吨，5 个品类产量合计占内蒙古食用菌总产量的 97.6%。其他珍稀食药用菌种类如白玉菇、猴头菇、灵芝、羊肚菌、赤松茸等种类的种植规模和产量也在逐步扩大。

　　目前内蒙古食用菌栽培的主要品种有黑威单片、黑威伴金、黑威 15、黑 29、黑木耳 2 号；香菇 6 号、香菇 808、香菇 0912、香菇 168；滑菇早生 2 号、滑菇丹滑 16 号、滑菇 C3、滑菇 112；红灵芝、赤灵芝；孢子头北虫草、尖头北虫草；羊肚菌六妹、羊肚菌七妹；平菇 2026、德丰 5 号、平菇 8129；猴头 2 号、猴头 5 号等。内蒙古食用菌菌种生产相对滞后，2020 年内蒙古有菌种厂 47 个，规模相对较小，生产菌种数量约 640 万瓶（袋），菌种研发能力相对较弱，大部

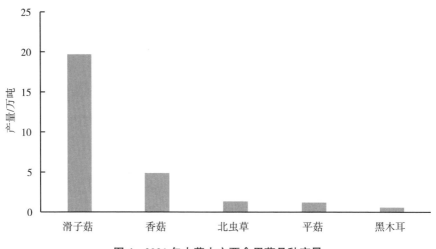

图 4　2021 年内蒙古主要食用菌品种产量

分食用菌生产企业、合作社和种植户所用菌种多为从外地引进或自己培育，菌种杂乱且出菇率得不到保证，产品质量良莠不齐，是目前内蒙古食用菌生产的短板之一。

（三）主推技术

2021 年在内蒙古食用菌主要生产盟（市）主推食用菌绿色优质高效标准化栽培技术，采用优选高产、优质、多抗、广适的香菇、滑子菇、黑木耳等食用菌品种，通过将不同栽培模式与标准化生产相结合，主推食用菌优良菌种制备技术、生产设施设备配套技术、常见杂菌控制技术、生态环境控制技术、病虫害防治技术、培养废弃物处置技术、高效栽培等关键技术。

食用菌生产区在主推层架式、地栽式、吊袋式等不同栽培模式的前提下，采用相应的配套技术，从菌种制备、料袋制作、接种、发菌、出菇管理、病虫害防治、适时采收等各个生产环节做到精细化管理，科学合理调控温度、湿度、光照、通风换气，降低生产成本，提高生产效率；加强绿色生产投入品管理，生产放心安全绿色菇品；步步严控杂菌污染，坚持以防为主，综合防治，重点抓好菇房消毒、器具消毒、环境清洁等环节，达到标准化管理；加强病虫害监测预警，提早预防，本着多产菇、多出优质标准菇的原则，在呼伦贝尔市主推黑木耳天然林下地摆栽培技术、黑木耳吊袋栽培技术、平菇高效栽培技术；呼和浩特市主推香菇林下地摆、覆土地栽、层架平铺栽培管理技术；赤峰市主推滑子菇霉菌污染综合防治技术、滑子菇标准化栽培技术、平菇平铺标准化栽培技术、食用菌棚室栽培合理温度与湿度调控技术、北虫草层架光照栽培技术和病虫害防治技术；鄂尔多斯市主推白玉菇工厂化栽培技术、灰树花人工栽培和病虫害防治技术。

2021年在赤峰市和呼伦贝尔市共实施大宗菇类14 100万袋（约1.41万亩），其中赤峰市滑子菇10 000万袋、香菇3 000万袋、黑木耳100万袋；呼伦贝尔市黑木耳500万袋、平菇500万袋。

（四）主要成效

内蒙古食用菌平均生产投入产出比约为1∶1，每亩食用菌平均纯效益6万~7万元，高于设施蔬菜、果树等经济作物。

赤峰市调研数据显示，2021年滑子菇种植户，采用平铺栽培模式，亩投入成本3万元，纯收入5万元，产值8万元；香菇种植户采用层架平铺栽培模式，亩投入成本4.8万元，纯收入1.44万元，产值6.24万元；北虫草种植户采用层架光照栽培模式，亩投入成本4.5万元，纯收入3.9万元，产值8.4万元；黑木耳种植户采用吊袋栽培模式，亩投入成本6.3万元，纯收入1.05万元，产值7.35万元；平菇种植户采用平铺栽培模式，亩投入成本3万元，纯收入15万元，产值18万元。

2021年赤峰市滑子菇鲜品平均价格8元/千克，较2020年高1元/千克；香菇平均价格10元/千克，与2020年基本持平；北虫草鲜品平均价格7元/千克，干品平均价格80元/千克，较2020年分别降低1元/千克和20元/千克；黑木耳干品平均价格70元/千克，与2020年基本持平；平菇鲜品平均价格9元/千克，较2020年高4元/千克；羊肚菌平均价格120元/千克，较2020年低60元/千克，种植户收益随价格降低的影响而下降。

（五）形势变化分析

2021年内蒙古食用菌生产形势整体稳中有进，除兴安盟的黑木耳生产规模和产值有较大降幅外，其他主产区盟（市）的主要食用菌品种生产相对平稳。受新冠肺炎疫情影响，内蒙古食用菌生产和流通在一定程度上受阻，如黑木耳等食用菌品种的菌包制作季节劳动力不足，棉籽壳、木屑、玉米芯、麦草等食用菌生产原料的供应不及时、价格上涨，餐饮业低迷导致的鲜销食用菌需求不足、产能被迫降低等情况，这都对内蒙古的食用菌产业发展造成一定影响。

三、食用菌产业发展存在的问题

（一）生产粗放、组织化经营程度低，缺乏市场竞争力

目前内蒙古食用菌生产仍停留在分散粗放型阶段，主要以农户家庭为主体，部分地区以合作社为生产主体，采用"农户+合作社"的模式，农民自主生产经营占比较大，大型工厂化生产不到5%。栽培条件参差不齐，菌种市场缺乏监管，标准化生产普及不够，产品质量难以保证，整体生产效益偏低。

（二）缺少大型食用菌生产加工企业，龙头企业带动力不强

内蒙古深加工产品企业数量少、规模较小、技术不成熟。缺乏深加工龙头企业，产品附加值低。同时还存在食用菌深加工产品销路不广、新产品研发速度慢、难以向多元化发展等问题。此外，由于农户小而分散的生产方式，没有企业订单合同的限制，使得生产技术相对落后，产品质量标准难以规范，产品价格波动较大，抵御市场风险能力差，种植效益得不到保证。

（三）技术服务不到位，农户生产技术水平有待进一步提高

特别是盟（市）级以下农技推广部门缺乏食用菌专业技术人员，技术支撑和科技服务力度不能满足实际生产需要，导致标准化新技术推广普及不到位。生产中部分食用菌生产者积累了一定的生产经验，但生产技术不成熟，距规模化、标准化生产还有较大差距；少部分生产者不愿接受新技术、偏好凭借以前的经验生产，整体生产水平不高，关键技术环节上易出问题而造成经济损失。

（四）东西部产业发展不平衡，生产种类结构单一

各盟（市）受种植习惯、市场开发和技术人才等因素的影响，目前内蒙古食用菌生产体量偏小，且主要集中在自治区中东部盟（市），西部盟（市）食用菌产业发展相对滞后，如巴彦淖尔市、包头市、乌海市食用菌生产尚未形成规模，阿拉善盟甚至几乎没有食用菌生产，且主产盟（市）生产的食用菌种类主要以滑子菇、香菇、黑木耳为主，品类结构较为单一，受市场波动影响较为明显，市场制约风险增加。

（五）原料短缺问题突出，生产废弃物回收利用率不高，可持续发展受制约

内蒙古虽然自然生态资源丰富，但大宗食用菌如滑子菇、香菇、黑木耳等都属于木腐菌类，每年需消耗大量的阔叶杂木和次生林材，给生态保护带来一定的压力，面临原料短缺问题会越来越突出。同时，部分地区的木腐菌生产废弃菌渣没有得到合理的利用，到处乱堆乱放，造成农村环境污染问题。

（六）产业扶持力度不够，产业扶持政策滞后

食用菌属于技术、劳动密集型产业，投入相对较大，特别是随着食用菌生产逐步规模化，地方财政资金投入相对较少。各级政府缺少完整的产业规划和配套扶持政策，菌农融资难、启动资金缺乏等问题比较突出，制约了食用菌生产主体扩大再生产的能力和产业的升级发展。

四、食用菌产业发展预测及下一步工作建议

（一）食用菌产业发展预测

随着人们生活水平的提高，对食品营养保健功能的关注度也持续提升，进入新冠肺炎后疫情阶段，内蒙古食用菌生产规模和产量将逐步恢复并继续增长。食用菌品类格局将进一步优化，继续做强现有滑子菇、香菇、黑木耳等传统优势品种，稳健扩大北虫草、羊肚菌、猴头菌、灵芝等特色珍稀食药用菌新品种

种植规模。

（二）下一步工作建议

1. 加强食用菌种质资源普查、调查、保护、开发与利用

依托政府科技计划，强化资金投入，建立产学研用协作机制，加快建设菌类生物种质资源库、菌种研发平台和育种中心，建设一批区域性特色食用菌菌种工厂和产业园，配套建设一批食用菌原种和栽培种生产基地。引进和扶持一批食用菌菌种生产经营企业，加强菌种生产经营的市场监管，构建覆盖自治区级、盟（市）级、旗县级和生产经营主体等各个层级的菌种资源保护创新繁育推广体系，打破菌种研发瓶颈制约。

2. 加强食用菌人才队伍培养，加快科研成果转化

组建自治区、盟（市）、旗县、乡（镇、苏木）四级食用菌技术指导服务体系，依托食用菌生产重点区域生产主体，建设一批食用菌培训基地，培养高素质食用菌从业人员；加强食用菌精深加工、配套设备、生态绿色等关键核心技术创新和集成攻关，加快科研成果转化。

3. 加强基础设施建设，促进生产装备升级

重点围绕食用菌生产、加工、流通等环节，进行设施设备升级改造，支持菌棚菌房、生产基地、菌业园区、仓储保鲜、冷链物流等食用菌产业基础设施建设，支持菌种生产、菌棒制作、栽培管理、采收、分拣包装等环节机械化、专业化配备。从菌种专业化生产抓起，努力改变目前菌种生产杂乱的局面，为搞好食用菌生产的全程质量控制、提高食用菌产品质量打下扎实的基础。

4. 打造完整食用菌生态产业链，推进菌材资源循环利用

利用内蒙古农作物秸秆、林木副产物、畜禽养殖废弃物等食用菌生产原料资源优势，探索林菌共生、农业废弃物—食用菌—菌渣废弃物—再生资源等立体化种植、生态环保、综合利用、循环发展的绿色生产技术模式，加强菌渣的肥料化、饲料化、基质化和能源化利用，打造完整食用菌生态产业链条，推进农林牧废弃物循环利用、增值。

5. 鼓励食用菌内部生产结构调整，延伸食用菌产业链条

在巩固现有食用菌生产规模和优势品类的基础上，鼓励驯化引进产品附加值高的珍稀食药用菌品种。围绕食用菌产业延链增值，通过培育市场、壮大龙头企业，鼓励企业扩展食用菌生产加工建设，逐步延伸食用菌产业链条，推进食药用菌一体发展和三产同步发展，加快功能性食用菌食品精深加工，逐步扩大食用菌即食菜品、休闲食品、保健食品、中成药和日化品等精深加工产品生产，促进产业增效。

6. 加强品牌建设，提升产品质量和竞争力

积极开展"三品一标"提升行动，重点在赤峰市、呼伦贝尔市建设一批"三品一标"基地，以食用菌绿色优质高效标准化栽培为核心，香菇、滑子菇、黑木耳等主要食用菌品类生产为重点，抓好配方培养料、接种优良菌株、标准化管控生产环境、绿色生产投入品管理、病虫害防控等环节，推广不同栽培模式与标准化生产相结合的绿色、优质、高效、广适的食用菌栽培技术，不断提升产品质量和品牌影响力，构建以自治区级公用品牌为核心，区域性公用品牌、企业品牌和产品品牌为组成的食用菌品牌体系，积极参与全国性或区域性食用菌产业工作会议以及技术交流、产品展销等重大活动，提升内蒙古食用菌品牌影响力。

内蒙古自治区葡萄产业发展报告

一、葡萄产业发展基本概况

（一）基本情况

葡萄是我国重要的落叶果树之一，其适应性强、结果早、效益高，已成为很多地区促进经济发展、农民增收致富的主要途径之一。改革开放 40 多年来，我国葡萄与葡萄酒产业发展迅速，葡萄生产由数量型向质量型转变；葡萄品种向大粒、无核、带香气、口感独特酸甜适口方向发展；葡萄种植由露地向设施栽培发展；种植区域由北方优势产区向南方发展；酿酒葡萄中山葡萄和刺葡萄酿酒利用进一步加快；葡萄精深加工由初级阶段向产业化方向发展；低温物流、储运保鲜向高科技阶段发展；葡萄酒产业国产替代进口趋势凸显。

我国葡萄种植面积达 80 多万公顷，年产葡萄 1 000 多万吨，种植地域遍及全国各地。近年来，我国鲜食葡萄产量连续多年稳居世界首位，栽培面积位于世界第 3 位，鲜食葡萄约占葡萄总产量的 75%，葡萄酒产量居世界第 5 位，葡萄产值以每年两位数的速度发展。

内蒙古位于葡萄黄土高原主产区，葡萄产业基础好、资源禀赋优、市场潜力大。为全面分析内蒙古葡萄产业发展现状、优劣势及机遇和挑战，针对存在的问题提出对策，为精准施策、科学种植技术推广提供参考依据，助推内蒙古果树产业更好发展，促进农民增收、农业可持续发展、乡村振兴，制定本产业报告。

（二）产区分布

我国目前有十大葡萄产区：胶东半岛产区、黄河故道产区、河北昌黎产区、天津产区、河北沙城产区、宁夏贺兰山产区、甘肃武威产区、新疆产区、云南产区、东北产区。初步形成了环渤海湾葡萄产业带、西北及黄土高原葡萄产业带、长三角南方葡萄产业带、东北及西南特色葡萄产业带等优势产业带或产业群，其中环渤海湾和西北及黄土高原两大优势产业带种植面积占全国葡萄总种植面积的 66.23%，产量占全国葡萄总产量的 69.2%。鲜食葡萄品种有维多利亚、京亚、巨峰、无核白、阳光玫瑰等，酿酒葡萄品种以红葡萄品种为主，约占 80%，白葡萄品种约 20%，产区主要分布于河北怀涿盆地、渤海湾、吉林通化、新疆天山北麓、宁夏贺兰山东麓、甘肃河西走廊等地。葡萄酒企业约 600 家，分布 26 个省（区、市），是世界上增速最快的国家。

我国有机葡萄栽培刚刚起步，在辽宁铁岭、山东大泽山和上海马陆镇等地都开始种植有机葡萄，奠定了有机葡萄发展的基础，也初步摸索了一些经验，为今后发展有机葡萄提供了成功经验。辽宁铁岭以葡萄产业合作社的形式，通过市场+合作社+农户的形式进行有机葡萄生产。上海马陆镇建立了国内首个以"葡萄"为主题的公园——马陆葡萄公园，公园占地 34 公顷，是集葡萄科研、示范、培训、休闲于一体的有机葡萄产业园，公园内主要种植品种为"传伦"有机葡萄品种，该品种已连续 7 年通过中绿华夏有机食品认证，马陆葡萄发展理念对推动我国有机葡萄的发展起到重要的影响。有机葡萄种植优势区域明显与常规葡萄优势产区不同，原因是农药、化肥的使用，使常规葡萄能够在产量和质量都有保证的情况下规模化生产，从而形成了常规葡萄的优势区域。由于有机种植不使用化学合成的农药和化肥，这导致有机葡萄投资者要向生态环境好及气候、纬度条件适宜的地区发展，以减少种植成本。因此，中国目前有机葡萄种植的三大优势区域分别是西北地区（新疆、甘肃）、环渤海湾地区（山东、辽宁）和华北地区（内蒙古）。

内蒙古气候昼夜温差大，有效积温高，土壤结构和水分条件良好，pH 值呈中碱性，空气干燥清爽，少有病虫害发生，适合葡萄生长。根据内蒙古自治区经济作物工作站统计，内蒙古 2016 年的葡萄栽培面积为 0.722 万公顷，产量 10.69 万吨，产值 65 183 万元，其中设施葡萄栽培面积为 0.12 万公顷，产量 1.75 万吨，产值 28 443 万元；2017 年的葡萄栽培面积为 0.768 万公顷，产量 12.13 万吨，产值 69 717 万元，其中设施葡萄栽培面积为 0.15 万公顷，产量 2.95 万吨，产值 41 240 万元，目前内蒙古葡萄产业仍然呈上升趋势，主产区为乌海市、包头市、呼和浩特市、赤峰市等。

（三）销售加工

内蒙古葡萄产业链以葡萄酒加工生产为主，近几年，随着葡萄产业蒸蒸日上的发展势头，内蒙古涌现出一大批优秀的葡萄企业。以乌海为代表，位于乌兰布和、毛乌素和库布齐沙漠交汇处的乌海市，由于当地生态环境较为恶劣，不适宜大多数农作物的生长，但其独特的气候却适合葡萄作物的培育和生长。乌海市葡萄风味独特，曾荣获 1995 年、1997 年中国农业博览会金奖和国家名牌产品称号，正是肥力丰厚的土壤与沙漠边缘软性土壤的结合，乌海市土壤类型属于暖性土壤，能最大限度地促进葡萄的成熟，近几年乌海市增大葡萄种植面积，促使这里的葡萄形成了庄园性的种植模式，并逐渐形成独具特色的乌海市葡萄酒产业，从事葡萄种植、加工、贮藏、流通的企业达 40 多家。乌海市已取得农业农村部颁发的全国首批农产品地理标志认证证书，乌海市葡萄基地也被评为"全国优质葡萄产业基地"。同时乌海还建立了葡萄酒博物馆和葡萄公园。目前乌海市葡萄产业已初具规模，具有一定的市场影响力和品牌影响力。

内蒙古政府根据"一带一路"思想，加强以葡萄和葡萄酒为中心的交流市场，推动地区经济、政治、文化、社会、生态全面发展；赤峰金马鞍葡萄酒业有限责任公司，主要生产"蒙鸿"系列山葡萄酒、白兰地酒和山葡萄饮品，形成山葡萄原酒—山葡萄酒—山葡萄籽酒—山葡萄饮料等完整产业链，以绿色生态发展为主线，以产业扶贫为重点，打造现代农业、生态农业、休闲农业的龙头企业（表1）。

表 1　内蒙古葡萄酒企业（部分）加工生产能力（葡萄酒庄、葡萄酒厂家）

单位：千升

年份	内蒙古汉森葡萄酒业有限公司（乌海）	内蒙古吉奥尼葡萄酒业有限公司（乌海）	赤峰金马鞍葡萄酒业有限公司（喀喇沁旗）	瑞沃葡萄酒业（托县）
2016	2 110	62.87	340	40
2017	2 250	79.95	400	150
2018	2 360	97.10	480	180
2019	2 550	92.00	520	200

（续表）

年份	内蒙古汉森葡萄酒业有限公司（乌海）	内蒙古吉奥尼葡萄酒业有限公司（乌海）	赤峰金马鞍葡萄酒业有限公司（喀喇沁旗）	瑞沃葡萄酒业（托县）
2020	850	68.00	580	210
2021	840	67	560	209
合计	10 960	466.92	2 380	989

注：调查人为郝建华、刘宇、王皓泽等。

消费市场方面个性化需求增强。从内蒙古消费者对鲜食葡萄的需求量上看，消费数量的增长空间不大，对优质葡萄需求却日益增加。消费者不再仅仅满足于"有葡萄吃"，而是要求"葡萄好吃"并满足"个性化需求"，追求高品质的同时对葡萄的外形、色泽、口味等属性偏好出现多元化趋势，葡萄产业发展正在从"总量增长"向"质量提升"转变，即根据消费者需求对品种进行优化；优质绿色果品需求增加。由于人们越来越重视食品安全、饮食健康，低农药、高品质的绿色果品市场需求旺盛，目前无公害绿色果品在内蒙古发展还处于起步阶段，市场需求量大、发展空间广阔，但由于重视程度不够、有机种植观念缺乏及栽培技术的不足，使得内蒙古绿色有机果品发展程度与消费者市场需求之间发展不平衡、不充分之间的矛盾凸显。

（四）产业优势概述

1. 资源优势

葡萄有较强的适应性，在亚热带和寒温带地区都有大量的种植和分布，平地、山地、沙滩、盐碱地、房前屋后、房顶、荒坡隙地均可种植，且经济寿命长，一般生长年限达 30~50 年。葡萄结果早，产量高，定植后 2~3 年开花结果，3~4 年丰产。每亩产量可达 1 000~2 000 千克，有机葡萄的产量可达每亩 1 000 千克左右。因此葡萄是投资少、见效快、效益高的经济型水果。

内蒙古西部以沙壤土居多，有利于葡萄根系生长，其中包头市土壤硒含量较高，可以生产富硒有机葡萄。内蒙古东部土壤类型以黑土地为主，养分含量高，更有利于葡萄的生长和生产。因此内蒙古地区的环境更适宜葡萄的生产。

2. 生产、竞争力优势

一是具有葡萄产业人才团队。团队由多年来致力于葡萄产业发展研究的专家、教授、农技科技人员、科技特派员等组成，致力于葡萄品种选育、葡萄种植栽培技术、葡萄抗寒性等性状、葡萄产业及葡萄酒工艺研究与指导，联合内蒙古农牧业技术推广中心、内蒙古农业大学、内蒙古大学、葡萄种植合作社等多家单位，围绕葡萄抗寒品种选育及无性繁育体系研究、有机葡萄标准化栽培产业体系研究等开展了项目联合攻关、合作研发、成果转化与推广，旨在通过专家领衔、科研院校助力、农技人员引领、科技示范户带动，选育适宜内蒙古种植的葡萄抗寒丰产优良品种，探索葡萄种植相关的配套栽培技术，推广有机葡萄栽培应用，充分发挥内蒙古葡萄产业发展优势，全力推进内蒙古葡萄和葡萄酒产业绿色健康高质量发展。

二是开展技术研究与应用。改革开放40多年来，致力于果树及葡萄科研工作者们，总结并实践着适宜内蒙古的成熟的栽培技术，在葡萄品种研究、葡萄种植栽培技术研究、葡萄性状研究和葡萄产业及葡萄酒工艺研究等方面做了很多工作。在葡萄种植、栽培技术研究方面：从葡萄立地环境的空气、土壤、肥料、水源、品种、生物防治、控产增质等技术方面对包括花果技术、土壤要求、栽培环境温度与湿度、整枝技术、肥水技术和病虫害防治技术进行全方位综合研究，积极探索其相关的配套栽培技术和环境治理及生态保护工作。尤其是针对内蒙古寒冷的气候条件，对因寒地栽培葡萄冻根问题而提倡的嫁接栽培、高寒地区节能型日光温室的建造及日光温室葡萄栽培关键技术的研究与应用有较为深入的洞察。就葡萄品种的综合性状研究方面：从葡萄的组织结构、生理代谢、激素等方面对葡萄的丰产性、抗寒性、越冬性、抗病性等方法进行了研究，分析了部分引种葡萄品种抗寒性、不同防寒覆盖物对葡萄越冬的影响、叶面喷硒对葡萄果实品质的影响及增施 CO_2 对温室葡萄产量影响等，为内蒙古葡萄抗旱、抗寒、绿色有机栽培及富硒葡萄的生产研究夯实了基础。此外，对内蒙古以乌海为主的酿酒葡萄品种特性、酒质特征、酒庄葡萄酒的质量及风味特质也深有研究，助推酿酒葡萄品种及葡萄酒区域化发展。

3. 政策依据

当前，我国农业正处在转变发展方式、优化产业结构、转换增长动力的攻关期。党的十八大、十九大以来，以农业供给侧结构性改革、乡村振兴、农业农村现代化发展为主线，制定了一系列推进农业农产品安全生产向无公害绿色方向发展和农产品向高质量方面发展的方针政策，以质量兴农、绿色兴农、高质量发展作为新引擎，促进"三农"绿色化变革，打造全产业链发展新模式。

《农业农村部关于加快农业全产业链培育发展的指导意见》指出，要紧紧围绕"保供固安全、振兴畅循环"，贯通产加销、融合农文旅，拓展产业增值增效空间，打造一批创新能力强、产业链条全、绿色底色足、安全可控、联农带农紧的农业全产业链，为乡村全面振兴和农业农村现代化提供支撑。

《中共中央　国务院关于全面推进乡村振兴加快农业农村现代化的意见》（2022 年中央一号文件）指出，要推进农业绿色发展，发展绿色农产品、有机农产品和地理标志农产品。

《内蒙古自治区"十四五"农牧业优势特色产业集群建设规划（2021—2025）》指出，到 2025 年，内蒙古自治区主要农畜产品加工转化率力争达到80%，培育形成在国内外具有较高知名度的农畜产品区域公用品牌 30 个以上，绿色、有机农产品年均增长 6%以上。强调要以乌海市为中心，与阿拉善盟、巴彦淖尔市、鄂尔多斯市联手，发挥区域和绿色生态优势，打造优质沙漠葡萄种植基地和葡萄酒加工基地。

把葡萄产业与农民增收、区域发展、产业融合相结合，是落实乡村振兴的具体措施。内蒙古自治区分布有四大沙漠和四大沙地，沙化土地面积占内蒙古总面积的 60%。为改善沙区人民生产生活现状，党和国家及沙区各族人民多年来同风沙做着顽强的抗争，经过不懈努力，取得一定效果。尤其是中央提出了沙产业的全新观念，给沙区人民指明了方向，让沙漠变绿洲，打造沙漠葡萄酒庄文化和沙漠旅游文化，在治理沙漠的同时立足葡萄产业和沙漠旅游，对促进内蒙古经济发展意义重大。

二、2021 年葡萄产业发展基本情况

（一）种植情况

2021 年内蒙古葡萄栽培面积 29.8 万亩，产量 59 600 万斤，产值 298 000 万元。其中乌海市栽培面积 3.2 万亩，包头市 2.5 万亩、呼和浩特市 3 万亩、鄂尔多斯市 3.1 万亩、巴彦淖尔市 2.5 万亩、赤峰市 4.5 万亩、兴安盟 2.6 万亩、呼伦贝尔市 2.3 万亩、乌兰察布市 2.1 万亩、阿拉善盟 4 万亩。

（二）品种结构

内蒙古葡萄品种采用早中晚品种搭配，鲜食品种、加工品种和贮藏品种搭配。由于内蒙古冬季较为寒冷，多选育耐寒抗病品种，多以山葡萄和董氏葡萄做砧木，培育嫁接葡萄苗。其中鲜食品种包括早熟品种、中熟品种和晚熟品种。

早熟品种有利于调节市场供应，早熟品种可以选择：潘诺尼亚（欧亚种）、凤凰51（欧亚种）、郑州早红（欧亚种）、京早晶（欧亚种）、京秀（欧亚种）、京亚（欧美杂交种）、紫珍香（欧美杂交种）、早熟红无核（欧亚种）、申秀（欧美杂交种）、京玉（欧亚种）、奥古斯特（欧亚种）、维多利亚（欧亚种）、香妃（欧亚种）、金皇后、火焰无核（欧亚种）、夏黑（欧美杂交种）等。

中熟品种可以选择：玫瑰香（欧亚种）、里扎马特（欧亚种）、黑奥林（欧美杂交种）、藤稔（欧美杂交种）、瑰香怡（欧美杂交种）、巨峰（欧美杂交种）、葡萄园皇后（欧亚种）、无核鸡心白（欧亚种）、阳光玫瑰（欧美杂交种）、甜蜜蓝宝石（欧亚种）、黎明无核（欧亚种）等。

晚熟品种可以选择：红提（欧亚种）、晚红（欧亚种）、秋红（欧亚种）、龙眼（欧亚种）、美人指（欧亚种）、新玫瑰（欧亚种）、圣诞玫瑰（欧亚种）、科瑞森（欧亚种）、红意大利（欧亚种）等。

近几年市场上推广品种：妮娜皇后（欧美杂交种中）、茉莉香（欧美杂交种）、蜜光（欧亚种早）、浪漫红颜（欧美杂交种）、爱神玫瑰（欧亚种早）、宝光（欧亚种）、玉波1号（欧亚种）、玉波2号（欧亚种）等。

用于酿酒加工的品种主要有：赤霞珠（欧亚种）、品丽珠（欧亚种）、蛇龙珠（欧亚种）、梅鹿辄（美乐）（欧亚种）、西拉（欧亚种）、马瑟兰（欧亚种）、威代尔（欧亚种）、山葡萄（东亚种）、烟37（欧亚种）、北醇、北红；霞多丽（欧亚种）、雷司令（欧亚种）、琼瑶浆（欧亚种）、赛美蓉（欧亚种）、龙眼（欧亚种）、长相思（欧亚种）、白玉霓（欧亚种）等。

用于加工制干葡萄的品种为无核白（中晚熟品种）。

（三）主推技术及主要工作

1. 主推技术

采用CO_2气肥+农家肥+修穗套袋和生物制剂实现"有机葡萄高端产品"。并根据国家有机农产品标准达到有机认证（土默特左旗有机葡萄50亩、托克托县有机葡萄450亩）；采用高接换头技术，达到改良葡萄品种、提高葡萄整体抗寒和抗病性的目的，为有机栽培奠定基础。

2. 技术路线及措施

技术路线。区划葡萄产地→技术研究→技术服务、指导→分析检测→经验交流→推广应用。

措施如下：一是产加销一体，产学研用结合。组织企业、合作社、种植大户参与有机葡萄种植、酿造技术的科研工作，努力提高产品的科技含量与附加值；帮助葡萄种植机构提高职工及技术人员的素质，树立品牌意识；引进国内有影响力的酿酒葡萄及葡萄研究所有关专家担任企业技术指导，抓好葡萄酒酿造技术培训工作；引进国内外先进的葡萄酿造生产线，努力提高产品质量，高起点、高要求抓好品牌建设，争创国际名牌；打造生产、销售、加工全产业链发展模式，延长产业链，拓宽销售渠道，提高市场占有率。二是绿色有机种植、管理技术应用于推广。绿色有机葡萄种植指在生产中少用或不用化学合成农药、化肥生长调节剂，不使用转基因工程技术，使用经过有机食品认证的葡萄。

绿色有机葡萄种植管理需按照有机葡萄的栽培技术，树立健康的栽培理念。葡萄对有机肥需求量大，而且葡萄生产中有机肥的使用与葡萄果品的产量与质量形成很大关系，重视葡萄园的灌溉施肥技术，测土配方施肥技术体系应以水分管理为核心，加强葡萄树相和植株诊断技术，改进施肥的时间和方式，大量提倡使用二氧化碳气肥，找到精确使用量和使用时间。在葡萄生产中1~2年苗期内进行"双减"替代技术，"双减"就是在农业生产中减少化肥和农药的使用量，提高葡萄农产品质量的技术措施。在绿色有机葡萄栽培生长过程中，只施用或主要施用生物有机肥改良土壤，不施或少施用化肥和生长调节剂，采用保护性杀菌剂防病，对得到高质量的葡萄和可持续的葡萄栽培技术起着很重要的作用。可以充分利用天然条件，激发植物自身潜在的"天然动植物刺激物质"，加快植物平衡生长和发育，增强植物的抗病虫、抵抗自然灾害的能力，从而获得高产、优质的农产品。研究表明，在葡萄栽培过程中使用刺激性活性物质可以使叶片增厚，抗病性增强，提高坐果率，降低极端天气对葡萄的影响。

3. 主要示范区

利用农业公司或者葡萄合作社闲置的大棚和低质低产的葡萄园，主要在呼和浩特市周边的土默特左旗、托克托县、赛罕区进行"有机葡萄标准化栽培技术"推广示范。已在包头、鄂尔多斯、呼和浩特完成设定试验基地5个，试验田1 000亩；在呼和浩特、赤峰、土默特左旗建立示范基地3个，示范田880亩；协助内蒙古天福祥生态农业有限责任公司、内蒙古金马鞍葡萄酒业公司、内蒙古欣丰生态农业公司、内蒙古正缘农牧业科技有限公司、内蒙古阿勒坦现代农业公司、内蒙古吉奥尼葡萄酒业有限责任公司完成有机认证1 810万亩。已进行葡萄越冬防寒试验、有机肥料试验、葡萄病虫生物防治试验、微量元素试验、葡萄品种抗性试验、葡萄酒品质试验等研发试验。

（四）主要成效

1. 社会效益

在内蒙古地区开展有机葡萄栽培和有机葡萄酒的规模化开发生产，对内蒙古地区农业产业战略性结构调整起到重要作用。通过改变农业安全生产种类和结构，可以提高农业生产的经济效益；优质的有机葡萄对提高我国葡萄酒产品在国际和国内市场的竞争力有着很重要的作用，并且优质的葡萄产业可以开拓国际市场，增加内蒙古地区农产品在国际市场上的出口量。提高内蒙古地区葡萄的卫生安全和食品质量，可以满足人民对高质量的葡萄及葡萄相关产品日益增长的需求。同时，有机葡萄栽培标准化体系研究在提高葡萄生产企业的经济效益的同时，还可以增加农户收入，这对于解决"三农"问题具有重要的意义。

2. 经济效益

建立独具内蒙古边疆草原文化特色的三大有机葡萄基地，即鄂尔多斯旅游文化有机葡萄采摘基地（伊金霍洛旗天福祥农业生态公司葡萄基地）、西部沙漠高糖酿酒有机葡萄基地（乌海市吉奥尼葡萄酒业公司葡萄基地已经通过有机认证）、城郊休闲观光有机葡萄基地（呼和浩特市和林格尔县正缘农牧业公司葡萄基地）。辐射示范推广1 000余亩，其中，呼和浩特市赛罕区黄合少镇西讨速号村欣丰生态农业公司，完成50亩日光大棚设施有机葡萄种植，连续2年丰产稳产，采用项目有机葡萄标准化栽培技术+抗逆葡萄品种——爱神玫瑰，2019年亩产量1 000千克，观光采摘60元/千克，实现亩产值6万元，收益增加50%以上。2020年采用促早栽培，"五一"成熟开园采摘，亩产量1 500千克，观光采摘 100 元/千克，实现亩产值 15 万元，收益增加 30% 以上。赤峰市喀喇沁旗马鞍山的金马鞍葡萄酒业公司，采用有机葡萄栽培技术，对当地 3 500 亩山葡萄种植，严格要求葡萄产品原料质量，2018—2019 年连续 2 年生产葡萄酒 300 吨，马鞍山葡萄产品酿酒加工生产的野生山葡萄酒，经中国绿色食品发展中心审核，2019 年 2 月 2 日被认定为绿色食品 A 级产品，商标名称为蒙鸿+拼音，产品编号为 LB-48-19020501035A，企业信息码为 GF150428190413。产品远销北京、上海，企业年创利 500 万元。良苗繁育，主要依靠合作企业生产，欣丰农业公司与吉奥尼酒业公司，年产有机葡萄扦插裸根良苗 5 万余株，生产绿苗 2 万余株。另外，在包头市固阳县嘉蕊农业合作社和呼和浩特市榆林镇红吉讨号村、西巴栅乡大厂库伦村农户零散种植 260 亩，其中 10 户贫困户发展庭院葡萄经济，也有一定效益。通过科学试验、示范推广，为增加就业率，实现脱贫致富，建设新农村发挥积极作用。

3. 生态效益

内蒙古沙漠葡萄种植对沙漠退化和改造利用，以及防沙固沙有重要意义。当今许多农产品农药残留严重超标，由于防腐剂、催生剂、激素等药剂的大量使用，致使农业生态环境日益恶化。建立健全有机葡萄栽培标准化体系，按照标准化的要求生产经营，有利于生态环境的改善。有机葡萄生产对环境有严格的要求，大气、土壤、水质状况必须符合国家有机标准要求，在生产的技术环节中必须有规范的标准、配套的技术措施和操作规程。通过有机葡萄标准化的实施必将使葡萄产业的发展迈上可持续发展的道路，既改善了生态环境，同时又解决了过去一味追求产量，不注意环境保护，影响可持续发展和破坏生态等问题。

在内蒙古发展绿色有机葡萄产业，有利于提高社会效益、生态效益、经济效益，对解决"三农"问题有着重要意义。2021 年，借助有机葡萄重点项目，内蒙古地区特别是呼和浩特周边葡萄和有机葡萄种植品种增多，面积也不断扩大。内蒙古地区是最早在葡萄上施用二氧化碳气肥的地区，施用二氧化碳气肥既可以减少普通化肥对环境的影响，又可以提高葡萄果实的质量和产量。

（五）形势变化分析

随着社会的进步和市场经济的发展，人民生活水平得到了显著提高，对优质果品需求量增加。由于国际市场水果竞争激烈，发展有机产业，生产优质果品是葡萄产业发展参与国际竞争的必经之路。近年来，常规葡萄种植方式经常出现鲜食葡萄卖果难和收入低的问题。主要是由于种植葡萄的果农缺乏技术经验，专业技术人员的断层，重产轻质，大量使用化肥、农药和激素，导致果实品质下降，食品安全不能得到保障。同时，随着人民生活质量的提高，对食物安全健康提出更高的要求，有需求的地方就有市场，种植绿色无公害的有机葡萄已经成为未来葡萄产业发展的必然趋势。

内蒙古自治区西部区以种植露地葡萄为主，要适当发展保护地葡萄；东部区寒冷，以保护地葡萄为主，适当发展露地葡萄；选择适合温室种植的早熟品种，要耐高温，抗病；选择耐盐碱性强的葡萄根系，开发和治理盐碱地种植有机葡萄；露地种植抗寒且根系发达的品种做砧木，培育嫁接苗，如巨峰、山葡萄。种植有机葡萄的同时，注意鲜食葡萄品种和酿酒葡萄品种的比例，建立葡萄酒庄园，生产绿色、有机葡萄酒。生产过程管理：按照各品种标准化生产技术规程进行修剪、施肥、灌溉和采收，严格按照"无公害葡萄生产化学农药限定使用的时间和用量"对症下药，不得随意增减浓度和施用次数，并严格执行农药安全间隔期。

要进行绿色有机种植基地示范，推广有机葡萄栽培技术，普及消费者对有机葡萄产品的健康认识，提升葡萄产品的质量，满足消费者的市场需求。加强对种植有机葡萄的农户、合作社进行技术培训，制定有机葡萄标准化栽培技术规程以及加工系列标准。

三、存在问题

（一）品种单一，结构布局不合理

世界葡萄种质资源丰富，美国、日本等葡萄优产国注重种质资源的保存、开发与创新利用，建立了果品品种及砧木选育计划、良种苗木繁育体系等，据统计，现有84个国家和地区的146个研究所，共计保存24 895份葡萄种质资源的信息。我国品种选育进程相对比较缓慢，我国登记在内品种有446个，占总资源的1.99%，多为鲜食品种，我国目前主栽品种多为国外引种，欧美杂交种占 29%。我国当前的葡萄品种结构很难和世界接轨，出口量不大。

内蒙古葡萄主栽品种不到 10 个，品种单一，鲜食葡萄生产中，优良早中熟品种及无核品种占比小，成熟期过于集中，出现季节性销售压力过剩，而反季节上市及面对个别消费人群的新优品种则相对较少，新优品种的收集和保存与评价系统不够完善，不能满足高档消费者对鲜食葡萄的需求。

（二）科技水平低，果品质量较差

目前，内蒙古地区的葡萄产业发展面临的问题是没有充分利用地理、环境的优势，葡萄产业仍是小作坊、小农户形式，没有形成规模化、机械化的种植模式，缺少对应的科技支撑。栽培技术落后，葡萄品质参差不齐，无法做到适地适栽，花果管理技术意识不强，外观品质提升较慢，不能满足市场需求。如内蒙古托县葡萄发展历史悠久，但果农多凭经验种植，化肥农药使用不当、土壤肥力下降进而化肥使用量增加恶性循环，果树病虫害严重，导致近年来果品质量下降，影响市场占有率及果农经济收入。据统计，我国 9 亿亩经济园艺作物与 17 亿亩粮食作物的化肥施用量几乎各占一半，具体来说，水果、蔬菜等化肥用量占 40%，40% 不到用于粮食和大田作物，接近 20% 用于绿化等方面，化肥农药使用量大是果业发展共性问题。目前内蒙古葡萄产业发展仍处于"高产—低质—低价"阶段，农药化肥不合理及过量使用严重，加上施肥、施药技术机械化程度低，造成肥水浪费土壤板结污染环境的同时，给果品安全造成很大隐患，无法实现优质无公害生产栽培，而且导致果品外观品质口感差，因此提高葡萄种植、修剪、花果管理、减肥减药、绿色病虫草害防控等各环节配套科技水平，提升果品质量，使葡萄产业发展沿绿色有机种植模式发展势在必行。

（三）生产成本高，果农收入增长缓慢

由于内蒙古地区葡萄园区建设主要来自荒地建设，葡萄种植经营成本投入相对较高，同时城区面积不断扩大，不断挤压葡萄种植面积，随着近些年葡萄酒产业的迅速崛起，大部分农户从种植鲜食葡萄转变为种植酿酒葡萄品种，虽然产量有所增加，但农户的收入没有明显提高。据调查，现阶段生产 1 千克鲜食葡萄成本在 3~5 元，一般每亩露地葡萄园管理成本最低 0.6 万~0.8 万元，随着近年来劳动成本提高，生产成本增加，致使葡萄种植效益下降。加之内蒙古

部分地区无霜期短，冬季寒冷漫长，为了保证葡萄顺利越冬生长，需要在入冬前进行埋土防寒，而埋土防寒费工费时，增加了生产成本。

（四）知名品牌少，全产业链体系需进一步完善

内蒙古葡萄生产基本以家庭为单位，龙头企业及专业合作社规模小、数量少，品牌意识薄弱，缺乏市场竞争力，小规模生产者没有能力和实力考虑品牌战略，加上人们对有机葡萄的认识不足，生产的葡萄大多未经合法的有机认证，盲目追求产量、大果、无核，品质无法保证，导致品牌化率低，在推销中为他人做嫁衣，销售渠道相对单一。

内蒙古葡萄精深加工少，产业链发展以葡萄酒加工生产为主要形式，由于酿酒葡萄种植地和加工地相对集中，因而产业集群效应明显，品牌和品质逐渐成为葡萄酒市场的决定因素，葡萄酒趋于高端化，但是葡萄酒加工一直以来在葡萄总产量中占据较低比重，葡萄酒市场份额虽在逐步上升但仍然占小部分，产业化、组织化全产业链发展程度还需要大力提升。

四、内蒙古葡萄产业发展对策建议

（一）发展思路及发展目标

全面贯彻落实十九届五中、六中全会精神，以促进乡村振兴为总抓手，坚持绿色高质量发展理念，以构建现代水果产业生产体系为目标，以布局优化、品质提升、产业融合发展为重点，畅通内外需市场，实施创新驱动，依靠科技进步，推广绿色清简高效生产技术，确保节本、安全、高效。通过发展绿色有机、科技创新、打造品牌的方式，充分发挥创新优势、技术优势、品牌优势和市场优势，使葡萄品质、生产规模和经济效益得到跨越式提高，并形成可持续效益影响。

（二）发展对策

1. 调整优化品种结构，驯化适合本区特色抗逆品种

品种优良化和栽培区域化是品种表现最优化、地区发挥特色化的必要保证。

因此，面对全球市场竞争日益激烈的严酷现实，葡萄栽培的品种优良化和科学区化是我国产业发展的基础。

内蒙古葡萄产业发展品种选择要兼顾早中晚熟相结合，要培育抗寒品种、杂交育种缩短生长期，以及浸种催芽、适时早播等方法，或者用熏烟法、大田灌水或是设置防风林、防风墙和风障来阻挡寒风，改变气候的条件。不断改进防寒措施，增加设施葡萄栽培。使用保温材料、废旧保暖物，减少埋土厚度，起到环保、节约人工的作用。

2. 推广配套技术，提升果品品质

当前葡萄产业发展正由数量型向质量型转变，大力发展生态农业，增加优质绿色农产品供给，优化农业产能、增加农民收入是当务之急；加强优良品种及生物学特征、栽培学特征、产业化发展的研究，以寻求品种、生态环境栽培特性与产业发展之间的最佳组合，是葡萄产业发展亟须解决的问题。因此，要根据内蒙古葡萄种植不同立地环境积极引进配套栽培技术，如通过引种及对比实验，采用高接换种技术，改良品种；通过在果树生长不同时期施用 CO_2 气肥、生物农药等实现减肥减药增效；通过物理防控、有机肥施用及高效低毒药剂筛选应用实现病虫草害综合绿色防治；通过在打药、施肥、除草、整地等环节的果园机械化技术农机农艺融合；并配合开展了疏花疏果、花穗整形、果穗套袋等传统技术及果园生草覆草、水肥一体化等技术探索与研究。

3. 发展壮大葡萄酒生产加工，延长产业链

目前，内蒙古葡萄产业发展以葡萄酒加工业为主。在政府及科研人员的共同努力下，乌海葡萄生产加工销售休闲产业链已基本形成，葡萄与葡萄酒知名度、美誉度不断提高，影响力逐步扩大。内蒙古生产葡萄酒主要以乌海市为主，形成规模的葡萄酒庄主要有汉森沙漠有机酒庄、吉奥尼酒庄、阳光田宇国际酒庄、金沙臻堡沙恩酒庄等。另外，还有呼和浩特市托克托县的瑞沃酒庄、鄂托克前旗的特布德酒庄、赤峰市马鞍山的金马鞍酒庄等。同时，以乌海地区为中心，包括阿拉善、巴彦淖尔等地区的乌兰布和地区，具有独特的自然条件，所产葡萄品质优于国内大部分地区，打造内蒙古自治区西部葡萄产区，有利于整合资源，形成优势产业集群。

但是，目前内蒙古葡萄产业在国内所占的份额较小，葡萄种植优势区的优势还没有真正转化为市场优势和经济优势，在葡萄产业发展中还存在经营成本

高、基地发展进度慢、产业总体规模小等问题，严重制约了内蒙古葡萄产业总体竞争力的提高。

因此，就葡萄酒产业发展我们提出了以下对策：一是内蒙古地区应选育抗逆性和抗病性强、含糖量高的优质酿酒葡萄株系，在不断提高国产葡萄酒品种的同时，应尽快消除同质化现象，表现内蒙古地区葡萄酒典型、独特的风格，这可以进一步完善葡萄酒产品结构，满足葡萄酒消费市场的个性需求。二是应以乌海市为试点，建立葡萄及葡萄酒产业试验示范基地，研究探索适合内蒙古的生产技术标准并推广应用，推动内蒙古葡萄产业向区域化、集约化、商品化、专业化全产业链方向发展。

就内蒙古葡萄产业全产业链发展提出以下几点思考：一是带动农牧民经营主体把好生产端，利用现代化农业的生产性、观光性、娱乐性、参与性、文化性、市场性，既可以开发旅游观光农业，还可以作为农业教育基地、农业科研基地等拓宽农业生产横向产业链。二是带动农牧业产业化重点龙头企业、农牧业产业化联合体把好加工端。联合科研机构、有关企业等，为以葡萄附加新特品种产品加工提供指导服务，推进粗加工规范化及深加工精细化。三是构建"市场牵龙头、龙头带基地、基地联农户"的农业产业链经营模式，形成"产业园区+物流园区+服务基地+区域农业"的销售产业体系。通过"托县葡萄""马鞍山山葡萄"等特色产业，集聚资源优势，打造"一村一品"示范村镇；通过农产品加工业提升行动，建设葡萄产业园及加工技术集成示范基地。

4. 塑造本地知名品牌，拓宽多元化销售渠道

积极打造知名品牌，开展特色果品文化及果树休闲观光等新产业，可以大幅度增加果树产业经济效益。一是提升果品品质，打造品牌。要遵循可持续发展原则，在乌海、赤峰、托县等葡萄主产区打造地域品牌。通过宣传推广，提高品牌知名度，开拓市场占有率。如赤峰市马鞍山结合当地实际，重点发展山葡萄产业并兴办葡萄酒公司，生产的"蒙鸿"系列干红葡萄酒、甜红葡萄酒、白兰地等葡萄酒20余种产品，产品远销北京、上海、深圳等地。二是遵循可持续发展原则，开发绿色农产品，进行有机认证，根据市场消费需求，发展绿色果品。通过宣传推广，增强消费者对绿色食品的认知，提高品牌知名度，以契合消费者内心对安全和健康的需要，提高有机果品市场占有率。三是功能拓展。随着现代都市农业和旅游模式的发展，在城市近郊及旅游观光区发展旅游观光型、庭院型、庄园酒庄式，将休闲观光与消费体验结合，创建有机葡萄种植园区、新品种示范区、休闲观光区，可实现经济效益和休闲娱乐双赢式增收，促进葡萄产业市场化经济发展。内蒙古葡萄生产地域特色明显，可根据消费者观赏及采摘需求，选种果实外观奇特、带有香味的品种，赤峰庭院葡萄种植、托县黄河湿地度假村乡村旅游葡萄采摘园建设等各具特色，不同葡萄产区要结合当地特色，将农业生产与文化、旅游、新媒体融合，形成休闲农业等新兴农业产业链，实现观光+采摘、线上+线下销售。

内蒙古自治区肉牛产业发展报告

肉牛是草食动物，具有特殊的消化功能，可以将作物秸秆等粗饲料资源转化成牛肉产品。牛的产肉能力很强，而且牛肉具有瘦肉多、脂肪少、肉质鲜美、柔嫩多汁、营养丰富、易于消化的优点，是肉类食品中的上品。肉牛业是公认的节粮、优质、高效的产业。发展肉牛产业可以不断培育和壮大草原绿色优势肉业，促进畜牧业供给侧结构性改革、调整和优化畜牧业产业结构，推进节粮型畜牧业的发展。

内蒙古是我国重要的草原畜牧业基地，草地总面积8 667万公顷，其中可利用草场面积6 818万公顷，占全国草场总面积的1/4。其得天独厚的自然草原构成了内蒙古乃至全国牛肉生产的巨大优势资源。其产品以肉质鲜美、风味独特、绿色安全而在国内外享有盛誉。"十三五"期间，内蒙古的肉牛产业得到快速发展，肉牛存栏数与牛肉产量居全国前列，市场占有率较高，具有很强的市场竞争力，已成为内蒙古畜牧业中的优势产业，呈现稳中向好、稳中向优的良好的发展态势。

一、肉牛产业发展概况

（一）肉牛生产

1. 世界肉牛生产现状

2021年全球肉牛存栏98 821.8万头，牛肉产量5 777.7万吨。牛肉产量前5的国家和地区依次是美国、巴西、欧盟（27国）、中国、阿根廷（表1）。全球牛肉消费量5 599.4万吨，牛肉消费量前5的国家和地区依次是美国、中国、巴西、欧盟（27国）、阿根廷（表2）。中国自产的牛肉供给不足，缺口较大。从2021年全国进口牛肉情况分析，主要依靠巴西、阿根廷、澳大利亚、乌拉圭、新西兰等牛肉产量较大的国家进口，全年进口 233 万吨左右（表3）。

表1 2021 年世界牛肉产量（前5的国家和地区）

项目	美国	巴西	欧盟（27 国）	中国	阿根廷
产量/万吨	1 268.4	950	684	683	304.5

表2 2021 年世界牛肉消费量（前5的国家和地区）

项目	美国	中国	巴西	欧盟（27 国）	阿根廷
消费量/万吨	1 261.5	981	699.7	647.5	233.3

表3 2021 年世界牛肉消费量（前5的国家）

项目	巴西	阿根廷	澳大利大	乌拉圭	新西兰	其他国家
进口量/万吨	85.85	46.52	16.28	35.52	20.18	13.4
占比/%	37	20	7	15	9	12

2. 全国肉牛生产现状

2021 年全国牛存栏数和出栏数分别达到 9 817.2万头和 4 717万头，比 2016 年分别增长 13.1%和 10.4%（图1）。2021 年全国牛肉产量 697.5 万吨，比 2016 年增长 13.2%（图2）。

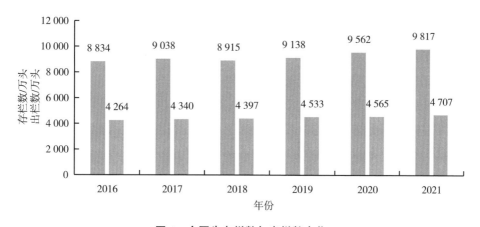

图1 全国牛存栏数与出栏数变化

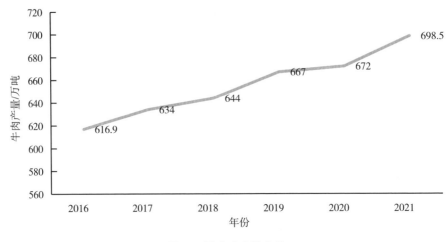

图 2　国牛肉产量变化

3. 内蒙古肉牛生产现状

　　遵照习近平总书记对内蒙古发展百亿级肉牛产业的嘱托，打造出专业化、规模化的绿色畜产品输出基地。内蒙古党委和政府在产业结构调整过程中，也将肉牛生产列为"十四五"重点发展的六大主导产业之一，加大力度推进。肉牛产业已成为区域经济发展的支柱产业，并逐渐成为独具特色、规模较大的优质牛肉生产基地和优势产业带，已成为内蒙古经济发展新的增长点。截至 2021 年，内蒙古肉牛发展到 732.5 万头，全国排名第 3（表4），肉牛存栏占全国 7% 左右，牛肉产量达到 68.7 万吨，跃居全国排名首位，牛肉产量占全国 10% 左右。2021 年牛肉产量在内蒙古肉类产量中的比例达到 24.77%，比 2015 年提高了 29.9%。内蒙古肉牛存栏 5 万头以上养殖大旗县已达到 56 个，肉牛出栏 3 万头以上牛生产大旗县 45 个，规模化养殖水平逐步提高。

表 4　内蒙古肉牛存栏量　　　　　　　　　　　　　单位：万头

项目	2014 年	2015 年	2016 年	2017 年	2018 年	2019 年	2020 年	2021 年
存栏数	630.60	670.96	654.86	656.17	616.2	626.08	671.11	732.5

（二）主要养殖区与产区分布

1. 全国养殖区与产区分布

2021 年我国肉牛存栏 9 817.2 万头，区域发展特征明显。主要集中在 4 个养殖区，即西北肉牛区（陕西、甘肃、宁夏、青海、新疆）、中原肉牛区（包括河南、河北、山东、安徽、山西、江苏和湖南）、东北肉牛区（包括内蒙古、辽宁、吉林和黑龙江）和西南肉牛区（包括四川、云南、贵州和广西）。这 4 个产业区肉牛存栏量占全国 89.4% 左右，出栏和屠宰量占全国 93.3% 左右，牛肉产量占全国 93.7% 左右。产业集群效应开始显现。

2. 内蒙古养殖区与牛肉产区分布

内蒙古自治区肉牛主要集中在东部盟（市），通辽市、赤峰市、锡林郭勒盟、呼伦贝尔市及兴安盟 5 个盟（市）的肉牛存栏分别达到 213.18 万头、124.86 万头、110.92 万头、91.47 万头和 67.65 万头，占内蒙古的 83.01%，通辽市肉牛存栏占内蒙古的 29.1%；牛肉也是主要产于东部盟（市），通辽市、锡林郭勒盟、赤峰市及呼伦贝尔市牛肉产量分别达到 17.00 万吨、11.42 万吨、12.23 万吨和 3.61 万吨，约占内蒙古的 64.42%（表 5、表 6）。

表 5　2021 年各盟（市）肉牛存栏量　　　　　　　单位：万头

项目	呼和浩特市	包头市	乌兰察布市	锡林郭勒盟	赤峰市	通辽市	兴安盟	呼伦贝尔市
存栏数	32.07	14.16	22.35	110.92	124.86	213.18	67.65	91.47

表 6　2021 年各盟（市）肉类产量及肉牛产量　　　　单位：万吨

项目	呼和浩特市	包头市	乌兰察布市	锡林郭勒盟	赤峰市	通辽市	兴安盟	呼伦贝尔市
肉类产量	15.60	16.95	17.35	24.7	52.9	45.6	29.27	23.65
牛肉产量	3.79	3.61	2.06	11.42	12.23	17.00	4.73	3.61

（三）加工销售和品牌建设

内蒙古草原面积广阔，占据了发展节粮型畜牧业得天独厚的资源优势。通辽市、赤峰市、锡林郭勒盟草原是内蒙古大草原的重要组成部分，草场资源丰富，更具发展优势。是打造绿色优质品牌牛肉的基础。位居内蒙古肉牛产业发展核心区的通辽市被誉为"中国肉牛之都""中国黄牛之乡""中国西门塔尔牛之乡"。"十三五"期间，牛肉占比逐年上升，在膳食结构调整、国家畜产品供给保障、绿色安全肉食品供应中起到越来越重要的作用（表7）。

表 7　内蒙古肉牛产量与比例　　　　　　　　　　　　单位：万吨

项目	2015 年	2016 年	2017 年	2018 年	2019 年	2020 年	2021 年
肉类产量	245.71	258.89	265.16	267.32	264.56	267.95	277.3
肉牛产量	52.89	55.59	59.48	61.43	63.78	66.25	68.7
比例/%	21.53	21.47	22.43	22.98	24.11	24.72	24.77

2020 年，内蒙古科尔沁肉牛产业集群全产业链产值达到 336.9 亿元，屠宰加工能力达到 195 万头。拥有科尔沁牛业、余粮畜牧业等 4 家国家级龙头企业和哈林牧业等 41 家自治区级龙头企业，是科尔沁牛中国特色农产品优势区，"兴安盟牛肉"获得国家地理标志认证，成功入选"内蒙古农牧业品牌目录"区域公用品牌。形成了牛繁育、规模化标准化养殖、屠宰加工、仓储、冷链物流、品牌建设、市场营销、技术研发、社会化服务等比较完整的产业链和一二三产融合发展的格局。"科尔沁牛"区域公用品牌价值 258.1 亿元，2020 在中国品牌价值区域品牌榜上位列第 43 位，位列内蒙古农产品区域公用品牌养殖业领域品牌价值第一名。

（四）内蒙古肉牛产业发展的独特优势

1. 自然资源优势

内蒙古草原面积 11.38 亿亩，除了得天独厚的天然草场外，内蒙古饲草专业化、规模化种植生产企业有 97 家，饲草种植面积持续稳定在 800 万亩以上。形成以中西部黄河流域、东部西辽河—嫩江流域及北方农牧交错带、北部牧区寒冷地区为重点的优质饲草产业带和产业集群。内蒙古农作物总播面积达 13 630.8 万亩，其中粮播面积达 11 141.4 万亩，有丰富的农副饲草资源。近年来，内蒙古结合"粮改饲"试点，在农区养殖聚集区和农牧交错带，大力发展青贮玉米种植，鼓励养殖大户、规模化养殖企业采取土地流转等方式进行规模化青贮玉米种植，积极推进与种植大户、合作社等玉米规模化种植主体的对接合作，扩大青贮玉米订单生产。粮饲兼用整株青贮面积种植面积达到1 500万亩以上。肉牛产业重点建设区地处西辽河平原，国家重要肉牛产业带和世界黄金玉米带，发展肉牛养殖可以实现种养结合，就地过腹转化增值，消纳籽实玉米，增加青贮玉米。内蒙古自治区肉牛主要集中在东部盟（市），通辽市、赤峰市、锡林郭勒盟、呼伦贝尔市及兴安盟，主要养殖中国西门塔尔牛，规模化养殖水平逐步提高，已形成区域特色明显的内蒙古肉牛特色产业带。

2. 区位优势

内蒙古地区地理位置较特殊，横跨东北经济区、环渤海经济圈、京津冀经济圈和"一带一路"经济圈。尤其是肉牛产业重点产区通辽地处东北和华北地区交汇处，是东北经济区和环渤海经济圈的重要组成部分。赤峰地区东临辽沈，西靠京津唐，南近渤海湾，是首都经济圈和环渤海经济圈重要节点城市，是国家规划的公路运输枢纽城市，也是自治区距离出海口最近的城市。兴安盟东部的阿尔山口岸是兴安盟对蒙合作开放的重要通道，也是联合国开发计划署重点规划的亚欧陆路通道之一。另外，近邻黑吉辽三省，处于中、蒙、俄、朝、韩、日的连接枢纽，可以发挥连接东北亚的区位优势，积极参与国家"一带一路"倡议，成为东北亚经济圈的腹地，为"中蒙俄经济走廊"建设发挥重要作用。依托区位优势可以实现良好的产销衔接，具有明确的市场定位，是东北经济区向北开放优势最为明显的区域，可以加快发展对俄、对蒙的食品工业。

3. 产业优势

内蒙古先后培育了"科尔沁牛""中国西门塔尔牛（草原类型群）"等优良品种。老百姓养的80%以上的牛是"中国西门塔尔牛（草原类型群）"，成年公牛体重1 100~1 200千克，成年母牛体重550~650千克。强度肥育的杂交改良牛22月龄平均体重573千克，屠宰率61%，净肉率50%。2020年，兴安盟、通辽市、赤峰市肉牛年出栏50头以上规模场分别达到851个、2 306个和4 139个，规模比例分别达到54.74%、42.58%和53.6%。通辽市、赤峰市、兴安盟分别出栏肉牛80.2万头、75.6万头、19.7万头。产区旗县集中连片，可形成区域规模优势，已成为国家百亿级肉牛产业集群。

4. 技术优势

种业环节，内蒙古拥有 5 个国家级种公牛站，4 家国家级核心育种场，以西门塔尔为主的采精种公牛存栏近 500 多头，年生产 1 000 多万剂肉牛冷冻精液，通辽市、赤峰市、兴安盟、锡林郭勒盟村级冷配点对行政村和自然村覆盖率达到 90% 以上，形成了集育种、制种、供种、推广于一体的良种繁育体系。育成的中国西门塔尔牛基因比例已达到 80%~95%。科尔沁种业公司建立了科尔沁肉牛科学研究院、院士专家工作站等，科尔沁肉牛种业建设占地 1 550 亩的种公牛站和肉牛核心育种场，赤峰赛奥牧业有限公司占地 1 090 亩，规模和水平均达到国内领先，具备建设种子航母的基本条件。种业基地与区内外科研院所联合技术攻关，用表型选择+育种值选择+全基因组选择的现代育种技术，建立开放式育种核心群。采用 OPU-IVF-ET、MOET 等现代繁殖技术培育肉用种牛，已形成冷冻精液、种牛、胚胎等多元化产品模式。种业基地充分与周边牧民合作，建立乡村优质母牛核心群，统一纳入全市育种规划，完美融入了肉牛生产全产业链建设。养殖环节、环境调控、挡风墙、厚垫草、恒温饮水等提升动物福利措施的普及范围扩大，出现了手机终端 App、微信小程序等管理手段以及上料、称重、配方控制的自动化 TMR（全混合日粮）饲料加工技术。粪污就地熟化还田与有机肥生产销售方式成为常态。屠宰加工环节，屠宰、生产管理、牛肉质量安全等方面的技术和能力不断升级，以满足新形势下饮食方式新需求与提高行业抵御风险的能力。肉产品与副产物预处理及深加工、微生物控制、宰前管理和精细分割、熟化加工等成为加工链支撑技术，传统的熟化、嫩化、包装、产品开发、质量保障、检测、预警等领域，正通过导入或研发新技术进行创新和升级。

5. 品牌优势

内蒙古拥有国家级肉牛龙头企业 2 家，分别是内蒙古科尔沁牛业股份有限公司和内蒙古东方万旗肉牛产业有限公司。内蒙古自治区通过实施农畜产品区域公用品牌三年行动，持续打造"蒙字号"品牌，兴安盟牛肉、科尔沁牛、呼伦贝尔牛肉、锡林郭勒牛肉等区域公用品牌越树越亮。其中，"科尔沁牛"区域公用品牌价值 258.1 亿元，是农畜产品区域公用品牌，2016 年获得农业部农产品地理标志登记保护，2017 年被评为"中国百强农产品区域公用品牌"，2019 年被认定为中国特色农产品优势区，2020 在中国品牌价值区域品牌榜上位列第

43 位，位列内蒙古农产品区域公用品牌养殖业领域品牌价值第 1 名。企业品牌"科尔沁"被认定为中国驰名商标，品牌影响力不断提升。"呼伦贝尔牛肉""兴安盟牛肉"入选内蒙古农牧业品牌目录。三河牛、乌审草原红牛等 9 个牛肉类产品被纳入《全国名特优新农产品名录》。核心产区通辽市被国家认定为"中国草原肉牛之都"和"科尔沁牛中国特色农产品优势区"，呼伦贝尔市被内蒙古自治区认定为三河牛内蒙古特色农畜产品优势区。

6. 市场优势

我国人均年消费牛肉 6.29 千克，与世界年人均牛肉消费存在约 1 倍的差距，特别是高档牛肉产能约占全国牛肉产量的 0.2% 左右，远未达到国内消费的需求，大部分高档牛肉需要进口。随着人口增长和生活水平提高，牛肉的消费需求正呈现逐年上升的趋势，甚至局部地区供求偏紧，市场价格持续上涨。牛肉需求有较大的上升空间，未来供需缺口可能进一步拉大。随着牛肉产品质量提高和市场营销网络逐步健全，对东南亚、中亚、中东和俄罗斯等周边国家和地区的出口潜力巨大。内蒙古牛肉产量占全国的 10%，在有大资本或大资金的产业投资下，可有效保障国家牛肉供给安全。

7. 政策优势

国务院加快内蒙古经济社会发展的实施意见、深入实施西部大开发的政策、振兴东北老工业基地的意见，特别是国务院办公厅《关于促进畜牧业高质量发展的意见》，为形成产出高效、产品安全、资源节约、环境友好、调控有效的高质量发展新格局，更好地满足人民群众多元化的畜产品消费需求夯实了基础，为肉牛产业加快发展开辟了广阔空间。2020 年内蒙古自治区党委、政府《关于加快推动农牧业高质量发展的意见》，明确提出支持优势产区肉牛精深加工龙头企业做大做强，向优势产区和主产旗县布局，采取收购兼并、资产转让、品牌联合等措施，推进产业集聚整合，发展肉牛精深加工，推进种养加销一体化发展，提高产地加工转化率和产品附加值，到 2025 年全产业链产值达到 560 亿元。地方政府发展肉牛产业政策同步跟进，通辽市出台《加快肉牛产业发展的实施意见》，全面推进肉牛养殖合作社经营、产业化集成和社会化服务，加快打造一二三产融合发展的现代肉牛产业集群。赤峰市出台了《赤峰市肉牛产业高质量发展实施方案（2020—2022）》，通过优质肉牛推广体系、基础母牛扩群增量、集约化舍饲育肥、龙头企业提升等一系列工程促进该地区肉牛产业的发展。

二、存在的问题（发展瓶颈）

内蒙古肉牛遗传改良工作虽然取得了一定的成绩，肉牛产业得到了较快发展，但无论是与肉牛业发达国家相比，还是与我国现代肉牛业发展的要求相比，肉牛业和奶业的发展既有共性的制约因素，又有产业自身面临的突出困难。总的来看，有以下 8 种主要共性制约因素表现。

（一）生产方式落后

虽然内蒙古肉牛存栏 5 万头以上养殖大旗县已达到 56 个，肉牛出栏 3 万头以上牛生产大旗县 45 个，但是基本上"小群体大规模"，养牛业"小、散、低"的局面仍没有得到根本扭转，出栏 10 头以上的肉牛规模养殖比重较低。饲养管理方式比较落后，优质饲草饲料不足，饲料配合不科学，圈舍建设改造滞后，生产水平不高，仍有较大的增长空间。

（二）良种化水平低

良种化程度低是制约养牛业发展的瓶颈之一。肉牛良种普及率较低，特别是一些优良的地方品种，开发利用不够，品种退化现象严重。大部分种公牛站的种公牛培育体系尚未建立，90%以上的种公牛依赖国外引进。缺乏自主培育种公牛培育能力，种公牛的质量还不高，种公牛站后备公牛严重缺乏，面临优秀种公牛断档问题。

（三）能繁母牛存栏显著下降

肉牛核心产区通辽市为例，2020 年牧业年度全市肉牛基础母牛比例 62.3%，其他盟（市）基础母牛比例更低。母牛养殖受生产周期长、投入成本大、饲养管理水平落后、市场热度高等因素影响，导致肉牛母牛存栏持续多年下降，基础母牛存栏不足，农牧民养殖科技含量低，产业可持续发展的基础受到动摇。

（四）环境治理压力大

当前内蒙古养牛业标准化规模养殖水平整体较低，养殖场户（小区）大多缺乏必要的粪污无害化处理和资源化利用设施设备，部分养殖小区通过规范饲养管理，生产水平有所提高，但粪便污染问题短期内难以解决，动物福利较差。

（五）生产性能测定工作滞后

内蒙古肉牛生产性能测定还处在起步阶段，参加测定的肉牛数量还不多；大多数肉牛养殖不能以生产性能测定为依据，进行科学饲养管理。此外，肉牛品种登记、体型鉴定和遗传评估等工作还没有有效开展起来，影响了肉牛繁育育种相关工作的推进。

（六）加工企业发展滞后

除了通辽市的科尔沁牛业和赤峰市的东方万旗等少数规模化屠宰加工企业外，多数地区（包括养牛大旗县）缺乏标准化的牛屠宰加工企业，很多企业都是借用羊屠宰加工生产线代加工或羊牛混合生产线，生产不规范，技术和安全标准低。内蒙古的牛肉生产加工条件整体水平远远赶不上牛奶加工产业，与羊肉屠宰加工产业也有很大差距。

（七）缺乏牛肉质量安全标准和规范化加工体系

由于没有统一规划，各地区（甚至各乡各村）各自为政，加之肉牛品种混乱、饲养条件不同，缺乏统一的牛肉质量与安全标准和生产加工规范，牛肉产品质量和安全不能保证。没有标准就不可能实现规模和品牌化。品种混杂，缺乏品质优良、性能稳定的专用（肉用）品种。目前内蒙古牛肉来源主要是本地品种、淘汰乳牛、育肥公（乳牛）犊、引进品种和杂交牛。牛肉质量参差不齐，品牌效应差。龙头企业生产的大多是初加工产品，精深加工、品牌产品少，高附加值产品少，市场竞争力不强，难以有效带动肉牛养殖业的高质量发展。屠宰加工条件落后、加工工艺不完善。

（八）牛肉产品品种少、档次低，技术含量不高

目前内蒙古牛肉还是以现宰现卖、冷冻牛肉为主，营养、安全、方便、品质好的冷却牛肉和调理牛肉（牛肉预制产品）占比很小。加工产品市场主要以牛肉干和酱卤牛肉（牛杂）为主。由于至今没有形成规模和品牌效应，牛肉加工生产仍然是价格主导，造成现在"内蒙古牛肉干市场的虚假繁荣"，每千克120～160元（甚至更低）的"牛肉干"大量充实市场，价格不合理（低于正常成本价）造成产品鱼龙混杂、假冒伪劣盛行，导致牛肉干生产"劣币驱逐良币""价格倒挂"的现象。这种现象急需改变，否则损害"内蒙古草原牛肉"的声誉和市场。

三、肉牛产业发展展望

（一）指导思想

深入落实习近平总书记对内蒙古重要讲话和重要指示批示精神，坚持"生态优先、绿色发展"理念，结合内蒙古独特的农牧资源优势，探索推广"种养结合、为养而种、过腹转化、农牧循环"的草畜一体化发展模式，通过品种改良、提高单产水平、扩增基础母牛、提高繁殖率、引进新技术、打造新业态、搭建新平台、实施新工程，创设新政策，把内蒙古建设成为国家肉牛产业高质量发展示范先行区，保障国家重要牛肉产品供给。

（二）发展目标

通过努力，在保持粮播面积和粮食产量稳定的前提下，积极推广"种养结合、为养而种、过腹转化、农牧循环"的草畜一体化发展模式，加快推进草畜一体化发展新技术、新模式、新业态、新工程的试验示范，带动肉牛产业较快发展。到2025年，内蒙古肉牛存栏达到700万头（5年内增长12%左右），其中母牛500万头左右（配种需要750万剂冷冻精液），犊牛和育成牛200万头左右。牛肉产量达到74万吨以上（5年内增长20%左右）。

（三）肉牛产业区域规划

以通辽市、赤峰市、兴安盟为重点建设中东部优势养殖带；以呼伦贝尔市、锡林郭勒盟为重点建设天然草原养殖带；以鄂尔多斯市、巴彦淖尔市等为重点建设西部高端养殖带。中东部优势养殖带以西门塔尔牛为主，建立完整的基础母牛、架子牛、育肥牛生产体系。草原牧区引进西门塔尔牛、安格斯牛等品种，建设优质肉牛繁育基地。西部高端养殖新兴区引进安格斯牛、和牛等品种，培育一批高档肉牛专业大户和养殖企业。

借鉴国内外牛肉屠宰加工先进经验和教训，通过准入证制度扶持各地高标准的规模化屠宰加工企业发展，限制无序扩张和同质化竞争。各地区（以通辽、兴安盟和赤峰为试点，结合自治区"蒙字标"产品行动）根据当地牛源和生产实际，因地制宜制定"特色"牛肉质量和安全标准。建立优质高档羊肉生产、加工、运输、销售的安全管理体系，制订出完善的实施标准和技术保障体系，完成产品生产规范和产品质量标准。实行牛肉屠宰加工的标准化、规范化生产。实现内蒙古牛肉的优质化、品牌化和效益化。

四、肉牛产业发展建议

（一）加强良种繁育推广，优化畜种畜群结构

一是积极推动种公牛站股份制改革，采取企业主体、市场运作的方式，鼓励与有实力的企业合作，增强种公牛站实力，培育优质种公牛，提高制种和良种推广能力。二是鼓励公牛站与种母牛养殖企业联合育种，加强肉牛核心育种场建设，丰富品种资源，使不同地区形成各自特色、各具优势品种和主打品牌。三是大力引进国外优质种公牛、种母牛或胚胎、精液等遗传物质，建立核心种子母牛群，繁育优质种公牛，提高肉用生产性能和种群供种能力，夯实肉牛种业发展基础，缩小与国外先进水平的差距。四是增强地方优良品种保护与创新利用力度。地方品种选育重视程度不够，地方优良畜种普遍缺乏持续选育，选育方向不能适应市场消费需求，地方优良畜种在种畜和商品畜之间市场缺乏竞争力，一味开展利用杂交优势进行商品畜生产，放弃地方优良畜种本品种选育

问题，应根据地方特点培育不同的肉牛新品种满足当地肉牛生产需求。五是以提高个体生产性能和产品质量为主攻方向，依托肉牛良种补贴项目，完善基层改良技术推广体系，加强配种站（点）建设，普及推广人工授精技术，有计划地组织杂交改良工作，带动商品牛生产水平的提升。

要肉牛存栏达到700万头，现有1 000万剂冻精生产能力足够种源供给，但是梯队种公牛需要每年补充100头左右优质种公牛，也就是自主培育种公牛能力必须达到每年100头以上。

（二）加快生产母牛扩群增量，夯实产能建设基础

制定扶持政策，实施"基础母牛工程"，增加能繁母牛存栏数量，有效巩固肉牛产业发展基础，加快产业规模化进程。一是利用草原补奖机制后续产业资金，引进国外优质种母牛，对引进的优质种母牛给予补贴奖励，促进基础母牛扩群增量，为发展优质肉牛生产提供基础。二是用好自治区牧区基础母牛补贴政策，积极争取国家基础母牛扩群增量项目，支持养殖场优化母牛畜群结构，及时淘汰低产母牛、老龄母牛，夯实生产基础。三是利用国家标准化规模养殖建设项目，优先扶持牧区家庭牧场、农区规模养殖场和专业合作组织自繁自育建设，改善基础设施，提高设施化和集约化水平，增加基础母牛存栏量。四是加强能繁母牛特别是引进种母牛保护发展，对享受补贴母牛登记造册，实行动态管理，基础母牛如需更新或淘汰，必须经农牧业部门鉴定并批准备案。严格执行内蒙古自治区补贴进口种牛管理办法，通过屠宰检疫把关控制宰杀适龄母畜。五是推动肉牛"北繁南育"，牧区充分发挥草原牧区低成本优势，以放牧为主、补饲为辅，生产合格断奶犊牛。农区优化调整种植业结构，发展青贮玉米和优质饲草种植，建立"自繁自育"为主的养殖模式，提升标准化规模养殖水平；通过大力发展繁育户，扶持大户规模化育肥，逐步建立"牧繁农育"和"户繁企育"为主的养殖模式。六是鼓励屠宰加工企业采取资金入股的形式扶持养殖户建设育肥牛基地，建设基础母牛繁育基地，架子牛企业回收育肥，形成母牛繁育、架子牛育肥、屠宰加工"一条龙"式企业生产模式。肉牛存栏要达到700万头，基础母牛数要由原来的375万头增加到500万头，5年内基础母牛数增加到33%以上。

（三）大力发展饲草料产业，满足生产发展需求

充分挖掘饲草料生产潜力，大力发展草牧业，形成粮草兼顾、农牧结合、循环发展的新型种养结构。一是牧区依托草地资源和天然放牧的低成本优势，加大饲草储备设施建设，提升肉牛生产效率，为生产绿色牛肉产品提供物质保障。二是以牧草良种补贴政策为引导，草原重点生态工程建设为抓手，大力发展人工草地建设，扶持建植一批优质稳产的人工饲草料地，提高优良牧草生产集约化、组织化、规模化程度，推动草产业发展，提高饲草料供给能力。三是围绕"为养而种，以种促养，以养增收"的目标，积极推进粮改饲试点，在农区养殖聚集区和农牧交错带，大力发展饲用玉米、青贮玉米等，发展苜蓿等优质牧草种植，鼓励养殖大户、规模化养殖企业采取土地流转等方式进行规模化青贮玉米种植，积极推进与种植大户、合作社等玉米规模化种植主体的对接合作，建立订单生产关系，促进全株青贮玉米专业化种植，满足肉牛生产需求。四是引导饲料企业进入秸秆饲料生产领域，加快研发推广秸秆饲料化新技术、新产品，大力发展裹包青贮、颗粒饲料、压块饲料等秸秆商品饲料，进一步挖掘秸秆饲料化潜力。大力培育秸秆收贮专业作业队等社会化服务组织，为养殖场户解决收集难的问题。支持养殖场建设标准化青贮窖，推广青贮、黄贮和微贮等处理技术，不断提高秸秆饲料化利用的效率。

优质肉牛要达到存栏 700 万头，优质饲草年生产能力要达到 3 800 万吨（按平均一头牛 1 天 15 千克草计），饲草种植面积保持在 1 500 万亩以上（按平均亩产 2.5 吨草计），现有饲草种植面积稳定在 800 万亩。

（四）推进产业化经营，加快产业转型升级

围绕建设全国肉牛产业强区的目标，强基地、壮龙头、树品牌，促进牛羊屠宰加工行业向规模化、标准化、品牌化方向发展，大幅度提高在国内中高档牛肉市场的占有份额，加快推进产业化经营。一是鼓励专业大户、家庭牧场成立专业合作组织，采取多种形式入股，形成利益共同体，实现规模化养殖和专业化分工，提高养殖水平和效益，提高组织化程度和市场议价能力。二是建立和规范基层肉牛活体交易市场，加强肉牛交易市场软硬件建设，充分利用现代信息技术手段，发展电子商务等现代交易方式，打造国内知名的牛产品电子交

易平台，构建买全国、卖全球的发展格局。三是规范发展肉牛合作社、专业协会、经纪人队伍、中介组织等专业合作组织，大力培育流通队伍和销售市场，完善市场流通网络，紧密农牧民与市场的联系。四是引导肉牛屠宰加工企业建立稳定生产基地，通过订单收购、返还利润、参股入股等多种形式，与养殖场户或专业合作组织结成稳定的购销关系，逐步形成肉牛生产规模化发展的产业集聚优势。五是立足草原牛肉品牌，引导现有企业与国内外知名企业建立交流机制，通过多种方式整合优质资源，带动企业做大做强现有品牌，提高牛肉产品市场竞争力。组织加工企业参与国内外各类农博会、农展会，办好草原牛肉推介展会，推介内蒙古饮食文化品牌，提升草原牛肉品牌知名度。

（五）深入研究牛肉品质和加工增值技术，产品提质增效

一是地区特色牛肉品质特性分析和标准化生产配套技术研究。通过测定分析当地特色品种牛的牛肉品质指标：屠宰性能、感官品质（嫩度、色泽）、风味和营养品质及微量元素等，确定牛肉的品质特性。揭示当地特色牛肉"好吃"的物质基础和遗传基础。建立内蒙古牛肉品质数据库，初步确定牛肉的甄别技术。结合牛肉的品质特性和加工适宜性，确定饲养管理等相配套生产技术，以实现高品质的标准化生产。二是牛肉宰后生理和宰后处理技术的研究。根据宰后不同时间牛肉的能量代谢、酶系统和肉品质的变化规律研究牛肉宰后生理变化过程。通过研究常用宰后成熟方式（干法成熟、湿法成熟和干湿法结合成熟技术）和新型成熟技术（特殊包装干法成熟技术、差异化肌肉成熟技术和新型物理成熟技术）对排酸牛肉嫩度、保水性和肉色稳定性等品质指标的影响，确定牛肉的最佳排酸成熟时间和条件控制技术规范。制定牛肉的分级和分割标准。通过对现有屠宰工艺进行技术改造升级，建立肉牛屠宰和加工标准化示范生产线，实现产品的优质化和标准化。三是高档冷却牛肉生产和保鲜技术的研究。主要针对冷却排酸嫩化技术的研究、冷却肉汁液控制技术的研究、冷却肉护色技术、保鲜与智能包装技术的研究，通过技术集成建立冷却牛肉生产全程质量与安全控制体系（HACCP）和标准化生产技术，实现工业化生产和示范，降低冷却排酸牛肉的初始菌，使其保质期达到30~40天（达到商业化流通的要求），汁液损失率控制在3%以内，从而改善牛肉品质，提高生产效益。四是牛肉加工增值技术的研究与产品开发。通过研究高档牛肉精深加工和贮藏保鲜技术问题，

开发高档分割牛肉制品、调理牛肉制品（生鲜、腌制和重组肉制品）、传统牛肉加工制品肉（肠类、火腿制品、烤肉、烤牛排、干肉制品、酱卤制品、烧煮制品、牛杂食品和罐头制品）、发酵牛肉制品和即热即食型牛肉菜肴等牛肉加工制品的加工技术、包装和保藏等技术，利用现有技术对不同产品工艺进行优化，确定适合的加工工艺和设备选型，制定出不同加工制品的加工工艺和产品质量标准。提高产品质量和安全性，完成工业化生产和产品标准化，实现产品增值。五是牛（肉）副产品高效利用技术。对牛（肉）加工的废弃物（副产品）牛骨、牛血和内脏等进行精深加工关键技术的研究开发，开发骨源食品并进行产业化示范，开发骨（血）泥（发酵）食品、骨（血）粉（发酵）食品、高活性补钙产品——肽钙和具有抗氧化、降血压、降胆固醇、降血糖活性等的生物活性肽系列产品，以及骨胶原蛋白、骨油等骨营养素的提取，并实现工业化生产和示范，提高肉牛生产和加工行业的整体科技含量和技术水平，促进地区经济发展和农牧民增产增收。

总的来看，内蒙古肉牛的专业化生产起步晚、底子薄，发展势头看好，机遇与挑战并存，我们要充分利用好当前的有利时机，借鉴国外发达国家发展奶牛和肉牛产业的成功经验，积极应对来自各方面的挑战，扎实推进养牛业的持续健康发展。今后一个时期，内蒙古养牛业发展要以现代畜牧业发展理念为指导，以促进农牧民增收为根本，以提高综合生产能力为核心，充分发挥市场配置资源的优势，强化政府对产业发展的引导和调控，加强内蒙古肉牛科技服务体系建设，转变生产方式，提高良种化水平，推进产业化经营，建立现代肉牛产业体系，保障城乡居民对乳制品和牛肉产品的消费需求，努力实现内蒙古养牛业又好又快发展。

内蒙古自治区肉羊产业发展报告

一、肉羊产业发展基本情况

(一) 我国肉羊产业发展概况

1. 羊肉产能持续增加, 同比增速创近5年新高

2021年我国肉羊生产继续向好, 羊出栏量、存栏量和羊肉产量同比增长率均为近5年最高。从存出栏量看, 2021年, 我国羊出栏33 045.0万只, 创历史新高, 比上年增加1 104.0万只, 增幅达3.5%; 年末羊存栏31 969.0万只, 比上年增加1 314.2万只, 增幅达4.3%。从出栏率看, 近5年羊只出栏率都突破了100%, 2021年达到历史最高的107.8%, 说明我国肉羊生产性能不断增强。从羊肉产量看, 2021年羊肉产量达514.0万吨, 比上年增加21.7万吨, 增幅为4.4%, 已经实现了《推进肉牛肉羊生产发展五年行动方案》中提到的"到2025年羊肉产量稳定在500万吨"的发展目标 (表1)。

表1　2017—2021年中国羊出栏量、存栏量和羊肉产量情况

年份	出栏量/万只	存栏量/万只	羊肉产量/万吨
2017	30 797.7	30 231.7	471.1
2018	31 010.5	29 713.5	475.1
2019	31 699.0	30 072.1	487.5
2020	31 941.0	30 654.8	492.3
2021	33 045.0	31 969.0	514.0

数据来源: 中国国家统计局 (http://www.stats.gov.cn)。

2. 羊肉进口量恢复增长

自加入世界贸易组织以来, 我国进口羊肉总量不断增长, 并在2012年超过

法国和英国，成为全球第一大羊肉进口国。但 2014 年受国内突发小反刍疫情影响，国内外羊肉价差明显，羊肉进口规模开始缩减，直到 2017 年才逐渐回升。2020 年，受新冠肺炎疫情大流行等因素的影响，全球羊肉生产和贸易均呈现低迷态势，我国羊肉进口量再一次下降，仅为 36.5 万吨，同比下降 7.0%。2021 年，随着全球经济复苏，全球羊肉生产和消费市场逐渐活跃，我国羊肉进口规模也有所恢复，进口总量达到 41.1 万吨，较上年增加 12.5%；进口品类主要为冻带骨绵羊肉、冻整头及半头绵羊肉和冻去骨绵羊肉，其中，冻带骨绵羊肉占进口总量的 76.9%；进口来源国主要为新西兰（占比为 59.0%）和澳大利亚（占比为 35.3%）。

3. 羊肉消费稳步增长

随着居民收入水平提高和生活方式转变，城乡居民肉类消费结构不断转型升级，羊肉需求量持续增长，在外消费比重上升较快。2021 年，我国羊肉表观消费量达到 554.9 万吨，比上年增长 5.0%，表明国内羊肉消费需求依然旺盛，羊肉消费长期利好的态势没有改变。从消费种类看，在传统热鲜肉和冷冻肉消费的基础上，冷鲜肉逐渐受到消费者欢迎，熟肉制品、休闲便捷食品等羊肉精深加工产品也更加丰富。从销售模式看，近 5 年羊肉户内消费量逐年降低，2016—2020 年全国居民户内羊肉消费总量从 207.6 万吨下降至 169.5 万吨，共下降 18.4%，而羊肉户外消费不断增加，但 2020 年上半年受冲击遇冷。2021 年，伴随着疫情影响减弱，火锅、烧烤等餐饮业回暖，全国餐饮收入 46 895.0 亿元，比上年增长 18.6%。同时，电商新零售模式不断涌现，在农贸市场、超市等传统场所消费的基础上，"线上"消费已经成为羊肉消费新的增长点。

4. 羊肉出口量略有上升

我国虽是羊肉生产和消费大国，但自给能力不足，鲜少出口；出口品类比较局限，以山羊肉为主；出口市场越来越集中，主要为中国香港和中国澳门。从出口总量来看，2001—2006 年，我国羊肉出口逐年上升，之后开始下降，尽管 2010 年有小幅回升，但整体仍保持下降趋势。2020 年，由于新冠肺炎疫情影响羊肉出口量波动非常剧烈，全年羊肉出口总量下降至 1 717.7 吨，相比 2006 年的峰值下降了 94.8%。而 2021 年全球经贸环境整体共振向上，我国羊肉出口总量达到 1 989.2 吨，较上年增长 15.8%；出口集中在下半年，11 月出口量最大；出口地区仍以中国香港为主，出口量较上年增加 17.1%，占总出口量的 90.2%，出口份额呈现逐年增长的趋势，也表明我国羊肉出口市场集中度进一步提高。

（二）内蒙古肉羊产业概况

内蒙古是全国最大的肉羊产区，肉羊品种资源丰富，存栏量、出栏量、羊肉产量、人均羊肉占有量、羊肉调出量、龙头企业整体规模实力、羊肉加工能力均居全国首位，是国内规模最大、品质优良、品牌影响力和市场竞争力极强的草原肉羊生产加工输出基地。内蒙古拥有呼伦贝尔、锡林郭勒两大世界知名草原，为草原肉羊产业发展提供了得天独厚的资源优势。内蒙古形成了以呼伦贝尔羊等为主导品种的东部肉羊产业带，以乌珠穆沁羊、苏尼特羊为主导品种的锡林郭勒草原肉羊产业带和以巴美肉羊和国外引进杂交改良品种为主导的沿黄肉羊产业带。创建了锡林郭勒、呼伦贝尔两大中国特色农产品优势区，锡林郭勒羊肉、呼伦贝尔草原羊肉两大区域公用品牌入选中国农业品牌目录、获得国家地理标志认证或驰名商标。

2021 年全国绵羊年底只数 18 637.68 万只，羊肉产量 514.08 万吨，内蒙古位居全国首位（表 2）。

表 2　2020 年全国绵羊存栏量前 10 名省（区）　　　　　单位：万只

省（区）	存栏量
内蒙古自治区	4 579.59
新疆维吾尔自治区	4 142.85
甘肃省	1 991.03
青海省	1 341.47
山东省	980.00
河北省	970.65
黑龙江省	725.19
山西省	687.08
西藏自治区	672.34
吉林省	592.45

2021 年末内蒙古羊存栏 4 579.59 万只，占全国总存栏 24.57%，年出栏 6 705.36万只，羊肉产量 113.65 万吨，占全国羊肉产量 22.11%，占内蒙古肉类

总产量的 40.98%，肉羊全产业链产值达到 870 亿元。具备 150 万吨羊肉年加工能力，羊肉加工转化率达到 59%。内蒙古现有额尔敦、伊赫塔拉等 7 家国家级龙头企业和蒙得、大庄园等 92 家自治区级龙头企业。初步形成了肉羊繁育、规模化标准化养殖、屠宰加工、仓储、冷链物流、品牌建设、市场营销等比较完整的产业链和一二三产业融合发展的格局（表 3、表 4、表 5）。

表 3 各盟（市）羊存栏量（绵羊+山羊）　　　　　　单位：万只

盟（市）	2019 年	2020 年	2021 年
赤峰市	873.36	900.16	937.18
鄂尔多斯市	825.84	836.07	850.29
巴彦淖尔市	740.90	779.64	812.17
兴安盟	772.44	813.86	769.08
呼伦贝尔市	702.49	667.26	670.60
锡林郭勒盟	631.00	588.31	584.08
通辽市	550.84	576.43	582.45
乌兰察布市	359.64	367.72	372.03
包头市	237.77	267.04	272.23
呼和浩特市	189.05	193.31	201.62
阿拉善盟	82.64	75.35	77.18
乌海市	9.94	9.02	9.27

表 4 盟（市）当年出栏和自宰肉用羊　　　　　　单位：万只

盟（市）	2019 年	2020 年	2021 年
巴彦淖尔市	1 135.54	1 366.74	1 434.66
兴安盟	779.56	838.88	841.65
赤峰市	627.16	684.86	688.31
锡林郭勒盟	847.85	706.38	678.33
乌兰察布市	669.17	615.76	593.32
呼伦贝尔市	698.62	596.94	582.25
鄂尔多斯市	474.42	582.47	556.35
通辽市	398.45	447.84	484.60
包头市	487.97	423.74	460.26

（续表）

盟（市）	2019 年	2020 年	2021 年
呼和浩特市	283.59	342.17	322.91
阿拉善盟	35.88	53.48	46.79
乌海市	20.12	14.86	15.93

表 5　各盟（市）羊肉产量　　　　　　　　　单位：吨

盟（市）	2019 年	2020 年	2021 年
巴彦淖尔市	195 859	232 346	243 174
兴安盟	114 192	142 610	142 660
赤峰市	112 201	116 426	116 669
锡林郭勒盟	149 425	120 084	114 976
乌兰察布市	112 045	104 680	100 567
呼伦贝尔市	130 394	101 480	98 691
鄂尔多斯市	82 805	99 019	94 302
通辽市	64 987	76 134	82 130
包头市	81 726	70 607	78 014
呼和浩特市	43 913	54 748	54 734
阿拉善盟	6 924	9 091	7 931
乌海市	3 439	2 526	2 700

（三）内蒙古肉羊主要品种

1. 地方品种

蒙古羊、乌珠穆沁羊、呼伦贝尔羊、苏尼特羊、乌冉克羊、滩羊6个品种。

2. 培育品种

巴美肉羊（2007 年）、昭乌达肉羊（2012 年）、察哈尔羊（2014 年）、戈壁短尾羊（2019 年）、草原短尾羊（2020 年）5 个品种。

3. 引进品种

萨福克羊、杜泊羊、澳洲白羊、小尾寒羊、湖羊等。

（四）人工授精技术推广情况

1. 存栏数

内蒙古能繁母羊存栏 3 894.64 万只，其中人工授精 399.73 万只，占比 10.26%。盟（市）能繁母羊存栏数由高到低依次为：赤峰市（650.00 万只）、兴安盟（541.25 万只）、巴彦淖尔市（541.13 万只）、锡林郭勒盟（498.17 万只）、乌兰察布市（408.10 万只）、呼伦贝尔市（403.06 万只）、通辽市（353.01 万只）、鄂尔多斯市（191.14 万只）、包头市（153.19 万只）、呼和浩特市（132.96 万只）、阿拉善盟（20.00 万只）、乌海市（2.63 万只）。

2. 人工授精技术占比

盟（市）肉羊人工授精技术占比由高到低依次为：通辽市 22.64%、赤峰市 21.63%、巴彦淖尔市 11.64%、阿拉善盟 10.00%、锡林郭勒盟 9.49%、兴安盟 6.30%、呼和浩特市 5.83%、乌兰察布市 3.78%、鄂尔多斯市 1.72%、呼伦贝尔市 1.27%、包头市 0.82%、乌海市 0%。

内蒙古 25 个牧业旗县，能繁母羊存栏 1 283 万只，其中人工授精 151.86 万只，占比 11.84%。37 个半农半牧旗县，能繁母羊存栏 1 712.81 万只，其中人工授精 176.27 万只，占比 10.29%。33 个农业旗县，能繁母牛存栏 893.30 万只，其中人工授精 71.61 万只，占比 8.02%。

3. 配种站点

内蒙古共建设肉羊人工授精站点 1 803 个，盟（市）肉羊人工授精站点数量由高到低依次为：赤峰市 676 个，兴安盟 492 个，锡林郭勒盟 220 个，通辽市 204 个，巴彦淖尔市 71 个，鄂尔多斯市 46 个，乌兰察布市 44 个，呼伦贝尔市 18 个，包头市 17 个，呼和浩特市 13 个，阿拉善盟 2 个，乌海市 0 个。

4. 配种员

内蒙古羊人工授精技术员共 2 388 人，盟（市）羊人工授精技术人员人数由多到少依次为：赤峰市 715 人，鄂尔多斯市 607 人，通辽市 294 人，兴安盟 281 人，锡林郭勒盟 256 人，巴彦淖尔市 97 人，包头市 36 人，乌兰察布市 33 人，阿拉善盟 26 人，呼和浩特市 25 人，呼伦贝尔市 18 人。

二、肉羊产业发展存在问题

（一）良种肉羊繁育推广体系不健全

良种繁育基础建设投入不足，草原肉羊种业龙头企业缺乏，种羊场、人工授精站、测定场等基础配套设施简陋，育种场、扩繁场生存发展艰难，导致肉羊繁育推广不足，肉羊良种化、专用化水平不高，不能满足市场需求和龙头企业加工需要，在很大程度上影响了羊肉品质和养殖效益。

（二）标准化生产基地建设程度低

养殖基地基础建设薄弱，中小规模养殖场整体仍较为落后，基础设施缺乏、不配套、机械化程度低等问题比较普遍。大部分规模养殖场无配套饲草基地。牧区应对自然灾害的应急饲草料储备库和繁育母畜保暖棚圈建设标准有待进一步提高。

（三）草原肉羊加工转化率和产品附加值低

草原肉羊加工企业绝大多数只是简单的屠宰分割，产业链条短，加工产品以胴体肉和卷肉为主，精细分割、冷鲜、熟肉制品等精深加工比重低，肉羊屠宰后副产品开发利用程度较低，羊肉产品科技含量和附加值不高。

（四）产业组织发展水平不高

目前内蒙古肉羊生产仍以家庭经营为主，大部分养殖户受传统"一家一户"散养模式影响，规模化、标准化养殖意识淡薄，对新技术的采纳意愿和接受应用能力较低。而肉羊养殖合作社"空壳化"问题也较为突出，大多数合作社只能参与到养殖前端，饲养规模小，提供的服务主要停留在技术、信息层面，在产业链其他环节的参与能力低，导致投入成本大而效益低。此外，各地普遍缺乏有影响力、带动力和承担社会责任的大型龙头企业，大部分企业管理水平低、产品结构单一。

（五）利益联结机制不健全

肉羊龙头企业与合作社、家庭农牧场等经营主体之间多为随行就市的买卖关系和简单的订单供销关系，相互约束性不强、订单履约率不高，没有形成风险共担、利益共享的利益联结机制，适应市场需求和抵御市场风险的能力弱。养殖户与屠宰加工企业之间市场地位不对等，利益联结较为薄弱，屠宰加工环节收益向养殖环节传递较少，养殖户普遍处于弱势地位。肉羊收购端、羊肉产品经销端中间环节多，存在互相争利、恶性竞争的现象，层层挤压牧户养殖利润空间，致使牧户从加工流通环节获得的收益有限。

（六）质量追溯体系不成熟

目前内蒙古羊肉追溯体系以个别盟（市）或加工企业为主导自行建设，缺乏系统的顶层设计，各部门追溯工作各成系统，不能互联互通，追溯成本高、推广难，市场认可度低，未能体现出应有的价格优势。

（七）品牌溢价能力低

内蒙古肉羊区域公用品牌和企业品牌资源缺乏有效整合，品牌识别度不高、质量追溯可信度不够、品牌保护意识不强，品牌影响力、竞争力不强，存在为追求短期利益而损坏品牌形象的现象，高品质羊肉资源难以转化为产品优势和市场竞争优势，难以体现出草原羊肉优质优价的市场地位和品牌价值。营销渠道单一，以大宗经销为主，以电子商务、便利店等为代表的线上线下融合互促的现代精准便捷营销模式尚未建立。

三、肉羊产业发展预测及下一步工作建议

（一）工作思路

深入贯彻落实习近平总书记作出的明确经济发展的重点产业和主攻方向，推动相关产业高端化、智能化、绿色化等有关指示批示精神和内蒙古自治区第

十一次党代会精神，牢固树立新发展理念，落实高质量发展要求，坚持生态优先、绿色发展导向，聚焦培育领军加工企业，聚焦肉羊精深加工，聚焦做大肉羊品牌，提升产业集中度和质量水平，推进生产、加工、流通、品牌、销售一体化发展，延伸产业链、提升价值链，做优做强肉羊产业。

（二）工作目标

一是坚持政府引导，市场运作的原则。充分发挥政府的组织推动作用，通过政策引导，鼓励种羊场改制，鼓励社会资本兴办种羊场，构建以政府投入为引导、企业和社会广泛参与的多元化投入新机制，推进种羊生产、推广市场化，增强供种保障的能力。

二是坚持发挥优势，突出特色的原则。立足资源禀赋和发展基础，建立牧区与农区养殖区域布局和不同生产方式相适应的良种繁育体系，形成主导品种突出、区域特色明显、生产定位明晰、品种结构合理的肉羊良种发展布局。

三是坚持科技支撑，转变发展方式的原则。以提高个体生产性能和羊肉品质为主攻方向，大力培育、推广、利用肉羊优良品种，提高良种化程度，转变增长方式，增加农牧民收入。

（三）工作目标

到2025年，力争肉羊全产业链产值达到1 000亿元。肉羊存栏稳定在6 000万只以上，羊肉产量突破120万吨；培育3~5家年产量5万~10万吨并在全国具有影响力的领军加工企业，打造3~5个年产值超百亿元以肉羊为主的加工园区，带动内蒙古肉羊加工转化率达到80%以上，精细加工比重大幅提升，打造我国最大、竞争力最强的肉羊精深加工基地。

（四）工作内容

重点聚焦肉羊产业大而不强、产业链条短、企业实力弱等突出问题，实施肉羊产业链"两大工程"。

1. 提质工程

（1）优化品种。一是强化肉羊品种选育创新。依托区内高校、科研院所和企业，建设肉羊种业基础研究重点实验室、组建肉羊育种技术团队，通过常规育种技术和生物育种技术相结合，加快肉羊品种的繁育速度。培育"杜蒙羊"等2~3个生产性能优良、适应内蒙古生态环境的肉羊新品种（系）。二是加强肉羊良种推广。积极培育国家级和自治区级肉羊核心育种场，推广"核心育种场+种羊场+扩繁场"联合育种模式，重点提高产肉性能、繁殖性能、羊肉品质和群体整齐度，种公羊供给能力稳定在20万只以上。优先保障肉羊领军加工企业原料供给基地和主体的优质种畜需求。

（2）提升标准。一是推进肉羊标准化生产。建设标准化肉羊生产基地，率先在肉羊领军加工企业的覆盖区域内实现按标生产，在草原牧区加快地方良种羊提纯复壮，提高肉羊个体产出和繁殖率。在农区和农牧交错带重点推行"牧繁农育""户繁企育"等模式，开展经济杂交，整体实现2年3胎、1胎多羔。重点在领军企业覆盖区域内新建一批国家级标准化示范场、生态家庭牧场，提升肉羊养殖标准化水平，逐步推行健康养殖。二是完善肉羊品牌标准体系。率先依托肉羊领军企业产品分类，优化产品标准、企业标准，在此基础上制定"蒙"字标认证标准体系、区域公用品牌标准体系，逐步形成覆盖不同档次肉羊品牌的完整标准体系。

（3）做强品牌。一是培育提升肉羊品牌。支持肉羊领军加工企业做强企业品牌和产品品牌，优先使用"锡林郭勒羊""呼伦贝尔草原肉羊"等区域公用品牌。制定品牌培育规划，按照"打造一批、培育一批、储备一批"的思路，对现有的羊肉品牌进行分类梳理，确定"蒙"字标认证品牌、区域公用品牌、产品品牌、企业品牌的培育重点，形成梯次体系。对肉羊领军加工企业申请绿色、有机食品认证给予补贴。支持肉羊领军加工企业申报"蒙"字标产品认证、中国质量奖和内蒙古自治区主席奖。二是加强肉羊品牌保护。率先在肉羊领军加工企业覆盖区域内实施追溯管理，引导肉羊加工企业加强质量管控信息化基础建设，严格落实企业质量管理主体责任。加强责任主体逆向溯源、产品流向正向追踪，加大对冒牌、套牌和滥用品牌的惩处力度。加大肉羊品牌产品质量抽检力度，推动企业提高质量管理。

2. 强企工程

（1）遴选重点企业。重点在锡林郭勒盟、呼伦贝尔市、赤峰市、巴彦淖尔市等优势主产区，遴选5~8家经济实力较强、管理水平高、发展潜力大、具有较强市场竞争力的自治区级以上肉羊加工龙头企业，集中各类资源要素，持续支持企业采取兼并重组、股份合作、资产转让等方式，组建大型企业集团，培育形成3~5家像伊利、蒙牛一样的肉羊领军加工企业。

（2）加大贷款贴息支持。出台肉羊企业贷款贴息政策，对重点企业兼并重组和扩大生产规模所需的固定资产投入、流动资金贷款等按一定比例给予贴息支持。发挥农牧业产业化发展专项资金效益，通过贷款贴息的方式，支持领军加工企业发展肉羊精深加工，扩产能、延链条、提效益。

（3）构建养加一体生产模式。支持肉羊领军加工龙头企业重心下沉，向中心乡镇苏木、物流节点和产业集聚区聚集，通过自建基地、合作共建、长期合同、产业化联合体等模式，建立起稳定的羊源供应体系，夯实质量基础，布局加工产能，完善仓储物流和服务网络，构建生产与加工、科研与产业、企业与农牧户相互衔接配套的上下游产业格局，促进羊肉就地就近加工转化增值。

（4）推进肉羊加工产业园区化发展。实施农村产业融合示范园、草原畜牧业转型升级试点项目，支持肉羊领军加工企业向加工园区集聚产能，通过企业上下游联动，形成产业关联度大、精深加工能力强、规模集约水平高、辐射带动面广的产业园区。支持加工园区建设和改造升级，鼓励大型肉羊养殖企业、屠宰加工企业开展养殖、屠宰、加工、配送、销售一体化经营。加快实现加工园区化、园区产业化、产业集聚化发展。

（5）聚力发展肉羊精深加工。支持肉羊领军加工企业扩能改造、产业升级、技术创新和产品研发，大力发展精细分割和冷鲜肉以及生产调理、保健和功能性特色肉制品等产品，引进内脏、骨、油、血等副产品加工技术，提升肉羊加工副产品综合利用水平。

（6）推动产业融合发展。支持肉羊领军龙头企业以加工流通带动业态融合，发展中央厨房、直供直销等业态；完善配送及综合服务网络，在大中城市布局直营直销店和冷藏设施，推广"生鲜电商+冷链宅配""中央厨房+食材冷链配送"等新模式，推动羊肉产品进商超、进餐饮、进家庭，提高增值收益。以功能拓展带动业态融合，推进肉羊产业与文化、旅游、康养、服务等产业的融合。

内蒙古自治区绒山羊产业发展报告

一、绒山羊产业发展基本概况

（一）国际绒山羊产业概况

绒山羊产业以其独有的优势（如优良的适应性，较细及超细的绒、绒肉兼用性能等）保持其生产潜力，以适应多变的市场需求。全世界有 10 亿头羊生产毛、绒、奶和肉，其中中国最多，大约为 1.3 亿头。羊绒产量最多的前 5 位国家是：中国、蒙古国、阿富汗、伊朗和俄罗斯。根据国家绒毛用羊产业技术体系数据，国际绒山羊生产与贸易情况如下。

1. 2021 年世界羊绒产量与 2020 年相比预计有所增加

中国和蒙古国是世界最主要的羊绒生产国，两国羊绒产量占世界羊绒总产量的 90%以上。2021 年中国羊绒产量预计较 2020 年有所增加，预计为1.65 万吨。而根据蒙古国国家通讯社官网 2021 年 4 月发布的消息，蒙古国羊绒产量预计与 2020 年相持平，为 1.18 万吨。2021 年世界羊绒产量预计较 2020 年有所增加。2021 年中国绒山羊养殖规模预计增加，羊绒产量也随之增加。

2. 2021 年世界羊绒贸易量较 2020 年预计有所下降

中国是世界最主要的原绒进口国，根据中国海关总署数据，2021 年 1—11月中国羊绒累计进口量为 4 250.11 吨，相比 2020 年同期的 6 069.11 吨减少了29.97%；2021 年 1—11 月中国羊绒累计出口量为 33.44 吨，相比 2020 年同期的18.80 万吨增加了 77.87%；综合羊绒进口和出口贸易来看，预计 2021 年全年中国羊绒贸易量同比将出现下降，由此可推测，2021 年世界羊绒贸易量同比也将出现下降。

3.2021 年世界羊绒价格同比上升

中国是世界最大的羊绒生产国，2021 年 1—11 月中国羊绒平均价格为 204.66 元/千克（注：根据内蒙古羊绒交易中心公布的 2021 年 1 月羊绒价格和清河县羊绒小镇综合管理中心公布的羊绒价格指数计算得到，其中羊绒价格为套子绒价格），较 2020 年同期上升了 11.87%。预计 2021 年全年中国羊绒平均价格同比上升，进而推断 2021 年世界羊绒价格也同比上升。

（二）国内绒山羊产业概况

我国羊绒的产量和质量均居世界之首，羊绒也是我国传统的出口商品。全世界羊绒产量近 3 万吨，中国产绒量占世界总产量的一半以上，羊绒加工量占世界产量的 2/3（图 1）。

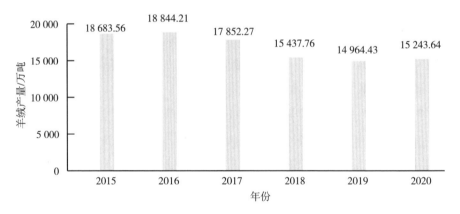

图 1 2015—2020 年我国羊绒产量变化情况（国家统计局数据）

1.2021 年羊绒价格同比增长

2021 年 1—11 月我国羊绒平均价格为 204.66 元/千克，较 2020 年同期增长了 11.87%。年内羊绒月平均价格先由年初 1 月的 190.00 元/千克迅速增至 6 月的 209.00 元/千克，此后羊绒价格稳中有升，11 月羊绒价格微增至 209.38 元/千克，较 2020 年同期的 185.43 元/千克增长了 12.92%。

2.2021 年羊绒进口同比减少、出口同比增加

2021 年 1—11 月我国羊绒累计进口量为 4 250.11 吨，比上年同期减少

29.97%；累计进口额为 1.87 亿美元，比上年同期减少 6.83%。2021 年 1—11 月，我国羊绒累计出口量为 33.44 吨，比上年同期增加 77.87%；累计出口额为 155.30 万美元，比上年同期增加 124.38%。2021 年 1—11 月，羊绒贸易逆差累计为 1.86 亿美元，比上年同期减少 7.29%。

（三）区内绒山羊产业概况

内蒙古是中国乃至世界羊绒原料的主产区及最大的羊绒制品深加工和出口省（区），绒山羊产业是内蒙古经济发展的特色优势产业，在繁荣市场、扩大出口、吸纳就业和增加农牧民收入等方面发挥了重要作用。近年来，内蒙古认真贯彻落实习近平总书记对内蒙古重要讲话、重要指示精神，坚持生态优先、绿色发展导向，依托资源和区位优势，按照全产业链开发、全价值链提升的思路，构建羊绒原料基地、精深加工、品牌、销售产加销一体的优势特色产业链条，绒山羊产业不断提质增效。

1. 发展概况

（1）羊绒生产能力位居全国首位。2021 年，内蒙古绒山羊饲养量 1 558.59 万只，较去年减少 70.67 万只，下降 4.3%，占全国饲养量的 11.69%。2021 年羊绒总产量 6 109 吨，较上一年度减少 609 吨，下降 9.1%，占全国羊绒总产量的 40.5%。销售收入 500 万元以上的 87 家羊绒加工企业实现销售收入 130.3 亿元，出口创汇 2.1 亿美元。内蒙古羊绒制品占到全国市场的 60%以上，羊绒产业全产业链产值近 150 亿元（表 1、表 2、图 2）。

表 1 内蒙古绒山羊饲养量变化情况　　　　单位：万只

年份	饲养量
2018	1 631.97
2019	1 623.23
2020	1 629.26
2021	1 681.12

表 2　内蒙古羊绒产量变化情况　　　　　　　　　　　　　　　单位：吨

年份	产量
2018	6 607
2019	6 312
2020	6 718
2021	6 109

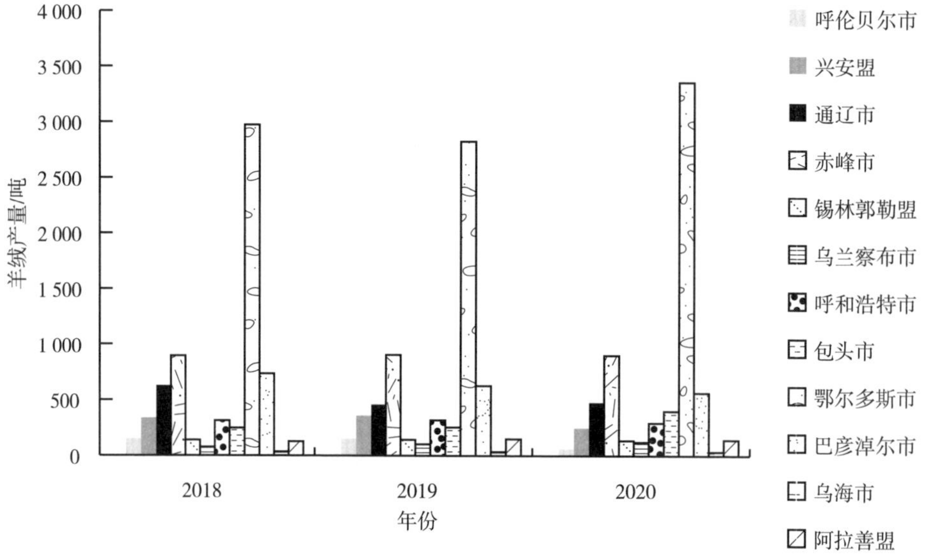

图 2　2018—2020 年内蒙古羊绒产量变化情况（内蒙古统计局数据）

（2）绒山羊遗传资源保护成效显著。内蒙古绒山羊（阿尔巴斯型、阿拉善型、二狼山型），已列入《国家畜禽遗传资源保护目录》，目前已建立 1 个国家级内蒙古绒山羊（阿拉善型）保护区，3 个国家级内蒙古绒山羊（阿尔巴斯型、二狼山型、阿拉善型）保种场。建设 65 个绒山羊种羊场，形成了育种、扩繁、推广、应用相配套的基本框架，每年可向区内外提供优质绒山羊种羊 8 万只以上。

（3）龙头企业带动能力不断增强。鄂尔多斯市、阿拉善盟和巴彦淖尔市等西部地区及赤峰市，集聚了 48% 的羊绒加工企业，绒山羊全产业链产值 183 亿元，占内蒙古近 90%。认定自治区级以上龙头企业 31 家，其中 4 家国家级龙头企业销售收入占到内蒙古 40.7%。以精深加工为主的鄂尔多斯现代化产业园区、以无毛绒生产及羊绒衫加工为主的巴彦淖尔经济技术开发区和赤峰红山经济开发区纺织产业园初具规模。

（4）羊绒品牌建设能力不断提升。拥有鄂尔多斯、维信、东达蒙古王、鹿王、东黎 5 个中国驰名商标，内蒙古著名商标 23 个。鄂尔多斯集团以 1 420 亿元品牌价值连续 15 年蝉联纺织服装行业榜首，位列品牌价值总榜第 50 名。

（5）企业科技创新迸发出新的活力。建立国家绒毛产业技术体系岗位科学家工作站，开展绒山羊育种、养殖技术研究和推广应用。多地成立羊绒研究院，开展针织、机织、纺纱、新产品研发、检测分析、新技术中试及产业化推广等系统性研发应用，聚焦产业创新，推动传统产业转型升级。

（6）多项政策举措助力产业转型升级。2013—2018 年累计投入补贴资金 2 亿元，实施种羊补贴政策，种公羊每只补贴 2 500 元、基础母羊每只补贴 100 元、人工授精站点补贴 5 万元、保种场补贴 30 万元。2009—2019 年，累计投入羊绒收储贴息资金 2.07 亿元，带动银行放贷 234 亿元，收购羊绒 6.2 万吨。出台《毛绒纤维质量监督管理办法》配套规章，推广毛绒纤维标准化生产，开展毛绒纤维质量公证检验制度，推进以质论价、优质优价，依法保护羊绒产业。2021 年创建了以鄂尔多斯、阿拉善、巴彦淖尔三个盟（市）10 个旗县为主要建设区域的内蒙古西部绒山羊优势特色产业集群项目（农业农村部已公示），可获得国家资金 5 000 万元支持。

2. 产区分布

内蒙古绒山羊（阿尔巴斯型、阿拉善型、二狼山型）主产区在内蒙古西部三个盟（市），一是以鄂尔多斯地区为代表的具有世界羊绒及羊绒制品领头羊地位的集群发展板块。二是以巴彦淖尔市为代表的羊绒分梳精加工板块，同时也是国内最大的无毛绒生产基地之一。三是以阿拉善盟为代表的高品质原绒生产输出板块。罕山白绒山羊主产区位于赤峰市，产业处于发展阶段，全产业链发展初具规模。乌珠穆沁白山羊主产区位于锡林郭勒盟东、西乌珠穆沁旗，目前以品种保护工作为主。

3. 产业优势概述

（1）资源优势。绒山羊是我国唯一具有完全自主供种能力的畜种，对于培植以发展地方畜禽品种为支撑的现代畜禽种业具有典型示范和引领作用。内蒙古绒山羊（阿尔巴斯型、阿拉善型、二狼山型）是我国乃至世界羊绒品质最好的优良绒山羊品种，其主产区位于内蒙古西部地区位于北纬 38°~47°，地处世界公认的畜牧业黄金带，拥有广袤的草场，生态环境优良，是优质绒山羊产业发展的主要依托。

（2）区位优势。内蒙古是中国乃至世界山羊绒原料的主产区及最大的山羊绒制品深加工和出口省（区），在"一带一路"沿线国家羊绒制品贸易中具有重要地位，是联通俄蒙，向北开放的重要窗口。

（3）品牌优势。内蒙古羊绒产业以品牌引领为抓手，由数量扩张向品质提升转变，5 个中国驰名商标，23 个内蒙古著名商标。

（4）产业优势。已由生产销售过轮绒、水洗绒等初级加工产品，发展到生产销售无毛绒，羊绒衫、羊绒围巾、羊绒面料等高附加值产品供应国内外市场，基本形成了羊绒规模最大，技术较为先进，产品档次较高，产能及销售规模较大的优势特色产业。

（5）技术优势。区域内聚集多所绒山羊产业研究院，推进创新体系建设，创新人才聚集区。各地成立了多家羊绒研究院，通过自主创新和产学研联合，开展针织、机织、纺纱、新产品研发、检测分析、新技术中试及产业化推广等系统性研发应用，聚焦产业创新，推动传统产业转型升级。

二、2021 年绒山羊产业发展基本情况

（一）养殖情况

2021 年内蒙古绒山羊存栏 1 558.59 万只。目前内蒙古绒山羊（阿尔巴斯型、阿拉善型、二狼山型）存栏 911.4 万只，占内蒙古绒山羊总饲养量的 58.48%，其中鄂尔多斯市 627.4 万只，巴彦淖尔市 214.0 万只，阿拉善盟 70.0 万只。罕山绒山羊目前存栏 220 万只左右，乌珠穆沁白山羊目前存栏 10 万只左右。

（二）养殖品种

内蒙古绒山羊资源丰富，主要有内蒙古绒山羊（阿尔巴斯型、阿拉善型、

二狼山型)、罕山白绒山羊、乌珠穆沁白山羊等。

(三) 主推技术及主要工作

种羊选育提高及优质羊绒 (肉) 生产技术。针对内蒙古目前存在的绒山羊整体质量有待提高、羊绒均质化程度低、以次充好、市场不健全和优质不优价等突出问题,通过去劣保优建立优质高产种羊育种核心群,优化人工授精技术,进行选种选配,达到地方品种提质增效的目的;通过优化抓绒技术、分级分选、进行质量检测和分级整理,推动羊绒优质优价;通过种羊营养调控技术、短期育肥技术达到优质羊绒 (肉) 生产目的,提升绒山羊整体质量水平和市场竞争力。

近年来,通过绒山羊提质增效重大技术协同推广试点项目,着力推广母羊—羔羊一体化营养调控技术、绒毛定向营养调控技术、绒山羊分部位抓绒、分级整理技术、优质种公羊选育推广技术及人工授精改良技术、绒山羊羔羊短期育肥技术取得了较好的成果。

(四) 主要成效

一是推广羔羊短期育肥技术。羔羊 3 个月断奶后就按月龄、公母分群育肥,减少了羔羊互相爬跨、打闹造成的采食不稳定,摄入量少的现象,可使羔羊增重和发育更好;同时使羔羊及早补饲,更早断奶,使母羊的发情提前,缩短胎间距,达到两年三产,繁殖率明显提高,达到"少养、精养"的目的。二是推广母羔一体化技术。通过对繁殖母羊配种前 30 天的短期优饲,母羊饲喂精补料后,尤其是在空怀期,能进一步促进卵巢、乳房的整体调理、发育,促进多排卵,达到高繁高产。明显地提高了发情率、受胎率,繁殖率,便于畜牧业先进技术的集成应用,如集中断奶,分群管理、配方饲喂、标准化饲养、人工授精等技术及措施的应用。通过项目实施,示范区项目户母羊因怀孕后期体重大,走路蹒跚、腿瘸、跪着吃草料等现象全部消失,整个妊娠、产羔、哺乳过程中,母羊奶水充足,母羊体况、体重基本不减,保持稳定平衡,羔羊出生重、母羊产后发情率等得到明显提高。三是在牧区推广"放牧加补饲+同情发情"技术。极大提高了绒山羊饲养管理水平,降低饲养管理成本,缩短放牧时间,进而减轻草场压力,助力休牧、禁牧项目的实施,促进草畜平衡,将生态效益与经济效益统筹结合，达到生态扶贫的目的。四是大幅度提升绒山羊生产性能。阿尔巴斯绒山羊成年羊的保畜率由原来的95%提高到98%，繁殖率由原来的110%提高到150%以上，羔羊成活率由原来的85%提高到95%；成年羊平均产绒量提高25克以上，体重平均提高5千克以上，不但增加了农牧民收入、延伸产业链条，增加养殖效益，起到了良好的社会效益和经济效益。五是现代生物工程与繁殖技术进一步推广应用。引种改良逐渐受到养殖户的重视，胚胎移植、幼畜超排、同期发情、人工授精、两年三产等技术应用增多，增加产羔率和提高养殖户养羊收益均有促进作用。

（五）形势变化分析

一是羊绒产量及价格将小幅下降。受羊绒制品需求疲软、流通渠道受阻、企业订单锐减及去库存压力问题影响，企业羊绒采购需求降低，同期活羊销售价格则呈显著上升趋势，导致农牧户更倾向于养殖绒肉兼用型杂交改良品种或直接转产肉羊，且受新冠肺炎疫情影响，羊绒主要消费国经济低迷，羊绒制品市场需求萎缩，绒山羊养殖规模将及羊绒价格存在下滑趋势。二是标准化规模养殖水平将进一步提升。近年来受国家和地方政策的推动，绒山羊标准化规模养殖不断发展。未来，绒山羊主产区在生产管理、销售流通、金融保险等环节提供的资金扶持力度和资金引导作用将进一步加强，撬动规模化经营主体增加生产性投入，其标准化规模化养殖水平也会随之提高。三是组织化程度将有所提高。地方政府已经普遍认识到农牧民专业合作社、养殖小区建设在带动农牧民增收和促进产业发展方面的积极作用，少数运行规范的合作社在促进产业发展方面起到了较好的示范带动作用。支持各地立足资源优势打造各具特色的农业全产业链，建立健全农民分享产业链增值收益机制，形成有竞争力的产业集群，推动农村一二三产业融合发展。重点培育家庭农场、农民合作社等新型农业经营主体，培育农业产业化联合体，通过订单农业、入股分红、托管服务等方式，将小农户融入农业产业链。这些政策将有助于不同类型养殖主体以合作社等形式建立产业联合组织，提升协作深度和广度。四是社会化服务水平将稳步提升。主产区政府逐渐开始重视基层畜牧技术服务和推广体系建设，不断创新绒毛产业基层技术服务组织运行模式。通过建立畜牧业专业人才实训基地、专题培训、学术交流等方式，重点提升基层畜牧技术人员的服务能力和水平。部分地区还致力于培育畜牧科技服务企业，在良种繁育、饲料营养、疫病监测诊断治疗、机械化生产、废弃物资源化利用等方面向养殖户提供服务。还有地区基层技术服务组织按照企业运行方式与养殖主体签订技术服务合同，按照企业运行方式与养殖主体签订技术服务合同，为其提供人工授精、兽药饲料经营等有偿性服务。以上举措均有助于增加基层畜牧技术服务覆盖面和服务量，因此社会化服务水平将继续提升。五是将更加注重品种保护与品种改良。从市场需求来看，细型、超细型原料需求依然快速增长，优质细羊绒仍然短缺，同时羊肉需求也在快速增长。因此，主产区良种繁育将继续兼顾品种保护和生产性能改良，即在保护已有优良品种核心种群的基础上，侧重细型、多胎型、体格大型、肉用型等优良品系的选育。将良种培育主体的技术和管理优势，与扩繁主体的规模优势有机结合，同时，农牧户关于良种选育选配的意识在逐渐增加。六是饲草料供应体系建设力度将持续增加。随着绒山羊养殖规模程度的提高，舍饲比例正在不断提高，饲草料成本的上涨及供应紧缺已经成为制约绒山羊产业健康发展的主要瓶颈之一。新一轮草原生态保护补助政策实施以来，绒毛生产区更加重视可利用草场资源的管护，如严格执行禁牧、休牧、划区轮牧和草畜平衡等草原生态保护措施，部分地区还依托粮改饲试点、草牧业发展试验试点、高产优质苜蓿示范建设项目、秸秆养畜等，积极开展优质饲草种植，扩大集中连片，配套节水灌溉设施建设，优化饲草种植结构，提高饲草供应能力。

三、产业发展中存在的主要问题

（一）保种育种形势严峻

绒山羊产业由于优质优价机制尚未建立，多数原绒混收混储混级混卖，农牧民养殖优质绒山羊的积极性不高，导致优质绒山羊种群数量减少，杂交改良群体大幅增加，不仅影响了羊绒品质，更重要的是优质特色基因会大量流失。建立健全良种繁育体系的种畜场数量少，优质种畜供不达需，制约了群体选育改良。在育种实践中，育种技术依然以传统手段为主，分子标记辅助育种、基因组选择等新技术、新方法的育种实践应用较少。

（二）"优质优价"机制尚未建立

生产环节管理相对落后，不利于分级销售和优质优价。另外，流通市场混乱无序，市场交易透明度不高，大部分地区交易方式较为传统，羊绒加工企业和农户大多依赖贩子完成交易行为。羊绒掺杂使假现象时有发生，导致流通市场层层压价，既不利于保护养殖户的收益，也不利于加工企业控制成本、稳定利润。

（三）国际市场竞争力不足

内蒙古的羊绒制品品牌较多，但有竞争力的国际化品牌很少，羊绒加工企业绝大多数还处于国际市场价值分配链最底层。羊绒制成品以 OEM（定牌生产）出口方式为主，这类出口产品占出口量的近 90%，加工企业所获取的只是微薄的加工费，出口价和返销进入国内的市场价相差在 5～10 倍，绝大部分利润让国外企业赚取。因此羊绒制品出口量虽然很大，但是出口单价却始终在低位徘徊。

（四）一二三产融合发展不足

产业链条不完整，产业链、供应链各环节不协调，生产、流通、加工、销售等各环节经营主体缺乏协同合作，没有形成互为支撑、互为补充、风险共担、利益共享的体制机制。龙头企业小而散，科技创新和品牌创新不足，带动作用不强，竞争力弱。合作社治理结构松散，没有发挥农户与企业的衔接协调作用。羊绒生产以家庭牧场为主，缺乏标准化，且抵御市场风险能力较弱。

（五）专业服务团队匮乏

基层畜牧专业技术人员存在学历层次偏低、年龄偏大、偏远地区薪酬待遇低等原因，难以引进和留住年纪轻、学历高的专业技术人才，造成其服务能力和水平尚不能满足养殖户的需要。

（六）金融支持不足

金融支持绒山羊产业突破瓶颈还没有破题。经营主体缺乏有效抵押物，贷款门槛高、程序多、额度小、周期短，贷款难、贷款贵的问题依然突出。

四、产业发展的对策建议

（一）推进绒山羊种业工程建设

一是建设完善绒山羊保种场、保护区、基因库，对内蒙古绒山羊、乌珠穆沁白山羊、罕山白绒山羊核心区划定区域进行保护区建设，进一步加大优质种公羊培育推广力度，保护区内禁止引进其他品种。集中开展遗传材料制作和保存工作，确保内蒙古优势特色物种遗传资源应保尽保。二是在核心产区以种羊场为基础，建立优质绒山羊核心群，推动良种繁育体系建设，加大人工授精站点建设，大力推广人工授精技术，有效提高优质种公羊的利用率和良种覆盖率，进一步提纯复壮优质种群。三是支持育种创新，利用传统育种技术与现代育种技术相结合的方式加快内蒙古绒山羊本品种选育提高进程，积极推进肉绒兼用绒山羊新品种培育，尝试建立内蒙古自治区辐射全国的绒山羊冷冻精液研究基地，优化人工授精技术，建立优质高产种羊育种核心群，去劣保优，进一步提升整体质量水平和市场竞争力。充分发挥内蒙古自治区绒山羊资源优势，进一步健全完善内蒙古绒山羊良种繁育体系、良种推广体系和良种质量检测体系，加快绒山羊遗传改良进程，提高绒山羊生产水平，增加养羊收益。

（二）完善标准化示范区建设

一是在内蒙古绒山羊（阿拉善型）国家保护区内建设超细型绒山羊标准化示范养殖区；持续完善国家内蒙古绒山羊（阿尔巴斯型、阿拉善型、二狼山型）保种场标准化建设，同时提升罕山白绒山羊和乌珠穆沁白山羊原种场标准化水平。二是在绒山羊核心优质产区，加强联合育种户品种选育和改造提升基础设施条件，配套完善饲草料加工及自动化设备，开展人工授精、优化抓绒技术和分级整理，推进标准化示范创建，实现专业化生产。三是在改良提高区，加快选育提高进程，扩大优质绒山羊选育范围，实现场户生产全程机械化、自动化、智能化、数据化，推动标准化示范基地建设。四是支持和鼓励羊绒精深加工企业与养殖牧户共建专属生态牧场，引导建立标准化养殖基地。

（三）强化加工体系建设

以羊绒全产业链为依托，打造高端无毛绒集散中心为突破口，建成羊绒（毛）加工产业集群。重点支持加工龙头企业适应国内外消费需求，引入先进技术，提高羊绒深加工水平，积极开拓国际市场，提升羊绒制品在国内外的竞争力，打造国际化产品品牌。以现有绒山羊产业园区为基础，建成富含文化品位、集高端羊绒制品、展示、展销、科研、交易和旅游观光为一体的国内知名产业园区。以提升山羊肉精深加工和副产品综合利用能力为方向，培育、引进精深加工领军企业，加强新产品研发，延伸产业链，推进精深加工基地建设，开展精深加工能力提升，突出山羊肉精细分割和食品加工。

（四）推动市场营销体系建设

羊绒方面，一是通过加强农业农村部种羊及羊毛羊绒质量监督检验测试中心（呼和浩特）建设，建立健全内蒙古其他种羊和羊绒质量监管纤维检验机构，在生产、交易环节全面推行质量分级公证检验制度，对优质羊绒进行分类补贴，推动优质优价机制建立。二是加强国际合作交流机制，提高内蒙古在国际羊绒分级标准制定和出口议价上的话语权。三是组织开展羊绒交易拍卖会，在羊绒主产区、加工交易集散地建设国际一流的羊毛羊绒纤维质量检测与交易一体化平台，发布市场信息和价格指数，带动养殖生产、羊绒分梳、捻线纺纱、羊绒制品、仓储物流、金融保险、人才精英等生产要素发展绒山羊全产业链。

羊肉方面，积极推广"互联网+"模式，培育电子商务市场主体，鼓励龙头企业、合作社完善销售网络，推进产销衔接、农超对接，实现肉产品线上线下一体化销售。完善羊肉产业联盟，吸纳交易市场、加工企业、贸易公司、物流公司和品牌策划公司等主体，创新"产加销、贸工农"的一二三产业融合发展模式。

（五）支持技术联合体系建设

依托国家绒毛用羊产业技术体系，联合区内外科研所、高等院校和龙头企业，组建专家团队，建立联合创新体系，开展内蒙古绒山羊品种选育、高端绒肉产品研发及标准制定，并在生态环境保护、特色资源利用、高新技术开发研究、科技成果转化等方面提供科技支撑。

（六）提升品牌影响力

加大品牌创建，以中国特色农产品优势区为重点。以绒山羊区域公用品牌为依托，用好绒山羊地理标志、重点做好区域公用品牌的顶层设计和推介宣传。通过政府、协会、关联企业等多种途径，继续扩大博览会规模，招商引资引进国内外知名企业，不断提高羊绒产业的国际国内知名度。鼓励和引导企业在提高产品品质的基础上，积极开展国际合作，提升国内国际营销管理水平，拓展海外营销渠道，设立海外直营公司，建设内蒙古羊绒旗舰店。以鄂尔多斯国际羊绒羊毛博览会为载体，做大做强企业品牌，打造中国绒纺产品出口基地。

（七）加强政策支持，健全长效机制

绒山羊产业发展面临着较大的自然风险和市场风险，而羊绒主产区主要分布在经济发展相对落后的地区，绒山羊养殖户承受风险的能力较低，所以应该加强政策支持，并健全政策落实的长效机制。从现有生态资源情况、产业发展现状及前景出发，在养殖环节注重选育和扩繁，可采取人工授精补贴、种公羊补贴、能繁母羊补贴等政策促进农牧户使用优良品种和采用先进的养殖方式；在生产环节，推广机械剪绒、分级整理、规范打包等现代化管理技术；在流通环节，在主产区建立区域性羊绒交易市场，基于公证检验制度为农牧户和毛纺加工企业建立沟通渠道；在外贸环节，推进羊绒制品的出口促进措施，建立羊绒预警信息机制等。

内蒙古自治区骆驼产业发展报告

一、骆驼产业发展基本情况

（一）国际及我国骆驼产业发展基本情况

1. 世界骆驼分布及数量情况

全球骆驼根据其分布的地理区域及气候条件，可分为两个明显的类型，双峰驼和单峰驼。双峰驼分布在亚洲北部寒冷沙漠地区，如中国、蒙古国、俄罗斯、哈萨克斯坦、吉尔吉斯斯坦等国家和地区，约占骆驼总数的10%；单峰驼分布在非洲阿拉伯炎热沙漠区域及印度北部干旱平原上，如沙特阿拉伯、苏丹、埃及、印度等国家和地区，约占骆驼总数90%。

全世界共有23个国家中有骆驼。联合国粮食及农业组织数据显示，近年来骆驼存栏连续增长，到2021年全球骆驼期末存栏量增长至3 926.6万峰（双峰驼约占393万峰），与2020年的3 866.1万峰（双峰驼约占387万峰）相比同比增长1.6%（图1）。

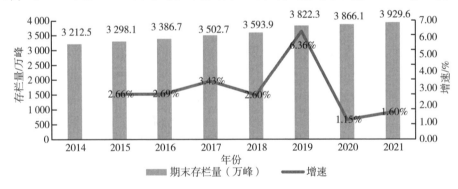

图1　2014—2021年全球骆驼期末存栏量及增速变化情况

（数据来源：联合国粮食及农业组织数据）

2. 我国骆驼分布、数量及其发展情况

我国是世界上双峰驼的主要分布区域之一，2021 年全国约有骆驼 46.2 万峰（图 2）。主要分布在新疆、内蒙古、甘肃、青海、宁夏和河北等地区。其中新疆骆驼约有 22.56 万峰，数量居全国首位，内蒙古骆驼约 18.69 万峰，数量位居第 2，新疆和内蒙古的骆驼存栏量占全国总存栏量的 90% 左右。第 3 位是甘肃，骆驼数量约 3.62 万峰，第 4 位是青海，骆驼数量约 1.15 万峰，宁夏和河北骆驼数量相等为 0.08 万峰，并列第 5（图 3）。

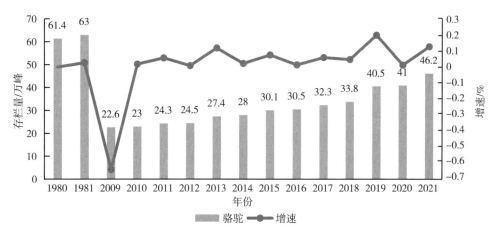

图 2　1980—2021 年全国骆驼存栏数量及增速变化

（数据来源：国家统计局数据）

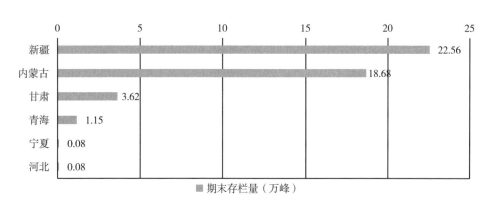

图 3　2021 年全国各省（区）骆驼期末存栏量

（数据来源：国家统计局数据）

从图2中看出，受客观环境及经营体制等多种因素的影响，从20世纪80年代初之后的20多年里，我国骆驼的养殖规模逐年缩小，从1981年的63万峰，以每年减少近2万峰的速度急剧下降，到2009年22.6万峰触底。近些年，随着我国驼奶产业及其附加值产业的兴起，骆驼数量呈稳步回升态势，到2021年达到46.2万峰。

（二）内蒙古骆驼产业发展现状

1. 主要品种及分布

内蒙古是我国骆驼的主产区之一，主要分布在西部的荒漠与半荒漠地区。由于长期受自然条件和人工选育的结果，主要形成了阿拉善双峰驼和苏尼特双峰驼两个地方品种。

（1）阿拉善双峰驼。主要分布在内蒙古阿拉善盟的阿拉善左旗、阿拉善右旗、额济纳旗，巴彦淖尔市的乌拉特后旗，鄂尔多斯市的杭锦旗、鄂托克旗、鄂托克前旗、达拉特旗等地。阿拉善双峰驼不仅在数量上占有强大的优势，在驼产业其他方面也独树一帜，引领着驼产业发展的步伐。

（2）苏尼特双峰驼。主要分布在锡林郭勒盟、乌兰察布市及呼伦贝尔市等地，呼和浩特市、包头市、通辽市与赤峰市也有少量分布。重点分布在苏尼特左旗和苏尼特右旗，并因此而得名。

2. 种群数量

近年来，随着全国驼奶产业的快速发展，内蒙古骆驼数量也在持续稳步增长，2021年达18.69万峰，数量位居全国第2，其中阿拉善双峰驼约16.29万峰，苏尼特双峰驼约2.4万峰。主要集中地阿拉善盟、巴彦淖尔市和锡林郭勒盟三个盟（市）骆驼存栏分别为12.40万峰、2.90万峰和1.18万峰，合计占内蒙古骆驼存栏总数的90%左右。阿拉善盟骆驼存栏占内蒙古的骆驼存栏总数的66%左右，是内蒙古最大的骆驼主产地。

近几年内蒙古骆驼数量及分布见图4。

3. 重点建设成效

目前内蒙古建设有阿拉善双峰驼保护区13.8万平方千米，国家级保种场1个、阿拉善双峰驼良种繁育基地1个、保护性养殖区4个，保种群30个；建设

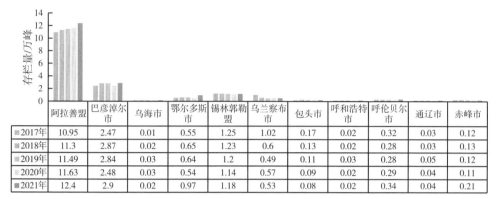

	阿拉善盟	巴彦淖尔市	乌海市	鄂尔多斯市	锡林郭勒盟	乌兰察布市	包头市	呼和浩特市	呼伦贝尔市	通辽市	赤峰市
2017年	10.95	2.47	0.01	0.55	1.25	1.02	0.17	0.02	0.32	0.03	0.12
2018年	11.3	2.87	0.02	0.65	1.23	0.6	0.13	0.02	0.28	0.03	0.13
2019年	11.49	2.84	0.03	0.64	1.2	0.49	0.11	0.02	0.28	0.05	0.12
2020年	11.63	2.48	0.03	0.54	1.14	0.57	0.09	0.02	0.29	0.04	0.11
2021年	12.4	2.9	0.02	0.97	1.18	0.53	0.08	0.02	0.34	0.04	0.21

■ 2017年 ■ 2018年 ■ 2019年 ■ 2020年 ■ 2021年

图 4 内蒙古自治区骆驼期末存栏量

（数据来源：国家统计局）

有苏尼特双峰驼保护区 1 处，繁育基地 3 处。据不完全统计，现有养驼基地 35 个、养驼专业合作社 75 家、养驼户 3 653 户（百峰以上养驼户 1 161 户）、骆驼标准化圈舍 416 个，驼奶中转站 9 个，已建成阿拉善右旗骆驼科技产业园 1 家（入驻驼产业企业 5 家）、骆驼科研机构 4 个，骆驼产业注册商标 33 个，已形成品牌效益的企业 13 个。

（三）内蒙古骆驼产业优势分析

1. 资源优势

骆驼是荒漠、半荒漠地区的生态畜种，内蒙古荒漠半荒漠草原面积达 9.14 亿亩、沙化土地面积达 6.12 亿亩，分别占全国荒漠化土地面积的 23.3% 和 23.7%。这些地区气候干燥、雨量稀少、风大沙多、植被稀疏，而且植物多为带刺的灌木和半灌木，这些资源优势成就了内蒙古骆驼产业，发展养驼业，可以在保护生态的前提下充分发挥这些得天独厚的自然资源优势。

2. 品种优势

内蒙古阿拉善双峰驼是内蒙古自治区人民政府于 1990 年命名的地方良种，2000 年被农业部列入第一批国家级畜禽遗传资源保护名录，2011 年农业部认证颁发了农产品地理标志登记证书，2012 年中国畜牧业协会命名阿拉善为"中国骆驼之乡"，2020 年阿拉善左旗被内蒙古自治区认定为阿拉善双峰驼内蒙古特色农产品优势区。分布于巴彦淖尔市乌拉特后旗的阿拉善双峰驼，于 2019 年被农业农村部认定为中国非物质农业文化遗产，并取得"戈壁红驼"农产品国家地理标志认证，"戈壁红驼"目前正在积极推进品种认证工作。

内蒙古苏尼特双峰驼早在 1979 年就被全国骆驼育种协会正式列为地方优良品种，并于 1985 年被列入国家畜禽品种资源名录。2020 年初，成功注册锡林郭勒盟"苏尼特双峰驼"地理标志证明商标。2021 年 1 月，修订版《苏尼特双峰驼》（DB15/T 2053—2020）地方标准通过审查并发布实施，该标准为规范本品种选育提供了科学依据。

3. 科技优势

在繁殖育种方面，通过多年的探索和实践，在内蒙古自治区及阿拉善盟畜牧科技工作者的共同努力下，阿拉善双峰驼冷冻精液技术取得突破，为骆驼快速繁育实施人工授精打下基础；胚胎移植技术取得阶段性的经验并初步应用到骆驼生产，这将加快提高骆驼品种核心群的数量及质量，也将会弥补骆驼种质资源单一、仅有活体保种形式、缺乏胚胎保种的技术短板。

在科研方面，2012 年 11 月，内蒙古农业大学等科研机构的研究者完成世界首例双峰驼全基因组序列图谱，成果在世界顶级科学杂志 *Nature* 子刊 *Nature Communications* 上作为封面文章在线发表，引起了世界各国科学家的关注。2014 年，由政府、企业和科研院校联合组建的内蒙古骆驼研究院在内蒙古阿拉善盟正式成立，并相继开展了基因组学、生物制药、沙漠生态治理等方面的科研攻关，已取得科研和产品成果 10 项，其中 2 项科研成果填补了国际空白；2015 年骆驼研究院开展了"骆驼基因资源应用及驼奶产业化关键技术研究与示范"课题研究；2017 年，内蒙古骆驼研究院以驼乳、驼油为原料，研发化妆品种类 6 个；2018 年，内蒙古骆驼研究院被内蒙古自治区科学技术厅批准为自治区级院士专家工作站，高产奶驼定向选育课题已启动实施。

在现代化养驼方面，目前内蒙古相关企业自主研发的牧区全自动智能提水机、GPS 定位跟踪器、新型驼圈、"满达"奶驼专用颗粒饲料等现代养驼设备及饲料已广泛推广应用。

4. 传统文化底蕴优势

骆驼素有"沙漠之舟"之称，历史上的驼道形成了"丝绸之路"文化的重要组成部分，骆驼文化是广大西部边疆少数民族地区政治、精神生活的重要组成部分，在骆驼传统养殖区，人们保留着悠久的驼文化传承，如传统习俗赛驼会、那达慕等，可为边疆旅游业发展赋予深厚的文化底蕴，将骆驼非物质文化与沙漠文化、旅游文化深度融合，开展以纯天然、绿色、保健功能为重点的骆驼特色宣传活动，以文化带动产业，进一步提升骆驼特色产品的知名度，推动驼产业的发展。

5. 市场需求旺盛优势

随着人们对骆驼及其毛、绒、乳、肉、掌、骨、脏器等认识的提高以及驼产品加工技术、驼制品消费观念等的改变，市场逐渐成熟，骆驼的经济价值越来越大，在保健、化妆品等方面体现出了强劲的特色经济势头。尤其是驼乳因其特殊的营养价值和医疗保健价值，被誉为"沙漠白金"。

6. 医学研究价值优势

研究发现，骆驼有加快进化的基因、特殊的代谢特性，这使其有望成为一种研究代谢综合征的新型模式生物，揭示这种疾病的内在原理和应对方案。

二、2021 年骆驼产业发展基本情况

1. 养殖情况

2021 年内蒙古骆驼存栏量达 18.69 万峰，与 2017 年的 16.91 万峰相比同比增长 10.5%。其中阿拉善双峰驼约 16.29 万峰，苏尼特双峰驼约 2.4 万峰；内蒙古能繁母驼达 9.3 万峰；内蒙古有骆驼养殖户 3 800 多户，养殖专业合作社 70 多家，骆驼标准化养殖基地 5 个（相关数据来自骆驼主产区调研）。

目前内蒙古骆驼饲养仍以放牧和放牧+补饲的方式为主，小部分挤奶驼采用舍饲养殖。骆驼繁殖继续采用种公驼本交的配种方式，2021 年可繁殖驼羔达 3.04 万头左右。

2. 骆驼肉、皮及其产量

骆驼是目前进行防疫注射疫苗和疫病治疗最少的人工饲养畜禽，几乎不饲

喂任何添加剂，可以说驼肉是最有机、最绿色的肉产品。驼肉富含蛋白质、维生素及矿物质，氨基酸种类齐全，低脂肪、低胆固醇，肉质细嫩，含有大量糖原，且驼峰和驼掌具有很高的医药和保健开发价值。目前市场上有风干类、酱烤类、酱香类等驼肉产品。从驼皮的组织特点来看，张幅大，表皮厚，纤维编织紧，经得起重处理，纤维编织情况与牛皮相同之处，纤维束均匀，这成为生产透气性良好的原料皮基础，驼皮多被制成驼皮碗、驼皮壶、驼皮桶等精美手工艺品，驼皮还可用来生产高档台灯灯罩、家具、女式提包、皮鞋等，具有不错的发展前景，值得开发。

2021 内蒙古驼肉产量达 4 172 吨，比 2017 年增长 37.6%；驼皮达 26 562 张，比 2017 年增长 28.6%。骆驼肉、骆驼皮产量增长明显。

3. 骆驼奶及其价格

骆驼奶营养成分并不亚于牛奶，不仅可以减少糖尿病患者对胰岛素的需求，还有利于儿童的成长健康，还有益于消化性溃疡病患及高血压患者的疾病治疗。目前已开发出驼奶、酸奶、奶粉、奶片、奶皮、奶酪、奶酒等系列驼奶制品。近年来，驼奶价格相对健康稳定，2020—2021 年，我国驼奶原奶收购价格基本稳定在 30 元/千克（图 5），且驼奶产量大幅度增长，2021 年内蒙古驼奶产量达 5 245 吨，比 2017 年增长 523.5%，与此同时，全国驼奶产量也是稳步上升（图 6）。然而在 2019 年的一段时间里，部分主产区的驼奶收购价格持续下降，从最高时的 72.0 元/千克一度降为 18.0 元/千克，降幅高达 75%，导致牧民养驼挤奶出现亏损。另外，叠加饲料价格上涨、收奶市场无序竞争以及疫情等多种不利因素，严重影响了内蒙古牧民养挤奶骆驼的积极性。

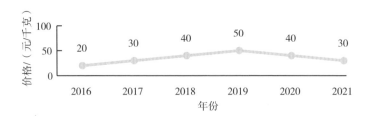

图 5　驼奶收购价格变化

（数据来源：中国畜牧业协会骆驼分会调研）

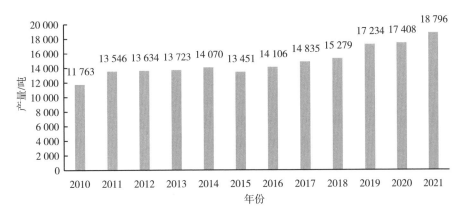

图 6 中国骆驼奶产量

（数据来源：联合国粮食及农业组织）

4. 驼绒价格及其进出口量

驼绒（毛）是世界上珍贵的特种动物纤维，可制作服饰和棉被等。驼绒制品因其良好的保暖性能深受处在严寒地区的人们喜爱。内蒙古已拥有"驼中王""沙漠王""宇联"等驼绒产品自治区著名品牌。2021 年内蒙古驼绒产量达 380 吨，比 2017 年增长 13.5%。2017—2021 年，内蒙古驼绒收购价格在 40~85 元/千克波动，其中，2021 年驼绒收购价格在 60~70 元/千克小幅波动。

我国是全球绒毛制品主要生产地，驼绒进口多出口少。2017—2019 年年进口未梳骆驼毛（绒）均超千吨，2020—2021 年，受疫等情影响，进口数量明显下降，2021 年共进口 472 923 千克，主要进口国为蒙古国（370 618 千克，单价 10 元/千克）、哈萨克斯坦（97 102 千克，单价 6.5 元/千克）和玻利维亚（5 203 千克，单价 34.13 元/千克）（图 7、图 8），从购入地区来分，河北进口 145 400 千克，内蒙古进口 225 218 千克，浙江进口 5 203 千克，新疆进口 97 102 千克。从 2017 年至今，只零星少量地出口到日本、阿尔及利亚和俄罗斯。2020 年出口阿尔及利亚（2 040 千克，价值 158 969 元，单价 77.93 元/千克）、俄罗斯（90 千克，价值 21 380 元，单价 237.56 元/千克）。2021 年没有出口。从图 9 看出进口价格明显低于国内收购价格，导致一定程度上影响国内驼绒毛生产。

图 7　进口驼毛（绒）数量变化

（数据来源：中国海关总署进出口数据统计）

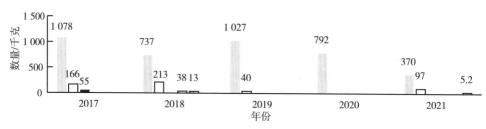

图 8　驼毛（绒）进口国家及数量变化

（数据来源：中国海关总署进出口数据统计）

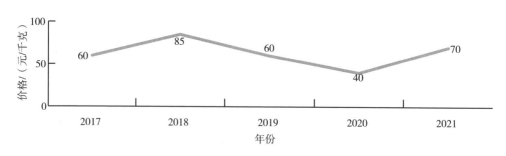

图 9　未梳骆驼毛（绒）国内收购价格

（数据来源：中国畜牧业协会骆驼分会调研）

5. 加工销售

2021 年内蒙古驼奶加工量 3 000 多吨，驼肉加工量 4 000 吨左右，驼乳加工销售量明显增长，驼肉、驼皮加工销售下降明显，驼绒加工销售总体平稳，略有增长。2021 年内蒙古销售收入 500 万元以上骆驼产业加工龙头企业 7 家，共计收入 3 亿元，骆驼产业全产业链产值达 5 亿多元。驼产品销售区域分布在：内蒙古、广州、北京、长沙、四川及华东地区。

三、推动骆驼产业发展的主要做法

1. 着力落实骆驼产业扶持政策

近年来，为推动骆驼产业健康发展，内蒙古骆驼产业主产区密集制定出台了指导意见和扶持政策。一是明确提出要做亮高端畜牧业，要求围绕打造绿色农畜产品基地，因地制宜、科学施策、促使现代农牧业"基地化、规模化、产业化、标准化、品牌化、市场化"发展。加强产业园区建设，扶持培育龙头企业、引导专业合作社和家庭农牧场达标升级，全面提升农牧业特色产业基地建设水平。注重技术攻关和科技支撑，择优确定专家团队，竞聘选择首席专家，协助攻克关键技术难关，促进重点科技成果尽快投产达效。加大激励保障力度，抓好示范引领、正向激励、监督检查等工作，促进特色优势农牧业加快发展。二是引导禁牧户将草原向养驼户有偿流转，合理限制骆驼养殖规模，从根本上解决禁牧区灌木植被老化退化的问题，解决禁牧区无人管理的问题。三是通过融资机制创新，帮助解决农牧业经营主体贷款利息高、无抵押物等实际困难。四是骆驼实行养殖保险。按照种公驼、挤奶母驼、骟驼区别投保，并给予保费补贴，保费补贴由地方财政补贴、农牧户或龙头企业共同承担。五是为了防止盲目扩大养驼规模，破坏草原生态，统一规定养殖骆驼数量。六是地方政府规范了鲜驼奶交售补贴办法，同时，设立了"驼产业发展专项基金、驼奶供销专项奖励资金"，用于畜种保护、技术研发、基础设施建设和奶源供应等工作，为产业发展提供良好的资金支持。

2. 着力夯实产业发展基础

一是积极创新骆驼科研体制机制。骆驼产业是朝阳产业和高端畜牧业，开发高附加值产品必须具有自主核心技术。为加强骆驼科研体系建设，推动"产学研"一体化发展，相继开展了基因组学、生物制药、沙漠生态治理等方面的科研攻关。二是科学建立双峰驼品种资源保护基地。完善以保种场为中心、核心群为骨干、保种群为基础的三级扩繁体系。三是确立了主推"放牧+补饲"原生态饲养模式和"龙头企业+专业养殖合作社+散户奶驼轮换托养"现代经营模式，坚持宣传引导和扶持建设，解决牧区劳动力不足，奶源质量监管困难的问题。四是推广应用现代养驼机械设备，全自动智能提水机、GPS定位跟踪器、新型驼圈等现代养驼机械设备已推广应用于规模养殖场和牧户中。五是着力打造骆驼产业科技园区，建设驼乳制品、驼乳保健品、驼乳系列化妆品和骆驼生物制药等产业科技园。

3. 着力构建驼产品质量安全网

一是推进骆驼产业标准化建设，制定发布了饲养管理、繁殖保种、挤奶驯化、养殖场建设、防疫技术规范、原料及产品质量追溯等一系列地方质量标准。二是动物卫生监督部门加强对生鲜驼乳收购站和运输车辆监管。按照《内蒙古自治区生鲜乳收购管理办法》，对挤奶骆驼健康状况、饲料兽药来源及使用情况、环境消毒状况以及动物卫生防疫等各个环节进行监管，从源头抓奶源安全。三是加大骆驼相关产品质量安全监测。定期开展人兽共患病流行病学调查，加大免疫监管，对强制免疫工作情况进行抽检公示。组织对饲料生产、经营和养殖环节是否添加违规违禁药品等进行监测和专项整治，确保骆驼相关产品质量安全。四是建立农畜产品质量安全溯源体系，逐步实现农畜产品生产、加工运输、公路道口和门店销售全程视频化监控。

4. 着力推动骆驼产业融合发展

一是骆驼文化是草原文化的重要组成部分，为了传承骆驼文化，阿拉善盟已建成了中国首家骆驼文化博物馆，以博物馆为载体，充分挖掘骆驼文化的内涵十分深厚。二是大力推进沙生植物产业化，逆向拉动生态保护建设，实现驼产业与沙产业联动发展，相互促进。三是将骆驼非物质文化与旅游资源深度融合，举办骆驼文化节、骆驼大会、沙漠文化旅游节等重大活动，着力打造骆驼文化体验、科考探险、采风摄影等精品旅游项目，借此提升骆驼产业知名度。

四、骆驼产业发展中存在的问题

目前，内蒙古各地骆驼养殖、加工水平参差不齐，生产效率仍不理想，产品有市无价，这些存在的诸多问题不利于产业健康发展。加之近年来，骆驼产业受到养殖成本高、饲养周期长、饲料价格上涨和驼肉驼绒价格下跌等因素的影响，整体经济效益不显著，产业发展相对缓慢。

（一）产业链不健全、产品附加值低

龙头企业开拓市场及带动能力不强，"科研+企业+基地+牧民"的产业模式作用发挥不够强劲。骆驼产品深加工能力发展不足，高附加值的精深加工产品较少，导致产业链条短，影响整个产业长远发展。在骆驼的毛、肉、皮、奶四大产品中，除驼绒、驼奶部分经过加工出售外，其他产品基本上以原料形式出售，抵御市场风险能力弱，且驼肉、驼绒等产品与同类畜产品相比缺少竞争力，市场开拓困难。整体上，尚未有上规模的驼产品加工企业，产品品种单一，市场认知度低，未产生品牌效益。

（二）驼奶市场混乱，缺乏相关标准

骆驼产业缺乏消费者认可和信赖的大品牌，市场也处于较为混乱的局面，没有统一的产品标准和质量标准，市场上假冒伪劣产品肆意横行。目前，驼奶功效炒得非常热，市场上随之出现了很多配方驼乳粉，因驼乳收购和配方奶粉没有国家标准，五花八门的驼乳配方奶粉充斥市场，虚假宣传，低价竞争，无序竞争的后果对做有机纯驼奶产品的企业发展压力巨大，并引发掺假造假等坑害消费者的问题，会砸了企业的牌子，从长远看会影响骆驼产业健康发展，最终还得骆驼养殖户来买单。同时，国家驼乳收购标准未制定，目前仅以生产企业自行制定的标准作为收购依据，企业自主收购的随意性强，形不成竞争机制，牧户交奶难、驼奶价格忽高忽低，对驼奶产业健康发展有很大制约作用。

（三）技术支撑不足，生产管理落后

骆驼产业科技力量单一，专业人才极度缺乏，经费短缺，没有有效的科技支撑体系。产区从饲养管理、繁殖育种，到产品研发技术和生产调控，均未达到像其他主要养殖产业精准、标准化式的要求，仍采用传统放牧为主的饲养模式和自然本交配种的繁殖方式，生产组织方式"小、散、低"，缺少统一的标准化科学饲养配方等，"放牧+补饲"的生态养殖管理方式尚未得到全面推行。骆驼养殖的基础建设仍然非常薄弱，骆驼生产水平相对落后。

（四）禁牧与骆驼迁徙放牧矛盾依然存在

在新一轮草原奖补机制实施中明确骆驼不属于禁牧畜种，使得养驼户和养羊户之间的草场矛盾、放牧户和无畜户之间利益不均衡的矛盾日益突出。虽然骆驼属于生态型畜种，但跨越草场采食的特性时常引发草场矛盾。而无畜户对放牧户在自己的禁牧草场受益感到很不公平。且围栏限制了骆驼迁徙，阻碍了其觅食不同草场类型各种牧草的生物学特性，对骆驼生存造成了严重制约。第三轮草原奖补机制已开始实施，如何平衡禁牧与养驼户之间的矛盾、在禁牧区合理确定骆驼数量的问题值得探索。

（五）缺乏关于骆驼产业的系统扶持政策

虽然已建立国家级双峰驼保种场及双峰驼保护区，并且国家每年都安排一些资金支持。但是，国家、地方都没有出台统一的产业规划和具体的扶持办法。并且对驼产业发展基础性建设、基础性研究以及驼产品的开发研制方面投资甚少。保护区包括禁牧区和草畜平衡区，管理机制难以操作。对骆驼良种补贴政策还未落实。

五、骆驼产业发展预测及下一步工作建议

（一）思路与目标

1. 指导思想

深入贯彻落实党的二十大精神，以习近平新时代中国特色社会主义思想和习近平生态文明思想为指导，紧紧围绕实施乡村振兴战略、建设美丽中国和健康中国行动，按照国家和内蒙古自治区"十四五"发展规划，统筹规划骆驼产业。产业发展要体现创新、协调、绿色、开放、共享的新发展理念，走向质量效益转变的路子，实现骆驼养殖和现代化生态畜牧业发展有机衔接。

2. 发展定位

发展以"优质、高效、安全、生态"为特征的规模化养驼方式，以科技为

先导，实现骆驼产业和相关二三产业融合发展，稳定增加牧民收入，着力打造信用度高的知名品牌，使骆驼产品走向市场，从而实现骆驼产业的可持续稳定发展的目标。

3. 发展目标

按照国家和内蒙古自治区"十四五"发展规划，积极推动国家、内蒙古自治区出台各项扶持骆驼产业发展的政策，促进相关部门对骆驼产业发展立项开展研究，全面推动骆驼特色经济和文化发展。一是搭建科技平台，建立以科研院所、科技部门为中心，以骆驼各产业基地为载体，以科技人员为核心，以牧民群众等为基础的科技研发、推广体系，创新、集成、应用科学技术，提高骆驼产业科技含量；加大对广大养驼户的科技培训力度，提高养驼人员整体素质，实现"骆驼打工、牧民赚钱、经济发展，社会稳定"的总体目标。二是建立繁育基地和保护区，稳定骆驼产业基础，示范带动更多骆驼养殖区的稳步发展。三是加快骆驼扩群增量，保持内蒙古骆驼存栏稳定增长，到2025年骆驼存栏达到19万峰。四是提升管理水平，继续推广"放牧+补饲"生态养殖和合作社"挤奶母驼托养"规模化经营管理方式。五是建立骆驼产业园区，以科技为支撑，以龙头加工企业为主体，以合作社、行业协会和养殖户为基础，以形成特色产业为目的，优化产业布局，创新产业运行机制，打造产品和品牌效应，提高生产效率和经济效益。六是培植产业市场，要积极培育骆驼产品市场，突出重点，以病人、老人和孩子为主要消费群体，重点开发婴幼儿专用乳、营养保健饮品等特色产品，发挥驼乳特有的功效，提高产品附加值。

（二）下一步工作建议

1. 积极推动政府层面出台扶持骆驼产业政策

骆驼产业进一步发展，迫切需要各级党委、政府的高度重视和政策倾斜。要制定适合各地骆驼产业发展的扶持办法，要明确扶持对象、范围、内容、资金及相关要求等，引导骆驼产区科学规划，真抓实干。积极争取和落实内蒙古自治区发展和改革委员会、农牧厅、财政厅、科学技术厅给予骆驼产业发展立项，扶持其快速发展。积极争取将阿拉善双峰驼、苏尼特双峰驼列入国家畜牧业良种补贴范围。

2. 整合各方优势资源、联合攻关

积极争取国家、内蒙古自治区及各级地方科技部门和科研机构的支持，搭建合作平台，建立创新团队，联合骆驼产业龙头企业和繁育基地、核心养驼户在实践中探索，共同攻关。要不断加大骆驼产业科技研发力量，在骆驼育种、繁殖、饲养、驼产品功效挖掘和商品开发等方面发力，尽快制定驼乳收购、驼奶粉国家标准和驼产品相关检测标准等，全面提升骆驼产业科研综合能力，提高科技含量。

3. 发挥好国家级双峰驼保护区作用

要保护生态与保护骆驼有机结合，统筹建设，统筹管理。完善种驼场基础设施，创新管理机制，高标准打造种驼场，培育高产优良种驼，切实发挥种驼场在促进骆驼产业发展中的示范引领作用。在已定的双峰驼保护区内，突出养驼的主导产业地位，积极引导扶持保护区内牧民走专业化、规模化经营路子。为了促进骆驼良种化发展，要尽快出台双峰驼优良品种等级标准。严格落实动物疫病防控措施，跨旗区之间调运骆驼执行申报检疫制度，疫控部门对驼群开展布鲁氏菌病及结核病抽检扑杀工作。

4. 推动骆驼扩群增量、提质增效

内蒙古骆驼发展要继续适度发展数量，调整优化驼群结构，提高能繁母驼比例到50%～60%，减少骟驼和大龄驼的数量，增加驼群的有效周转。要加强对育种群和重点繁殖群的投入和管理，针对核心种驼群开展生产性能测定，继续开展人工授精技术和胚胎移植技术的研究及推广，试行选种选配，培育优良种畜，改良低产骆驼群体，选育提高整体质量水平。

5. 加强饲养管理，提升养殖效益

在骆驼饲养管理上，要充分发挥骆驼在游牧中采食、"修剪"天然牧草，吸收多种营养元素，保持原生态营养价值这一特征，奶驼规模化生态养殖应坚持"放牧+补饲"方式，既满足骆驼的生物学特性，同时又可达到规模化生产对挤奶的要求，提高经济效益。继续坚持允许公益林区、禁牧区适度放牧并为骆驼采食和饮水开辟围栏出口，敏感的禁牧区（如沿山草场和胡杨林）可以开展季节性放牧试验。允许各地因地制宜，在一定的范围内探索制定骆驼放牧草场的协调办法，化解养驼户之间的矛盾；在经营管理上，坚持推行合作社"挤奶母驼托养"方式，依托合作社和养驼大户季节性集中挤奶托养，逐步实现规模化、机械化养殖，打造新型的现代驼产业。

6. 加强技术培训，提高牧民整体素质

骆驼产区的牧民是骆驼产业的基础，也可以说是骆驼产业的第一生产力。随着社会的快速发展，更新养驼牧户的观念，提升科技素质，提高养驼技能迫在眉睫。因此，因地制宜，强化培训势在必行。保持重点养驼地区每年举办2~3次的培训，并通过实地观摩、现场培训、网络学习、媒体宣传等不同方式全面覆盖养驼地区养驼户的培训、学习，培训内容包括思想认识、观念更新、技术学习、敬业精神、职业道德等方面，全面覆盖骆驼产区牧民，提升整体人员素质。

7. 注重龙头引领，推动品牌化发展

要加快构建现代骆驼产业体系，培育壮大一批骆驼产业龙头企业，推进农牧业绿色化、优质化、特色化、品牌化，实现骆驼产业从单打独斗到抱团发展，从一枝独秀到跨界融合。骆驼产区，要进一步统筹整合涉农涉牧资金，重点加大对带动能力强的骆驼产业化龙头企业、专业合作社等新型经营主体的扶持和培育力度。要积极探索牧民入社成为龙头企业股东等新机制，更好地发挥其支农带农作用，优先推进骆驼产品精深加工，加快推进骆驼产业园区建设，筑巢引凤，延长产业链，开发更多附加值高的骆驼产品。要对骆驼产业龙头企业在扩大生产规模、技术升级改造、基地建设等方面提供税收、信贷、用地、用能优惠政策，营造建链、强链、补链的产业化工作推进机制，激发企业发展的积极性，打造知名品牌，推进现代驼产业稳步发展。

8. 深化国际交流，拓宽发展渠道

以"一带一路"沿线国家为重点，组织国内驼产业企业加强对外交流与合作，打造成熟的产业模式、文化品牌和经典赛事。深化与国际驼产业的合作交流，健全合作机制，提升产业发展水平。

内蒙古自治区马产业发展报告

一、马产业发展基本概况

（一）基本情况

内蒙古是我国乃至世界原始地方马品种资源最丰富的区域之一，是公认的世界现代马品种的发源地。尤其是蒙古马在耐力、抗病、抗旱等方面的性能享誉海内外。2021年全国马年末数量前10省（区）如表1所示。马作为内蒙古主要畜种和重要畜力曾经有过辉煌，1949年马存栏仅有45.3万匹，1975年达到最

表1　2021年全国马年末数量前10省区（万匹）

地区	2020年（万匹）
新疆维吾尔自治区	105.71
内蒙古自治区	73.99
四川省	70.60
西藏自治区	27.16
云南省	14.14
贵州省	14.06
青海省	12.56
甘肃省	11.58
广西壮族自治区	11.10
黑龙江省	7.86

高峰，即239.0万匹（图1）。改革开放后，随着科技进步和农牧业机械化步伐的加快，交通和生产使用畜力大量减少，马的使用价值降低，存栏大幅度下降。由1975年的峰值降到2000年的130.5万匹，25年减少了近一半；到2009年降至70.9万匹，10年内存栏又下降近一半，存栏减少趋势进一步加快。近年来，随着内蒙古自治区经济实力的增强和草原文化大区建设，马作为草原文化的

"魂"，得到内蒙古自治区党委、政府的高度重视，得到社会的广泛关注，2010年以来马存栏稳定在70万匹左右，逐年下降的势头有所缓解，为马业振兴带来新的希望和新的机遇。

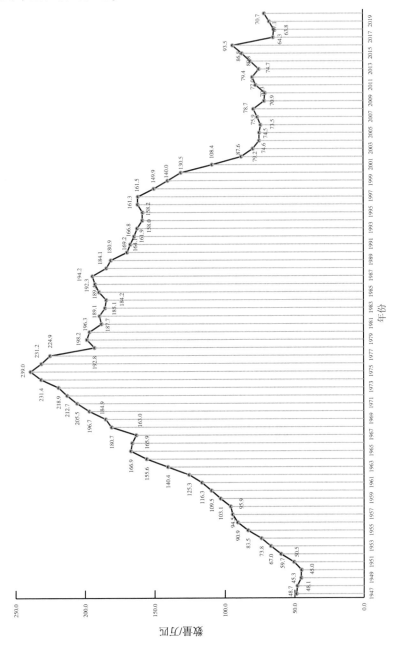

图1　1947—2020年内蒙古自治区马匹数量

（数据来源：《内蒙古统计年鉴》）

（二）产区分布

2019—2021年内蒙古自治区各盟（市）马匹存栏量如表2所示。

表2　各盟（市）马匹存栏量　　　　　　　　　　单位：万匹

盟（市）	2019年	2020年	2021年
呼伦贝尔市	20.14	21.05	22.49
锡林郭勒盟	15.85	16.56	16.24
赤峰市	10.32	10.06	9.16
兴安盟	6.37	6.29	6.72
巴彦淖尔市	2.57	3.61	4.95
通辽市	5.08	5.53	4.85
包头市	2.89	3.12	4.23
乌兰察布市	2.12	2.41	3.17
鄂尔多斯市	0.97	1.10	1.24
阿拉善盟	0.48	0.53	0.46
呼和浩特市	0.25	0.34	0.36
乌海市	0.09	0.09	0.08

（三）马品种资源

内蒙古是我国乃至世界马匹资源最丰富的地区之一，也是世界公认的现代马品种的发源地之一。现存主要地方品种有蒙古马、阿巴嘎黑马、鄂伦春马、锡尼河马。主要培育品种包括三河马、锡林郭勒马、科尔沁马。从国外引进的品种有纯血马、美国标准马、温血马、巴什基尔马等品种。其中蒙古马的种质资源最为丰富，其典型类群有乌珠穆沁马、乌审马、巴尔虎马、百岔马。

（四）生产类型

内蒙古马产业现集中在产品马业、休闲旅游及竞技赛事等方面，其中产品马业为主要产业。现已逐渐形成规模效益，为养马牧户提供了可观的经济回报，且通过举行各类赛事和表演，可以吸引众多外地游客，在推动当地的旅游经济发展的同时对马文化进行宣传。其主要生产类型包括商业用马、传统马产品、马生物制品以及役用。内蒙古现有莱德马业、中蕴马业及蒙骏马业等代表性马企业，其中莱德马业与蒙骏马业主要聚焦马赛事运营，而中蕴马业则定位于马产品研发。

（五）内蒙古马产业优势分析

1. 自然资源优越

内蒙古位于我国中温带地区，气候以温带大陆性季风气候为主，处在最适合牧草生长和马匹生存繁衍的地理区位，是世界上马匹资源最丰富的地区之一。靠近黄河、西拉木伦河、呼伦湖、贝尔湖等水源补给地形成的希拉穆仁草原、锡林郭勒草原、科尔沁草原、呼伦贝尔草原等闻名于世，内蒙古可利用草场面积 6 800 万公顷，占全国的 31%，居于首位。同时拥有品质优良的蒙古马种群，作为世界上最古老的十大名马品种之一，蒙古马在我国地方马匹品种中分布区域最广、种群数量最多，具有较大的市场规模。

2. 文化底蕴深厚

在中华五千年的历史文明中，我国北方游牧民族在马背上形成的独特游牧文化源远流长，随之形成的吃苦耐劳、一往无前、不达目的决不罢休的"蒙古马精神"，经过历史的沉淀与实践的熔铸，早已融入当地人民的血脉之中，成为内蒙古各族人民守望相助、艰苦奋斗、开拓进取的强大精神动力。其中马文化的丰厚积淀是内蒙古现代马业发展的文化基石。在内蒙古下属的 33 个牧业旗市和 21 个半农半牧旗市中，通过长期的生产劳作和日常互动，马与当地人民的生活产生了密切的相互关联，这为内蒙古马产业的发展奠定了坚实的群众基础。在内蒙古的民族文化中，马文化至今保留得较为完整，在人们的生产、生活甚至军事方面都有广泛影响，并且与竞技马术、休闲骑乘等有关现代马产业的文体活动相切，在保有其独特性的同时，与现代文化获得了同步发展。并以获得外部认同的草原地域特征与和谐、文明的社会环境形成了与其他地区相比更易识别的文化优势，以此为基础支撑，内蒙古的马文化传播能够实现国际化的发展道路。

3. 地缘优势明显

内蒙古位处我国北部边疆，跨越"三北"，靠近京津，毗邻 8 个省（区），铁路、公路、航空运输内联外通。下属的通辽、赤峰、锡林郭勒、乌兰察布等对现代马产业发展较为重视的盟（市）都与北京相距不远，其中锡林郭勒盟更是2010年4月就已被授予"中国马都"的称号。内蒙古优越的地理区位条件以及便捷的交通网络设施，都为其马产业的发展提供了便利条件，并使其具有吸引"三北"地区乃至全国爱马人士成为客户的市场潜力，为内蒙古马产业相关企业和农牧民充分开发区内市场，并以较低的成本开拓区外市场提供了可能。

4. 政策机遇良好

为保护好蒙古马这一宝贵的物种资源，切实守护好"蒙古马精神"的物种载体，2017年内蒙古自治区政府出台《关于促进现代马产业发展的若干意见》，在蒙古马保种、马育种、马产业开发等方面形成了政策意见，2018年起每年拿出5 000万元，专项用于支持马产业发展。

二、2021年马产业发展基本情况

内蒙古的马产业呈良好发展势头，逐步由传统向现代加快转型升级，产业功能不断拓展，初步形成养马育马、体育运动、文化旅游融合发展的新格局。

（一）发展情况

1. 生产方向逐步转型

地方马品种的优良特性得到进一步挖掘，蒙古马等特色优质马品种加快选育提高。三河马、锡林郭勒马等培育品种群体规模扩大，马匹逐步由传统役用转向非役用。纯血马、温血马等国外优良品种马匹大量引入，形成了稳定的赛事用马种群，促进了马术、速度赛马等赛事规模和水平的提升。马匹用途和功能更加多样化，马术及休闲骑乘等用马数量不断增长。

2. 马文化旅游日益繁荣

马主题的艺术文创、观光旅游、休闲骑乘逐步兴起，马文化旅游产品内容不断丰富，马术运动和休闲骑乘与马文化结合更加紧密，马主题特色小镇及各类以马为主题的产业园区建设启动，促进了马文化挖掘，丰富了旅游产品种类。那达慕大会、《千古马颂》等大型活动，集体育竞技和文体表演于一体，搭建起具有浓郁民族风情的马文化旅游平台。各类以马为主的大型演艺活动等新业态、新形式不断涌现。

3. 速度赛马及关联产业蓬勃发展

内蒙古速度赛马竞技水平不断提升，赛事数目实现历史性突破。目前已正式开展速度赛马、耐力赛、马术场地障碍赛、速步马邀请赛等运动项目，每年区域性各类赛事数量达数千场。赛事运动社会普及程度日益扩大，关注度大幅增加，已成为具有消费引领特征的时尚休闲运动项目。赛事运动带动相关产业发展的牵引性和关联性不断增强，产业体系初步建立。

4. 科技支撑不断增强

马产业科技创新力度进一步加大，科技推广进程逐步加快，马匹繁育、调教训练、疫病防控等技术加快更新。现代马产业发展重点项目的实施，大力推进了内蒙古马产业科学技术水平。酸马奶制品、马生物制品研发取得重要突破，孕马尿提取结合雌激素、马冷冻精液、马胚胎移植等技术接近国际领先水平。

（二）主要工作

1. 持续开展蒙古马遗传资源保护工作

蒙古马、阿巴嘎黑马、鄂伦春马、锡尼河马和培育品种三河马、科尔沁马和锡林郭勒马7个品种全部列入《中国畜禽遗传资源志》，蒙古马和鄂伦春马2个品种纳入国家级遗传资源保护名录。在蒙古马集中分布区，建立完善保种场、保护区并建立核心群，开展提纯复壮工作，已建蒙古马保种场6个，带动周边养马户进行了联合保种，初步建立以保种场为主、保护区为辅的蒙古马遗传资源保种体系。对15 000匹蒙古马植入电子芯片实施品种登记，并实施了蒙古马保护政策。在内蒙古自治区农牧业技术推广中心建立了"内蒙古马遗传资源中心"，目前保存蒙古马不同类群冷冻精液6 000支、三河马冷冻精液3 000支、11个马属动物不同品种/类群血液样品770匹。内蒙古农业大学建立了全国唯一的"马属动物遗传育种与繁殖科学观测实验站""内蒙古蒙古马遗传资源保护及马产业工程实验室"，保存了大量珍贵的马育种遗传材料。

2. 启动了进口马纯种繁育场建设和马新品系培育

2018年以来，内蒙古制定了马遗传改良计划，实行首席科学家负责制和考核评估制，利用马品种资源丰富的优势和蒙古马善于长距离持续奔跑的优势，每年安排专项资金 1 500 万元，支持呼伦贝尔市、通辽市、锡林郭勒盟启动专门化马品种（系）培育。

3. 推动优良纯种繁育

在有条件的纯血马场，建立完善良种繁育场，健全选育方案，扩大育种核心群规模，增加优质品种供种能力。鼓励支持养马大户、专业合作社、马产业龙头企业等通过引进国外优良专用品种开展纯种繁育和改良，推动高端马本土化培育。目前内蒙古进口马纯种繁育场发展到 11 家，存栏 1 628 匹。

三、马产业发展存在问题

（一）产业链各环节连接不紧密

马匹生产与马术比赛、体育健身、民族文化、休闲旅游等融合不够，跨界结合薄弱，综合效益较低，产业体系尚不完善。区内品种数量多但选育方向不明确，不能有效对接市场需求。马文化旅游消费市场发育不充分，多限于景区骑马观光、休闲骑乘等初级阶段。

（二）产业发展基础支撑薄弱

内蒙古马匹品种登记制度不健全，与赛事登记衔接不紧密，马匹调教水平不高，地方马匹品种资源开发利用不足，马匹遗传改良缺乏统一规划，专门化品系选育滞后，资源优势未得到充分发挥。受土地规划、财税政策、专业技术、生物安全、马匹兽药疫苗进口政策等因素影响，内蒙古马产业普遍存在用地难、交易成本高、运营成本大、投资门槛高等问题，产业发展缺乏政策和要素支撑。

（三）市场有效供给不足

与马术运动产业市场主体增长速度不相适应的是国产运动用马供给不足、专业服务机构和专业人才严重短缺。同时，马术竞赛表演、教育培训、健身休闲等细分市场有待进一步发育成熟，现有马术运动产品和服务难以满足消费者多样化、多层次的赛事观赏和健身休闲需求。

四、马产业发展预测及下一步工作建议

（一）发展预测

今后一个时期，以马匹利用方向转变为主要标志，内蒙古马产业将由传统向现代转型，赛马运动和马文化旅游等新兴市场需求呈加速扩大趋势。首先，随着马主题特色小镇和骑马旅游精品路线等的建立，以马为主题的体育、文化、旅游深度融合，大众骑马健身休闲娱乐将更加多元化，促进马文化旅游产业持续增长，马文化旅游产品吸引力将不断增强。其次，以马文化、民族文化为核心的马文化产业园区和马文化产品将不断涌现，成为旅游、文化、体育产业融合发展驱动创新的新业态。最后，马乳等马产品，马脂、马血清、结合雌激素等马生物制品，市场需求量大，消费量将保持稳定增长。

（二）下一步工作建议

从马产业发展的过程看，长期得不到有效的财政支持，是产业发展滞后的一个原因。但另一方面，仅仅依靠政府的一些优惠政策，也难以把马产业真正发展起来。发展马产业，必须根据产业自身的特点，遵循自然规律和市场规律，建立良性机制，形成良性循环。应重点把握以下4点。

一是蒙古马保护是一个长期的系统工程，离不开财政的持续投入，只有通过适当形式的政策性补贴，才能充分调动起养殖者参与蒙古马保护的积极性。

二是马匹的生物特性决定了马与猪牛羊等畜种以提供食物来源为主的功能不同，发展马产业应与文化和体育事业紧密结合，赛马等体育竞技项目的发展能够为马产业提供广阔的市场空间。

三是马的种质保护与开发必须统筹兼顾，单一的保种政策无法促进现代马产业发展，一味地杂交改良将会对现有的优良品种资源造成不可挽回的破坏。

四是生产习惯沿袭决定了当前蒙古马保种应以农牧户和合作社为主，新品种培育和产业化发展则需要通过企业带动，走好集约化、规模化发展的路子。

（三）马产业发展的总体思路

1. 发展定位

内蒙古马产业应围绕种质资源保护与开发相互统一，相互促进，协调发展。重点建设和完善马品种保护和良种繁育体系，推进马品种培育和纯种繁育体系，打造全国核心的种马生产和输出基地。

2. 指导思想

深入贯彻落实习近平总书记关于"三农"工作重要论述和对内蒙古重要讲话重要指示批示精神，紧紧围绕实施乡村振兴战略和建设健康中国行动，坚持创新、协调、绿色、开放、共享的新发展理念，以育马为基础，以赛事活动为引领，以文化旅游为依托，以创新发展为动力，加大政策支持，强化人才支撑，提升马产业专业化、规范化、标准化水平，满足人民日益增长的美好生活需要。

3. 发展目标

到2025年，基本形成法规健全、体制顺畅、门类齐全、结构优化、布局合理、发展有序、生态良好的现代马产业体系。到规划期末，内蒙古马产业发展主要指标如下。

（1）建立蒙古马保种场6个，核心群100个；建立蒙古马保护区2个。

（2）在现有地方马的基础上持续选育新的马的专门化品系3个。

（3）运动用马数由现在5万匹左右增加到10万匹左右，国产马比重显著提升。

（4）旅游休闲骑乘用马数量由现在的30万匹左右增加到50万匹左右，马匹及骑乘路线等标准化达到90%上。骑马旅游精品线路达到8个以上。

4. 基本原则

以马术运动、休闲骑乘的供种能力提高为原则。地方优良马匹供给能力明显增强，马匹登记和鉴定更加规范，专门化品系选育取得重大进展，国产马术运动和休闲骑乘用马供给能力明显提高，马乳等产品市场份额不断扩大。

消费市场进一步扩大。充分满足大众在马术竞赛表演、健身休闲、教育培训、文化旅游、休闲骑乘、马匹选秀、民俗活动、展览展示等方面的多样化、多层次消费需求，使马术运动成为社会时尚引领型消费活动。

市场主体进一步壮大。涌现一批在育马、马匹交易与经纪、马术俱乐部运营、马术赛事组织等方面具有国际影响力的龙头企业。重点孵化利用互联网+、大数据、云计算、新材料、新技术等手段进行创新创业的中小企业和社会组织。

（四）重点任务

以地方马种选育提高为基础，突出"育、保、测、繁"四大环节，以育种场、资源保护场、生产性能测定中心和繁育基地为重点，着力提升马匹育种创新、种质资源保护、生产性能测定和供种能力，全面提升内蒙古地方马种的质量、数量和市场占有能力。

1. 推进马匹育种转型

组建内蒙古自治区马匹育种专家指导委员会，制定发布《内蒙古马遗传改良计划》，明确马术运动用马、休闲骑乘用马和产品用马选育目标和方向。促进马专门化品系选育与产业化发展，培育我国现代马产业急需的速度、速步、耐力、休闲骑乘用马，提升马种业自主创新能力。实施马种业提升工程，支持建立育种场、资源保护场、繁育基地和性能测定中心。加快纯血马、温血马的本土化选育和扩繁，提高种质水平和供种能力，满足高级别马术运动用马需要。根据市场需求，重点发掘地方品种持久力好、矮小俊美、善走对侧步等特性，加大乌珠穆沁马、乌审马等优秀类群资源开发利用，有针对性地开展专门化品系的培育工作。积极推进实施通过建立性能测定拉动内蒙古马匹育种进程的联动机制。

2. 加大地方良种遗传资源保护

启动蒙古马等地方品种保护工程，全面开展品种资源普查，按照国际标准建立健全马品种登记管理制度。在蒙古马等地方品种集中分布区，建立完善保种场、保护区并建立核心群，开展提纯复壮工作。建立以蒙古马遗传资源为主的基因库，开展蒙古马等地方品种基因测序、马匹质量检测和品种认定工作。争取国家支持，建立蒙古马种质资源信息库和遗传资源动态监测预警体系，使内蒙古成为国家蒙古马等地方品种遗传资源保护和研究中心。

3. 开展内蒙古马匹登记

根据马术比赛和马匹育种需求，组织开展内蒙古马匹登记工作，颁发马匹品种登记证书和运动登记证书。内蒙古畜牧技术推广机构统筹协调马匹登记工作，组织制定马匹登记规则和指导登记工作，推进马匹登记体系建设，建立内蒙古马匹品种登记信息管理系统。在品种登记基础上由相关组织单位开展全国运动马匹、旅游用马等登记注册工作，颁发运动马匹登记注册证书。鼓励建立品种协会，配合畜牧技术推广机构开展马匹登记，组织开展品种选秀、种公马评定和拍卖等活动。2023年国外进口主要品种全部进行登记，已列入国家畜禽遗传资源保护名录的品种、实施专门化品系培育的品种中优秀种用个体优先开展登记。逐步扩大登记范围，2025年实施国家保护品种、主要培育品种、运动和旅游用马要实行全部登记。

4. 建立和完善马匹生产性能测定中心

在蒙古马等地方品种主产区和有条件的引进品种马场，建立完善良种繁育场，健全选育方案，扩大育种核心群规模，增加优质品种供种能力。依托良种繁育场，建立专用马性能测试中心，提升选种育种水平。建立完善马匹繁育技术服务推广体系。加强种马进出口管理，科学评价引进种马的生产性能，防止低水平重复引种。

（五）重点科研与区域布局

蒙古马由于数量多而且又分布分散，各地生态条件不同，马的体尺、外貌及性能也有差别。应根据本地区畜牧业发展重点和特点，将东部区的新巴尔虎右旗、新巴尔虎左旗、陈巴尔虎旗、鄂温克旗、科尔沁右翼中旗、科尔沁左翼中旗等设为传统赛马和马产品开发区域，将东乌珠穆沁旗、西乌珠穆沁旗、阿巴嘎旗、乌审旗、伊金霍洛旗等设为蒙古马保种及竞技马新品系培育和马奶产品开发区域。

（六）组织保障

1. 加强组织领导

建立马产业发展联席会议制度，加强组织领导和沟通协调，明确工作职责和任务分工，统筹研究解决马产业发展中的重要问题。有关盟（市）要因地制宜将促进现代马产业发展纳入当地经济社会发展规划，制定指导意见或发展规划，落实配套政策和支持措施。加强对马业协会和马术协会等行业组织的指导，做到科学合理分工，密切协调配合，强化行业自律，组织引导行业健康有序可持续发展。

2. 加大资金扶持

研究设立马产业发展基金，引导社会资本加大资金投入支持马产业发展。建立赛马产业反哺支持马产业发展机制，对马术俱乐部实行税收适当减免政策。建立多元化的马产业融资渠道，支持采取政府和社会资本合作（PPP）模式，调动社会资本积极性，加快马产业与旅游、文化、体育等各产业的融合发展。积极支持有条件的马产业企业上市。鼓励金融机构适当提高贷款或授信额度，支持马产业新型经营主体发展。鼓励担保机构为马产业提供信贷融资担保。借鉴其他家畜良种补贴政策，设立种马补贴。各盟（市）根据特色加强马产业扶持政策，鼓励社会民间资本流向马产业。对特色小镇，马文化产业园区加强资金支持。

3. 强化人才支撑

实施马产业人才培养专项计划。以"引进来"与"走出去"相结合的培训方式，打造马产业高层次管理队伍。鼓励和支持高等院校、职业学校开设马产业相关专业，培育科研人员和科技推广人员，加强大专院校马兽医教育和从业兽医的继续教育。在主要养马区域，借助新型职业农民培育工程，提高养马大户饲养管理和调教训练水平。培养马兽医、饲养师等技能型专业人才。推动国际高层次马专业人才交流互动，支持国际知名高校、教育培训机构、科研机构与国内相关院校交流互动，鼓励各类院校开设马业科学、马术运动竞赛与管理学科专业（方向）。

4. 深化国际交流

支持相关学会、协会参加国际性马业组织，推荐优秀人才任职，参与制定国际规则。以"一带一路"沿线国家为重点，组织国内马产业企业加强对外交流与合作，打造成熟的产业模式、文化品牌和经典赛事。深化与港澳马产业的合作交流，健全合作机制，提升产业发展水平。支持建立马产业国际合作交流基地，建设国际化、专业化的马拍卖交易中心，开展马产业交流合作。

内蒙古自治区饲料饲草产业发展报告

近年来，饲料饲草在养殖业发展中的支撑作用越发突显，为畜牧业提质增效发挥了重要作用，成为了国家粮食安全和草食畜产品有效供给的重要保障。现将有关情况报告如下。

一、饲料饲草产业基本概况

（一）基本情况

1. 饲草是传统畜牧业重要物质基础

内蒙古天然牧草产量保持稳定。实施禁牧休牧制度的重度退化草原 4.04 亿亩、落实草畜平衡制度草原 6.16 亿亩，草原生态和生产功能逐步恢复。天然牧草产地主要在锡林郭勒、呼伦贝尔和赤峰传统牧区，3 个盟（市）年收储天然饲草量均为 200 多万吨，兴安盟、鄂尔多斯市和包头市均在 100 万吨以上，内蒙古年收储量达 1 200 万吨。内蒙古人工草地面积呈现减少态势。据全国草牧业统计监测系统汇总分析，近几年全国人工种草保留面积保持在 1.3 亿亩，种草主要省份有内蒙古、甘肃、四川、云南和新疆；5 个省（区）2019 年末保留面积分别为 3 546 万亩、2 267 万亩、1 238 万亩、872 万亩和 821 万亩，分别占全国总保留面积的 27%、17%、9.5%、6.7% 和 6.3%；内蒙古 2020 年、2021 年保留面积为 3 115 万亩、2 094 万亩，同比减少 12%、32.7%；人工草地面积呈逐年减少趋势，主要与政策调整和粮食作物价格上涨等息息相关，同时局部地区受气候干旱或倒春寒等灾害天气影响，导致种草面积下降。内蒙古商品草产量位于全国前列。全国商品草面积达 1 630 万亩，总产量 980 万吨；商品草主产区为甘肃、内蒙古和黑龙江，分别为 376 万亩、259 万亩和 107 万亩，占全国的 23%、15.9% 和 6.6%；内蒙古商品草总产量达 270 万吨，占全国 27.6%。

2. 饲料是农牧业产业结构调整重要支撑

近 2 年，全国工业饲料生产受生猪产业持续恢复、家禽存栏高位、牛羊产品产销两旺等因素拉动，呈现快速增长，总产量达到了 2.9 亿吨，增长率保持在两位数，饲料产业高质量发展取得了新成效，饲料工业总产值突破 12 000 亿元。据饲料行业统计，近 2 年来全国大部分省份饲料产量都有所增长，其中贵州、广西、重庆、四川、江西、湖北、内蒙古、湖南、福建、河南、新疆、浙江 12 个省份增幅超过 20%；内蒙古连续 2 年涨幅在 20% 以上，产品总量涨幅居于全国前列；内蒙古饲料生产企业 387 家，总产量达到了 602 万吨，同比增长 24.5%，高于全国平均水平 8.4 个百分点；其中反刍饲料产量 323 万吨，位居全国首位，饲料添加剂产量 96.3 万吨，占全国 6%。

（二）产区分布

1. 饲草产区的分布与其他农作物有很多相似点，主要向"镰刀弯"和"黄淮海"地区集中

一年生主要品种全株青贮玉米和燕麦在内蒙古、甘肃、黑龙江、河北、山东、山西、河南、宁夏、吉林、辽宁 10 省（区）种植面积分别达到 2 700 万亩、400 万亩，分别占全国总种植面积 70%、60%；多年生饲草以紫花苜蓿为主，从近 2 年新增情况来看，紫花苜蓿种植较多的省份为甘肃、新疆和内蒙古，新增部分合计占全国的 70%。2021 年内蒙古人工草地保留面积 2 096 万亩，巴彦淖尔、通辽和赤峰 3 个盟（市）种草面积均在 280 万亩以上，乌兰察布市、锡林郭勒盟、鄂尔多斯市、呼和浩特市、呼伦贝尔市、兴安盟等地种草面积达 100 多万亩；从旗县区域来看，苜蓿、燕麦草种植面积超过 5 万亩的旗县，分别达到 21 个和 18 个，面积分别占内蒙古 81% 和 74%；青贮玉米种植超过 20 万亩的旗县，达到 18 个，面积占内蒙古 70.3%；种植品种一年生的以青贮玉米、墨西哥类玉米和燕麦为主，多年生的以呼伦贝尔紫花苜蓿、赤峰和通辽地区科尔沁苜蓿以及敖汉苜蓿等。

2. 饲料生产企业的分布与集约型养殖业的分布相吻合

全国饲料产量超千万吨省份 10 个，分别为山东、广东、辽宁、广西、江苏、河北、河南、四川、湖北、湖南。其中，山东省产量达 4 335.8 万吨，同比

增长 14.7%；广东省产量 3 010.2 万吨，同比增长 3.0%；山东和广东两省饲料产品总产值继续保持在千亿元以上，分别为 1 369 亿元和 1 106 亿元。内蒙古饲料企业集中在奶牛、肉牛、生猪饲养集聚区，呼和浩特、通辽、赤峰、包头、巴彦淖尔、呼伦贝尔、乌兰察布等盟（市）累计产量占据内蒙古产量的 90% 以上；年产量超过 100 万吨的有呼和浩特、通辽、赤峰及巴彦淖尔 4 个盟（市），产值分别为 43.3 亿元、64 亿元、38.6 亿元和 33.6 亿元；内蒙古 10 万吨级规模企业 11 家，比 2020 年增加 2 家，在内蒙古饲料总产量中的占比达到 60%。

（三）销售加工

1. 饲草产品产量和价格均处于增长态势

一是饲草经营主体不断壮大。全国草产品加工企业达 1 100 多家，干草生产总量达 630 万吨，其中青贮产量 480 万吨（折合干草 190 万吨），主要集中在陕西、甘肃、内蒙古、宁夏、河北，分别有 255 家、227 家、116 家、81 家、50 家，占全国的 70%，总产量占全国的 60%。二是商品草产能保持稳定。全国主要商品草为紫花苜蓿、青贮玉米、羊草和饲用燕麦等，产量分别为 387 万吨、400 万吨、20 万吨和 82 万吨，分别占商品草生产总量的 39.5%、40.8%、2.0% 和 8.4%；内蒙古商品草以燕麦和青贮玉米为主，主要在呼伦贝尔、赤峰、呼和浩特、巴彦淖尔等盟（市），占内蒙古商品草 90%。三是饲草进口总量处于持平状态。近 2 年全国草产品进口总量保持在 170 万吨左右，苜蓿干草占 80%，平均到岸价 2 400 元/吨，主要来自美国（80%）、西班牙和南非；燕麦草平均到岸价格 2 200 元/吨，主要来自澳大利亚。四是国内饲草产品基本体现了优质优价原则。国产一级苜蓿 2 500~2 600 元/吨，国产优级 2 800~3 200 元/吨，高于进口苜蓿；青贮价格 600~1 200 元/吨，受行情走强影响，价格也呈上涨趋势。

2. 饲料产品产销旺盛

最近 2 年全国饲料工业增长保持两位数，2021 年总产值已突破 1.2 万亿元大关，增长速度接近 30%。其中饲料产品产值 10 964.0 亿元、营业收入 10 499.8 亿元，分别增长 29.8%、29.1%；饲料添加剂产品产值 1 154.9 亿元、营业收入 1 110.4 亿元，分别增长 23.8%、29.5%；饲料机械产品产值 115.2 亿元，增长 36.4%。据统计，内蒙古饲料工业总产值达 269.1 亿元，同比增长

46.2%，高于全国平均水平 16.9 个百分点；其中饲料产品 193.3 亿元，饲料添加剂 75.7 亿元，涨幅均居于全国前列。饲料工业是微利行业，原料成本占比高达 90%，多数企业毛利率水平在 10% 上下浮动，在应对大宗原料价格波动方面抗风险和可持续发展能力不强，竞争力不足现象比较普遍。

（四）产业优势

1. 资源优势

内蒙古草原是欧亚大陆草原的重要组成部分，天然草原面积 13.2 亿亩，草原面积占全国草原总面积的 22%，占内蒙古国土面积的 74%。具备得天独厚的自然资源优势，但也面临着草原退化、沙化等严峻挑战，进入 21 世纪以来，国家和内蒙古自治区加大了对天然草原的保护力度。据报道，2018 年草原植被盖度达到了 43.8%，与 2000 年相比提高了 13.8 个百分点。天然草原产草量区域差异大，各类草场平均单产在 23~191 千克/亩，载畜能力每个羊单位在 7~106 亩。除了广阔的天然草原之外，内蒙古还有 1.37 亿亩的沃野良田，各地人工草地也得到了不同程度的发展，饲料饲草业拥有丰富的原料来源。中央对内蒙古做出"农牧交错带要退耕还草，生态保护与生产发展同步推进"的总基调，结合奶牛、肉牛及肉羊产业格局，形成了黄河、西辽河、嫩江三大流域和呼伦贝尔、锡林郭勒两大草原以及北部高寒区域为核心的饲草产业优势区域。

2. 生产优势

饲草产业兼具生态恢复和产业优化功能，对内蒙古来讲，更是独具特色的优势产业。实施粮改饲、振兴奶业苜蓿行动和退牧还草补贴等政策，有效推动了人工饲草种植；内蒙古牲畜存栏头数达 7 435.84 万头（只），年出栏猪、牛、羊分别为 812.9 万头、410.35 万头、6 705.36 万只，拥有巨大的消耗饲料饲草基本盘；作为全国重要的农畜产品生产加工输出基地，内蒙古具备每年稳定向外调出 500 万吨牛奶、150 万吨肉类的能力，全国消费市场 1/4 的羊肉、1/5 的牛奶来自内蒙古。按照国家和内蒙古自治区"十四五"期间奶类、肉类产品发展目标，对优质饲草的需求量越来越大，发展预期更加清晰、发展潜力巨大。

3. 竞争力优势

草业是内蒙古传统优势产业，驻区饲草相关研究机构有中国农业科学院草原研究所、内蒙古农业大学、内蒙古师范大学以及内蒙古自治区农牧业科学院等长期从事饲草科研推广单位，人才培养势力雄厚，具备坚实的科技创新能力和基础，到目前饲草产业科技贡献率达51.8%。内蒙古草产品加工企业110多家，其中有30余家企业生产能力在1万吨以上，蒙草、草都等一批高水平专业化草业集团公司具备强劲的发展潜力。经过近2年机构改革，将饲草技术推广与草原生态保护职能分离，更加突显了饲草产业在农牧业结构调整中的重要地位，粮—经—饲三元作物模式迎来了绿色、协调发展的新机遇，优质饲草成为了现代畜牧业高质量发展的重要引擎，更是优化产业链、补短板、疏通堵点的新高地。

（五）需求分析

1. 主要畜产品需求

"十三五"期间我国牛奶、牛肉、羊肉消费量年递增率分别为4.3%、5.8%、2.8%；2020年人均牛肉和奶类消费量分别为6.3千克和38.2千克，只有世界平均水平的69%和33%；按2025年牛羊肉和奶源自给率85%和70%以上的保供目标测算，主要畜产品生产具备巨大增长空间，也为饲料饲草产业带来了发展机遇。

2. 饲用干草需求

据国家统计局公布的2020年全国草食家畜实际饲养量约13.4亿标准羊单位；《2020年全国草原监测报告》公布全国天然草原鲜草总产量11.1亿吨，折合干草约3.4亿吨、载畜能力约2.71亿标准羊单位；现有全国人工种草仅可饲喂1.71亿标准羊单位；约67%［（13.4-2.71-1.71）÷13.4］的草食家畜没有稳定的优质饲草供应来源，主要通过饲喂农副秸秆等途径来解决不足部分。内蒙古2021年奶牛、肉牛、肉羊存栏数分别是143.41万头、585.88万头、6 138.2万只，以日消耗饲草12千克、10千克、2千克测算，消耗饲草量（奶牛365天、肉牛和肉羊按180天）达3 923.17万吨；肉牛、肉羊出栏数分别是410.35万头、6 705.36万只，消耗饲草量（肉牛按240天、肉羊按120天算）达2 594.13万吨；而内蒙古天然饲草和人工草地干草总产量合计3 188.4万吨，存出栏环节草食牲畜饲草缺口达3 328.9万吨。

3. 饲料产品需求

2021年内蒙古肉牛（补料240天）、肉羊（补料120天）、生猪（补料

180 天）出栏数分别是 410.35 万头、6 705.36 万只、812.9 万口，以日消耗饲料 3 千克、0.2 千克、2 千克测算，仅牲畜出栏环节年消耗饲料量 750 万吨；再加上奶牛（日消耗量 8 千克）、肉牛、肉羊、生猪存栏（均按 365 天算）环节的饲料需求 1 920 万吨，内蒙古牲畜饲料需求共 2 670 万吨；而内蒙古饲料产品产量总共 602 万吨，可以合计出本地饲料产品在内蒙古自治区市场份额只有 22.5%。

二、2021 年饲草饲料产业发展基本情况

（一）饲草生产情况

1. 人工种草保留面积有所下滑

（1）种植结构。内蒙古种植的多年生人工饲草以紫花苜蓿为主（占 97.8%）；种植的一年生人工饲草以青贮玉米、墨西哥类玉米和燕麦为主，具体种植结构及各盟（市）种植面积占比如图 1 和图 2 所示。

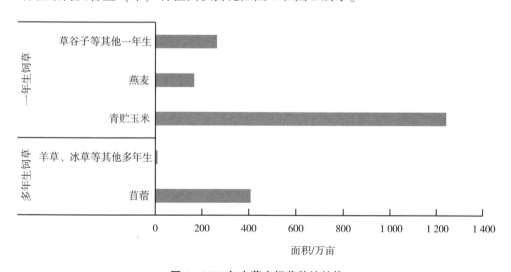

图 1 2021 年内蒙古饲草种植结构

（2）变化情况。2021 年内蒙古人工种草保留面积 2 094 万亩，同比下降 32%，多年生饲草保留面积 459 万亩，同比减少 71%，变化主要是由于 2021 年

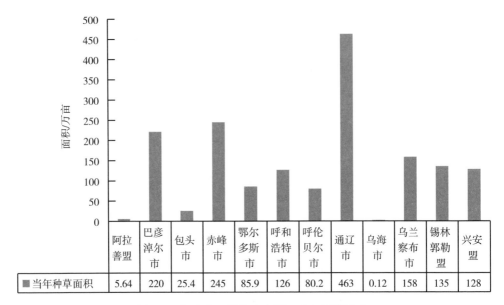

	阿拉善盟	巴彦淖尔市	包头市	赤峰市	鄂尔多斯市	呼和浩特市	呼伦贝尔市	通辽市	乌海市	乌兰察布市	锡林郭勒盟	兴安盟
■ 当年种草面积	5.64	220	25.4	245	85.9	126	80.2	463	0.12	158	135	128

图2　一年生人工饲草在各盟（市）面积分布

农业农村部《畜牧业统计调查制度》对柠条、梭梭等生态修复功能草种进行调整不做统计，主要粮食作物价格上涨以及部分地区灾害天气等因素导致，为真实反映产业发展情况，下述分析将全部剔除统计指标变化的影响。

2021年多年生人工饲草主要种植品种紫花苜蓿保留面积基本稳定，为408万亩，同比减少17%。一年生人工饲草种植1 676万亩，较上年增长13%，其中青贮玉米种植面积1 245万亩，同比增长87%；墨西哥类玉米种植面积164万亩，同比减少27%；饲用燕麦种植面积166万亩，同比增长19%。

（3）种植的主要品种（表1）。

表1　不同种类饲草在不同区域的种植情况

饲草种类	种植区域	主栽品种		
苜蓿	中西部	（巴彦淖尔市）中牧、WL系列	（包头）金皇后、勇进者、阿尔冈金等	
	东部区	在积温2 600℃以上地区种植休眠级数为2~3级的紫花苜蓿品种，如科纳3010、霸王龙、奥凯等国外品种，特点是产量、营养都比较高	在积温2 000~2 600℃地区种植休眠级数为1~2.5级紫花苜蓿品种，如敖汉苜蓿、工农1号、工农2号等国产品种，特点是抗寒、抗旱性强	呼伦贝尔杂花苜蓿

（续表）

饲草种类	种植区域	主栽品种		
燕麦	中西部	（巴彦淖尔市）加燕、青引、蒙燕系列	（包头）牧乐思	
	东部区	在积温 2 600℃以上地区推广种植两季燕麦。如甜燕，小马等品种。在通辽市霍林河、扎旗北部积温在 2 000℃的冷凉地区，种植一季燕麦		
青贮玉米	中西部	（巴彦淖尔市）西蒙、登海、金岭系列		
	东部区	（锡林郭勒盟）富友 88、佳禾 7、东单 90、富友 9、中北 410、辽单 625、英红、蒙饲 1 号、蒙饲 2 号、良玉、兴丹 11 号、宏达 168、铁庆 2 号等		

2. 饲草生产水平有所提高

从饲草产量看，2021 年内蒙古人工种植饲草产量 1 680 万吨（干草），同比下降 0.15%，其中以苜蓿为主的人工种植多年生饲草产量 163 万吨，同比下降 58%（其中苜蓿产量 161 万吨，同比下降 20%）；以青贮玉米、燕麦草为主的一年生牧草产量 1 517 万吨，同比增长 17%（青贮玉米产量 1 239 万吨，同比增长 35%；燕麦草产量 85 万吨，同比增加 11%；其他一年生饲草产量 46 万吨）。三大主要饲草生产水平表现出以下特点。

（1）紫花苜蓿呈现"两减一增"。"两减"，是种草面积和产量略有下降。受局部地区地下水采集税收政策、倒春寒导致返青异常、上半年牛羊肉价格普降市场价格波动等影响，种草积极性受挫，2021 年紫花苜蓿人工保留面积 407 万亩，减少 88 万亩，同比减少 18%；产量 159 万吨，同比减少 21%。从分布区域看，种植较多盟（市）是赤峰、鄂尔多斯、呼和浩特和呼伦贝尔，占内蒙古种植面积的 74%。

"一增"，是青贮加工水平明显提升。苜蓿青贮和加工数量进一步增加，青贮的总产量占比由 2020 年的 9.7% 上升到 2021 年的 17.4%。与干草加工相比，青贮加工可以更多地保存苜蓿的营养物质，青贮加工比例的不断提高，也为提高苜蓿产品质量水平奠定了良好基础。

（2）燕麦种植面积与产量双增长，单产略有下降。由于国产燕麦种植效益较好，内蒙古积极扩大饲用燕麦种植面积，2021 年燕麦种植面积 166 万亩，同比增长 19.1%；饲用燕麦的干草收获量有所增加为 89.7 万吨，同比增长 17.1%，但由于部分地区收获季降水量增加，倒伏严重，导致单产水平由 549.7 千克/亩下降到 516.2 千克/亩，同比减少 6.1%。

（3）青贮玉米种植面积明显增加。青贮玉米作为最主要的一年生饲草，2021 年种植面积达 1 245 万亩，同比增长 40%。同时，在粮改饲政策带动下，近年来内蒙古大力推广饲草青贮技术，提高饲草产品品质，青贮玉米实际青贮量达到 3 700 万吨（图 3）。

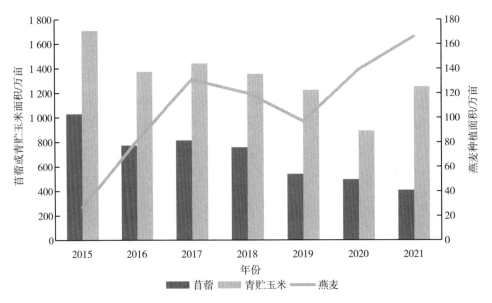

图 3　2015—2021 年内蒙古三大主要饲草种植面积

（二）商品草生产情况

紫花苜蓿、青贮玉米和饲用燕麦是内蒙古商品草主要种植的草种，占到全部商品草生产的 90% 以上。内蒙古商品草产量 273.23 万吨，占全国商品草总量的 30%，单产 725.2 千克/亩。已形成了以青干草、青贮、草粉、草颗粒（块）、鲜草和种子六大类草产品为支撑的产业发展格局。主要商品草紫花苜蓿种植面积一直维持在 120 万亩左右，干草产量 71 万吨，2021 年单产水平提高了18.7%，达到 555 千克/亩（图 4）。

（三）饲草种业发展情况

内蒙古饲草种子田面积 6.3 万亩，同比下降 32.3%，全部用于种植多年生

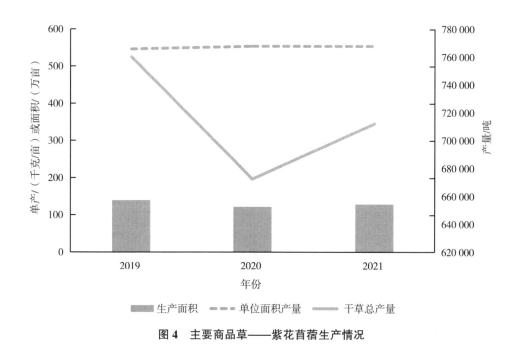

图4 主要商品草——紫花苜蓿生产情况

牧草，主要是种植紫花苜蓿，面积6.1万亩，占96%。主要分布在呼伦贝尔和鄂尔多斯，种子田面积分别2.7万亩和1.2万亩。内蒙古饲草种子产量1 082吨，同比下降27%，平均产量略有提升，达到17.5千克/亩。

（四）农副资源利用情况

农副资源包括玉米秸秆、稻粕、麦秸和其他秸秆，总产量达2 767.3万吨、其中玉米秸秆占90%；玉米秸秆加工率达47.9%，提高了14个百分点，通过提高技术水平，改善适口性，成为内蒙古草食家畜的饲草供给重要补充。

（五）技术推广情况

1. 推广实施的主要技术

（1）玉米整株青贮增密增效绿色栽培技术。随着青贮玉米种植面积不断增加，通过合理密植，提高亩保苗量（4 500株），施用缓控释肥增产技术，达到绿色增效的目标。

（2）"茎穗兼收"联合作业+及时黄贮技术。乌兰察布的马铃薯种植规模稳定在400万亩左右，年可生产秸秆700万吨以上，以马铃薯秸秆为主料分别与含糖分较高的玉米秸秆、甜菜茎叶、玉米面作为辅料进行混合青贮，混合青贮的马铃薯茎叶颜色黄绿，味道清香，牲畜适口性显著提高。该技术实现了玉米、杂粮等农作物秸秆合理转化利用，不仅可以有效缓解农区冬春季节饲草饲料短缺的问题，也可使秸秆资源得到充分的利用，有效地降低农户的养殖成本。

（3）葵前麦后闲田复种优质饲草燕麦技术。河套灌区无霜期135~145天，属于春种夏秋收获，"一季有余，两季不足"的地区，"葵前"即向日葵种植前，对于河套灌区来说是3月中下旬到6月上旬这段时间，"麦后"即小麦收获后，即7月上旬到10月底这段时间。饲草燕麦可青饲、青贮也可调制干草，贮藏时间长，无损失。不仅早春、夏秋耕地资源丰富，而且光、热、水资源充足，具有复种饲草燕麦的良好条件，且从整地、播种、收割、翻晒、打捆、拉运等都可机械化操作，有利于大面积生产。饲草燕麦能耐-3℃的低温，若在葵前麦后复种，一方面增加饲草产量，另一方面避免了粮经草争地的问题，同时提高耕地利用率，改善了生态环境。由一年一季变成一年两季，使长期粮—经二元种植结构转变为粮—经—草三元种植结构，开辟饲草生产的新途径，为草畜业发展提供饲草保障。

（4）平茬复壮及柠条草粉颗粒加工技术。丰镇市"平茬复壮及柠条草粉颗粒循环经济项目"，通过对柠条粉碎、混合、挤压、烘干等工艺流程，制成牛、羊、猪等牲畜饲料。每吨柠条可生产0.8吨柠条生物质颗粒和柠条草颗粒，还可通过对柠条、玉米、葵花秸秆等原料进行发酵，制成富含高活性有益微生物的饲料。有利于节约饲料粮食，带动区域特色产业的发展、促进农牧业、林业产业结构调整。此外，全株青贮技术、全覆膜双垄沟播技术、无膜浅埋滴灌技术和苜蓿草颗粒加工技术也在各盟（市）有一定范围的示范推广。

2. 取得的主要成效

（1）提高单产。苜蓿生产向专业化、标准化、规模化、集约化方向发展。灌溉能力等新建苜蓿基地生产设施水平有所提高，单产达到750千克/亩以上。通过购置优质高产苜蓿品种，提高了苜蓿产品质量，苜蓿干草蛋白质含量达18%以上，酸性洗涤纤维低于35%，中性洗涤纤维低于45%，相对饲用价值大于125%以上。效益的增长也带动周边农民苜蓿种植积极性，吸纳周边地区无业农民参与田间管理及收割，年增加劳动收入最低 1.44 万元/人。饲草种植基地与奶牛养殖专业合作社和养牛企业签订了购销合同，奶牛无论从单产和产奶质量上都有了明显提高，生鲜乳乳脂率达到（3.25±0.09）%，乳蛋白达到（3.53±0.21）%，干物质达到（12.12±0.46）%。

（2）种养结合。饲草基地与规模化标准化奶牛养殖场紧密结合，建立购销合同，有效地衔接了苜蓿从地到场的距离，既保障了苜蓿草品质，也保障了奶牛场饲草供给。以固阳县为例，实施地点周边地区有大量的平整土地，但是农户种植积极性不高，通过种养结合，有效带动辐射苜蓿的大面积种植，还有效地解决饲草缺口，苜蓿草产品就地消化，为畜牧业生产提供了有效的饲草料保障。通过农户和养殖户反映，苜蓿饲喂效果明显，带动了很多农户和养殖户的积极性，并且认识到了苜蓿在养殖上的重要性，了解到苜蓿丰富的营养价值，小规模的种植，从中获益。

（3）提高资源化利用水平。柠条是生长在干旱草原和荒漠化草原上的豆科多年生落叶灌木，其枝繁叶茂、营养丰富，富含 10 多种生物活性物质，尤其是氨基酸含量丰富，是良好的饲用植物。以包头市为例，达尔罕茂明安联合旗农区和固阳县现有柠条林 250 万亩，其中达尔罕茂明安联合旗 70 万亩、固阳县 180 万亩。根据柠条的生物学特性，每 3~5 年需平茬一次，按 5 年平茬一次计，每年需平茬 50 万亩，每亩产量按 250 千克计算，每年可提供柠条饲草 12.5 万吨，可满足 17 万羊单位的全年饲草供应。柠条平茬利用、粉碎草粉或制作颗粒，不仅方便运输，更增加了饲草口感。柠条饲用加工利用技术，解决了山北地区饲草短缺问题，切实提高了柠条资源化利用的质量和效益。

（六）饲料产业发展情况

1. 饲料工业总产值明显增长

内蒙古饲料工业总产值 269.1 亿元，比 2020 年增长 46.2%；总营业收入 249.6 亿元，增长 41.9%。其中，饲料产品产值 193.3 亿元，营业收入 176.8 亿元，分别增长 43.1%、37.7%；饲料添加剂产品产值 75 亿元，营业收入 72.6 亿元，分别增长 54.6%、53.2%。

2. 工业饲料总产量较快增加

内蒙古工业饲料总产量 602 万吨，比 2020 年增长 27.4%。分类型看，配合饲料产量 517.3 万吨，增长 32.2%；浓缩饲料产量 73.2 万吨，增长 5%；添加剂预混合饲料产量 11.3 万吨，增长 0.7%。分品种看，猪饲料产量 209 万吨，增长 47%；蛋禽饲料产量 23 万吨，下降 7.8%；肉禽饲料产量 39 万吨，增长 33%；反刍动物饲料产量 328.4 万吨，增长 21.1%，其中奶牛饲料 113 万吨，肉牛饲料 62 万吨，肉羊饲料 135 万吨，分别增长 3.6%、37%、27%；水产饲料产量 0.3 万吨，下降 55%；宠物饲料产量 0.06 万吨，增长 20%；其他饲料产量 2.2 万吨，下降 46%。

3. 饲料添加剂总产量稳步增加

内蒙古饲料添加剂总产量 96 万吨，比 2020 年增长 3%。氨基酸、维生素产量分别为 83 吨、0.3 万吨，分别增长 12.1%、1.5%。酶制剂和微生物制剂等产品产量较快增加，分别增长 13.0%、11.5%。

4. 企业规模化程度持续提高

内蒙古 10 万吨以上规模饲料生产厂 11 家，比 2020 年增加 2 家，产量比 2020 年增长 25%，在内蒙古饲料总产量中的占比为 60.3%，比 2020 年提高 7.5 个百分点。

5. 饲料企业转型提速

优然牧业反刍动物预混料工厂，采用婴幼儿配方奶粉生产工艺标准，年生产能力 7.2 万吨，成为国内生产体量最大、产品最全、市场覆盖最广的预混料工厂；以正大为代表的饲料企业，饲料加工与畜禽养殖、农作物种植呈链式协同，跟进调整。

三、饲料饲草产业发展存在的问题

（一）饲草产业发育不够成熟

对于许多人来讲，饲草还不属于独立的产业，尤其在国家保障粮食安全的红线杠杆要求之下，没有厘清"化草为粮"的逻辑关系，饲草只是农业生产的附属品，未能体现其应有的地位，多数依靠惯性生产，优质牧草种不到优等地，使得单产、种植效益下降，产业可持续发展后劲不足。导致各地没有形成更加科学和系统化的政策体系，尤其饲草生产"以水定草、以畜定草"的科学布局尚未形成；旱作区饲草多为散户经营，管理粗放，机械化程度低；灌区饲草生产以青贮玉米和苜蓿为主，大面积青贮玉米种植光热、土地利用率低（一般5个月），饲草间作、复种生产模式应用不足，单位面积产出率低，苜蓿种植更是水源供给压力大。

（二）饲草种植保障条件不足

一是传统靠天养畜、逐水草而居观念根深蒂固，转变过去"秸秆+精料"饲喂模式需要一个过程。以呼伦贝尔市鄂温克阳波畜牧业发展服务有限公司为例，自从2014年起种植苜蓿5万多亩，亩产约200千克，因外销成本高、运输损耗大等原因，市场主攻方向是当地养殖户，但本地养殖户认为苜蓿草的价格高于天然草，导致优质饲草供需两端没有很好的衔接，种草效益低。二是部分饲草产品生产者缺乏科学的生产管理意识和理念，牧草的选种、整地和播种标准化操作水平低，田间管理粗放，刈割时间不准，晾晒时间过长，导致柔嫩部分脱落，饲草产量受损、质量降低。三是饲草种植没有和主要农作物一样直接补贴项目，农区养殖户不肯利用现有耕地或闲置耕地种植牧草，牧区或半农半牧区面临地块选择困难的问题，土地流转困难，难以形成集中连片及规模化种植，享受不到苜蓿和燕麦草规模种植补贴。四是饲草种植户受技术、信息条件所限，组织化水平低，草产品市场运作缺乏规范，参与市场能力弱，未能形成"千里不调草、百里不调粮"的就地就近供给格局，其产品相对优势无法体现，比较效益无法满足市场所需。五是机械装备与作业区域条件不配套。大型机械作业对地势、面积、运输条件等要求高，由于饲草生产受雨季等天气因素的影响较大，特别是收获加工的时间窗口较窄，社会化服务组织培育不充分，缺乏成熟的精细化的作业程序和机械设备支撑，很难保证优质饲草生产效益。

（三）科技支撑不够

一是饲草专利少。内蒙古饲草领域专利集中在高校和研究机构，企业申请的实用专利较少，经查询全国饲草领域专利1 600多项，内蒙古仅有50多项，占比仅3%。二是行业标准缺。全国"饲料"类国家标准315项、行业标准384项、地方标准412项、团体标准116项；"饲草"类国家标准仅2项、行业标准

10 项、地方标准 48 项、团体标准 5 项。饲草产品标准化生产关键技术相对薄弱，如灌溉模式单一、水肥优化设计不够等。三是科研投入少。饲草机具市场以进口大型设备为主，中小型草业主体研发积极性受挫，导致各种作业区适宜机具少且实用性差；新品种培育周期（平均需要 7~12 年）与育种项目周期（一般 2~3 年）不协调，很难保证完整的研发周期资金支持。四是成果转化难。生产实际需求和科研成果衔接不畅；尤其科研项目和成果分散在不同的单位、企业及科研团队，缺乏组织牵头机构和人才，很难做到资源统筹共享，尤其支撑现代饲草产业发展的科研成果转化推广严重不足。

（四）种源保障能力弱

一是内蒙古适宜本地种植的乡土草种和野生驯化的品种少，苜蓿种子进口依赖度达 80%；通过国家审定的 64 个草品种中，乡土品种仅有 26 个，远不能满足内蒙古不同用途草种需求。根据 2021 年内蒙古草原生态修复项目需求估算，仅生态建设用种约需 240 万千克，2020 年采收及库存量为 53 万千克，供需缺口约为 187 万千克。二是种质资源底数不清。内蒙古种质资源中期库收集保存的 1.8 万份草种中，经性状评价的仅占 30%，经遗传基因评价的不足 2%，野生乡土草种的收集保存仅占收集总量的 20%~30%，尚未开展濒危、特有及重要草种质资源的原生境保护工作，部分野生草种资源已逐渐丧失。资源保存技术落后，目前主要以低温种质库保存为主，资源圃田间保存为辅，尚未建立超低温库和 DNA 库。

（五）饲料行业竞争力不强

饲料企业产能过剩明显。以通辽市为例，全市饲料企业 55 家、生产能力 500 万吨，实际生产 200 万吨，饲料自给率低。饲料产业在全国份额依然较小。虽然内蒙古反刍饲料和饲料添加剂产量在全国排位靠前，但整体饲料产品市场份额较低，全国生产规模最大的饲料生产企业海大集团年产饲料 1 400 多万吨，将近内蒙古饲料总产量的 3 倍。饲料行业处于小而散状态。内蒙古颁发许可证书的 387 家企业，饲料产量仅占全国的 1.96%，产量在 10 万吨以上的只有 11 家，超万吨饲料企业只有 69 家，没有 1 家超过 50 万吨的企业；饲料产品产值仅占全国 2.2%，不到山东、广东等饲料大省的 1/3；饲料质量安全隐患依然存在。

饲料生产和经营环节上，饲料产品卫生指标超标问题和违禁添加药物现象依然存在风险。仅 2021 年内蒙古查处不合格产品企业 20 家，54 家经营门店存在标示不规范等现象，一定程度上减弱了行业形象。

四、产业发展预测及下一步工作建议

（一）饲料饲草产业发展预测

今后一个时期，内蒙古饲料饲草产业发展将处于重要战略机遇期，具备诸多有利条件。中共中央、国务院印发的《黄河流域生态保护和高质量发展规划纲要》明确指出"进一步做优做强农牧业——在内蒙古、宁夏、青海等省（区）建设优质奶源基地、现代牧业基地、优质饲草料基地、牦牛藏羊繁育基地"的产业发展布局。《国务院办公厅关于促进畜牧业高质量发展的意见》对健全饲草料供应体系提出具体要求。农业农村部《"十四五"全国饲草产业发展规划》更加清晰地部署饲草行业重点支持政策，并围绕优质饲草良种扩繁基地建设和草原畜牧业转型升级，在主要牧区省份选择草原畜牧业发展基础较好、草畜平衡制度措施落实到位、已出台相关发展规划和扶持政策的牧区县和半牧区县开展试点，支持建设高产稳产优质饲草基地、现代化草原生态牧场或标准化规模养殖场、优良种畜和饲草种子扩繁基地、防灾减灾饲草贮运体系等，探索形成各具特色的现代草原畜牧业发展模式，加快转变草原畜牧业发展方式。《"十四五"全国畜牧兽医行业发展规划》做出饲草总产值要达到 2 000 亿元，自给率达 80% 的发展目标，内蒙古作为全国饲草收储和商品草供给主阵地，迎来了前所未有的发展机遇。

（二）下一步工作建议

1. 尽快制定实施内蒙古《饲料饲草产业发展规划》

广泛开展调查摸底，对内蒙古饲料饲草发展形势、饲草种质资源、种植技术以及机械设备、产学研推多角度分析，整合全产业链政策支撑，为内蒙古饲料饲草产业健康有序发展指明方向。深入分析"保障粮食安全"的政策红线与"口粮"和"饲料粮"之间逻辑关系，推广科学严密的牲畜饲喂配方技术，实现化草为粮。

2. 加大政策扶持力度，将饲料饲草产业体系打造成为优势特色产业链

第一，实施科学、因地而异的补贴措施，如针对北部高寒地区无霜期短、饲草亩产量低、草产品调运路途遥远以及运输成本高的特点，要实施基础设施建设补贴措施，提高种草养畜积极性。第二，加大资金支持，健全旗县、苏木乡镇和嘎查村三级饲草储备体系，达到规划布局合理、平台管理统一、市场运营高效的既能抗灾减灾，又能稳定草产品市场价目标，推动饲草产业健康规范发展。第三，整合优势资源，形成适宜不同生态区域高产优质、抗逆饲草和青贮玉米新品种，集成推广蓄水保墒、高效节水、配方施肥、病虫害和杂草绿色防治、适时低损耗收获加工、牧草生产固碳等先进技术，形成具有较强科技创新能力和技术引领作用的人工饲草产业主体，创建一批特色和优势鲜明的饲草生产基地。

3. 创建优势产业"饲草智库"平台

发挥内蒙古自治区优势产业全产业链专家团队功能，实施技术强链工程，以"专利、技术、标准"联动为抓手，为内蒙古饲料饲草行业管理及产学研推融合发展提供技术智库，推动创新技术专利化、专利技术标准化、研发成果产业化。联合相关院所高校，突破关键新技术，研发一批新品种，针对高产优质草种繁育、高效栽培模式和深加工型草产品开发等关键技术进行集成创新与示范应用，如在"中国草都"阿鲁科尔沁旗探索节水型种植模式，转变以往高耗水粗放型饲草种植方式，研发高附加值饲草产品，走产出高效、资源节约、环境友好的饲草产业发展新路子。

4. 建立健全上下联动工作机制

针对机构改革和人员岗位调整，各级饲料饲草部门工作人员业务不熟练、队伍不稳定实际情况，开展饲料和草业统计两个专业系统运行管理为主的实操人员专业技能培训；尽快建立各层级的草业形势分析专家团队，做好饲料饲草产业形势分析，强化对辖区内的重大病虫害预警手段，开展监测点信息调度，做好分析研判，为广大养殖户、饲料饲草生产经营者以及行政决策部门提供科学有效的参考依据。

5. 总结推行新技术新模式

根据不同生态区域自然状况、资源禀赋和种植条件，科学规划饲草发展布局，选择适宜不同区域种植的饲草种类和品种，发展高效种植模式。结合中西部黄河流域、东部西辽河嫩江流域、锡林郭勒和呼伦贝尔两大草原等产业集群优势布局，深入挖掘内蒙古适合区域，实施优质饲草保供稳产技术攻关行动，把优势产业做成优势产业链，为畜牧业高质量发展提供强力支撑。

6. 饲料工业发展要加快提档升级

"十四五"期间，加大宣传，改善饲料工艺配方，开发更多实用新饲料资源，提高饲料入户率和农牧民的认可度。逐年提高饲料总产量，淘汰落后产能，促进饲料企业提档升级，步入现代化发展模式。要衔接好奶业、肉牛、肉羊、绒山羊等重点产业链，培育或引进最大最优质的饲料产业领军企业，发展壮大饲料企业，带动提升区域内饲料生产企业的整体水平，打造高端绿色饲料产业集群，倾力推进饲料产业集聚发展。

7. 加大对饲草全程机械研发推广支持

机具类项目向基础条件好、技术能力强、适用可靠的研发企业倾斜，通过协调提高畜牧业机械购置补贴比例，将补贴范围"粮棉油糖"作物全程机械化为主，调整为"粮棉油糖+畜牧业"全程机械化为主。加大适宜丘陵山区等不同区域饲草产业化全程机械研发推广力度，提高青贮切碎、籽粒破碎、秸秆揉丝、干草打捆等自动化水平，提升高等级饲草产品产出率，推进人工种草宜机化改造。

内蒙古自治区水产渔业发展报告

一、渔业发展概况

（一）基本情况

1. 我国渔业发展基本情况

我国是全球最大的水产养殖国，2021 年，全国水产养殖面积 700.938 万公顷。其中，海水养殖面积 202.551 万公顷；淡水养殖面积 498.387 万公顷。全国渔业人口 1 634.24 万人，年末渔船总数 52.08 万艘、总吨位 1 001.58 万吨。全国水产品总产量 6 690.29 万吨，比 2020 年增长 2.16%。其中，养殖产量 5 394.41 万吨，同比增长 3.26%，捕捞产量 1 295.89 万吨，同比下降 2.18%，养殖产品与捕捞产品的产量比例为 80.6 : 19.4。全国渔业经济总产值 29 689.73 亿元，其中，渔业产值 15 158.63 亿元，渔业工业和建筑业产值 6 155.16 亿元，渔业流通和服务业产值 8 375.93 亿元，三个产业产值的比例为 51.1 : 20.7 : 28.2。渔业流通和服务业产值中，休闲渔业产值 835.56 亿元，同比上升 1.19%。

2. 内蒙古渔业发展基本情况

2021 年内蒙古现有总水面 87.64 万公顷，与湖北省相当，排在全国的第 8 位。渔业可利用水面 65.89 万公顷，已利用水面 52.07 万公顷。内蒙古渔业人口 35 047 人。2021 年，年末渔船总数 1 222 艘、总吨位 2 165 吨，总功率 18 480 千瓦。内蒙古水产品总产量 106 834 吨，内蒙古渔业经济总产值 25.8638 亿元。

（二）产区分布

根据内蒙古现代渔业发展的总体要求，按照"突出区域特色，发挥资源优势，促进产业发展，提高竞争能力"的原则，确立不同区域的功能定位和发展方向。

1. 湖泊、水库优质水产品生产基地建设

功能定位。该类型水域水生生物资源相对丰富，是内蒙古绿色水产品的主产区。主要抓好呼伦湖、尼尔基水库、达里诺尔、岱海、乌梁素海等规模较大的天然水域渔业生产。对该区域要加大资源养护力度，加强渔业水域环境保护和生态综合治理。

发展方向。发展生态渔业，提升水产品加工业，强化水生生物资源养护，控制捕捞生产，积极发展休闲渔业。

2. 现代池塘产业园区建设

功能定位。在池塘连片养殖区，加快现代池塘产业园区建设，优化养殖结构，调整养殖品种，加大宜渔低洼盐碱地开发力度，推广生态养殖技术，发展综合性休闲渔业。

发展方向。加强宜渔低洼盐碱荒地开发和老旧池塘标准化改造，推广健康养殖技术和生态养殖模式，加快新品种引进、苗种繁育、疫病防控等方面工作，创新休闲渔业发展模式。

3. 中小水面人工养殖基地建设

功能定位。内蒙古中小水面资源丰富，且水质优良，饵料资源丰富，适合发展中小水面增养殖及休闲渔业。

发展方向。调整品种结构，优化养殖技术，提高中小水面养殖产量，合理安排中小水面人工增殖，推广淡水牧场养殖技术，加强中小水面渔业基础设施建设，发展综合性休闲渔业。

4. 稻田养殖基地建设

功能定位。呼伦贝尔市、兴安盟、通辽市、赤峰市等地稻田资源丰富，是发展稻田养殖的主要区域。积极探索稻田养殖新模式、新技术，实现"渔""稻"共赢。

发展方向。大力推广稻田养殖技术，开展稻—鱼、稻—蟹等养殖模式的研究，培育优良品种，规范养殖管理，建立稻鱼共生绿色水产品生产基地。

5. 盐碱水域耐盐碱生物养殖、加工园区基地建设

功能定位。鄂尔多斯市、阿拉善盟等地盐碱水域资源丰富，具有发展螺旋藻、盐藻及其他耐盐碱生物养殖、加工的有利条件。通过引进资金和技术，进一步扩大盐碱水域开发规模，推进盐碱水域产业化发展。

发展方向。重点发展螺旋藻、盐藻等耐盐生物的规模化人工养殖；开展螺旋藻粉、螺旋藻片、盐藻粉等生物产品的精深加工，建立绿色特种水产品养殖加工基地。

（三）销售加工

全国水产加工企业9 202个，水产冷库8 454座。水产加工品总量2 125.04万吨，同比增长1.64%。其中，海水加工产品1 708.81万吨，同比增长1.76%；淡水加工产品416.23万吨，同比增长1.15%。用于加工的水产品总量2 522.68万吨，同比增长1.84%。其中，用于加工的海水产品1 951.10万吨，同比下降0.10%；用于加工的淡水产品571.57万吨，同比增长9.04%。

内蒙古水产加工企业23个，水产冷库15座。水产加工品总量2 498吨，同比下降25.79%。其中，水产冷冻品1 835吨，同比下降17.27%，鱼糜制品及干腌制品633吨，同比下降0.78%。水产品加工产值1.1431亿元。

（四）渔业发展优势

潜力巨大。当前，内蒙古渔业水面开发利用率比较低，池塘和小型塘坝、间歇性水域，养殖平均单产55.9千克/亩；捕捞产量平均单产1.9千克/亩。与全国和周边省（区）存在着较大的差距，但有较大的发展空间和发展潜力。

种质资源优势。由于独特的环境因素，形成了内蒙古独有的鱼类种质资源，如黄河鲤、兰州鲇、达里湖瓦氏雅罗鱼、达里湖鲫、陈旗鲫、细鳞鱼、哲罗鱼等，这些鱼类具有很强的抗逆性，在遗传育种方面具有很高的科学价值。

环境优势。内蒙古渔业大水面大部分位于深山、草原和沙漠地区，没有污染，发展无公害、绿色、有机水产品具有得天独厚的条件。

区位优势。内蒙古地处中国北部边疆，外与俄罗斯、蒙古国接壤，内与东北、华北、西北八省（区）毗邻，具有与国内外、区内外开展水产品加工、流通、招商引资、渔业技术交流与合作的区域优势。

水域类型多样优势。内蒙古地域辽阔，横跨经度 28°52′，纵跨纬度 15°59′，生态类型多样，自东向西依次为森林、草原、沙地、沙漠，有淡水、半咸水、咸水及冷、热水资源，发展特色渔业具有明显优势。

二、2021 年内蒙古渔业发展基本情况

（一）渔业发展情况

养殖面积。2021 年内蒙古现有总水面 87.64 万公顷，与湖北省相当，排在全国的第 8 位。渔业可利用水面 65.89 万公顷，其中池塘面积 20 865 公顷，湖泊 45.31 万公顷，水库 82 521 公顷，河沟 10.24 万公顷。已利用水面 52.07 万公顷，其中养殖面积 11.39 万公顷，捕捞面积 38.22 公顷，苇田面积 24 607 公顷。

从业人口。内蒙古渔业人口 35 047 人，比 2020 年减少 2 110 人，下降 5.68%。渔业人口中传统渔民为 4 678 人，比 2020 年减少 208 人，下降 4.26%。渔业从业人员 25 049 人，比 2020 年减少 551 万人，下降 2.15%。

渔船。2021 年，年末渔船总数 1 222 艘，总吨位 2 165 吨，总功率 18 480 千瓦；非机动渔船 166 艘，总吨位 131 吨。机动渔船中，生产渔船 1 162 艘，总吨位 1 403 吨，总功率 12 362 千瓦。辅助渔船 10 艘，总吨位 276 吨，总功率 670 千瓦。

水产品产量。内蒙古水产品总产量 106 834 吨，同比减少 10 731 吨，下降 9.18%。其中，养殖产量 96 442 吨，减少 10 165 吨，下降 9.53%，捕捞产量 10 392 吨，同比减少 566 吨，下降 5.17%，养殖产品与捕捞产品的产量比例为 9∶1。

渔业产值。内蒙古渔业经济总产值 25.8638 亿元，其中渔业产值 18.8622 亿元，渔业工业和建筑业产值 1.1431 亿元，渔业流通和服务业产值 5.8584 亿元，3 个产业产值的比例为 75∶1∶24。渔业流通和服务业产值中，休闲渔业产值

2.5531亿元，同比上升6.77%。

（二）养殖品种

近年来，内蒙古不断完善保种、育种扩繁等基础设施条件，整合现有育种力量和资源，开展黄河鲤、赤眼鳟、黑斑狗鱼、拟赤梢鱼、达里湖瓦氏雅罗鱼、达里湖鲫鱼、兰州鲇等土著品种的人工繁育，提升水产供种能力。目前，内蒙古有苗种生产企业15家，年生产苗种能力2.2亿尾、鱼种7 880吨。同时，加大适宜内蒙古养殖新品种的引进力度，开展养殖试验、示范，扩大新品种推广范围。先后引进了福瑞鲤、松浦镜鲤、豫选黄河鲤、中科3号异育银鲫、长丰鲢、津新鲤、南美白对虾、海鲈鱼、河蟹、台湾泥鳅等适合内蒙古盐碱水养殖的新品种，开展了新品种苗种培育技术和成鱼养殖技术研究，完成了福瑞鲤、豫选黄河鲤、台湾泥鳅、津新鲤的人工繁育。

（三）主推技术

为了贯彻落实习近平总书记关于加快黄河流域高质量发展的要求，根据《黄河流域生态保护和高质量发展规划纲要》、2021年中央一号文件关于加快推进水产绿色健康养殖战略部署和《关于加快推进水产养殖业绿色发展的若干意见》文件精神，围绕水产绿色健康养殖"五大行动"，切实保障水产品有效供给，助力农（渔）民增产增收。2021年重点推广以下技术。

1. 池塘绿色高效养殖技术

在沿黄河及西辽河流域池塘集中地区推广池塘绿色健康养殖技术，构建池塘生态立体养殖模式，引进适宜内蒙古养殖的经过国家原良种委员会审定的水产新品种，并进行试验示范与推广，开展水产用药减量行动，推广新型药物的使用，建立新品种、新模式试验示范基地。

2. 稻渔综合种养技术

在呼伦贝尔市、兴安盟、通辽市、赤峰市、鄂尔多斯市、巴彦淖尔市等地利用稻田为基础条件，通过适度的田间工程改造，推广稻渔综合种养技术，构建稻—渔、稻—蟹、稻—虾等养殖模式，建立"稻渔综合种养"示范片或示范点，实现以渔促稻，稳粮增效，提升稻田使用效率和生态、经济效益。

3. 盐碱地渔农综合利用技术

内蒙古盐碱地资源丰富，大多集中在内蒙古西部沿黄地区以及内蒙古东部西辽河流域，通过实施以渔改碱降盐、推广盐碱绿色养殖技术与模式、盐碱水质改良与调控、盐碱养殖对象筛选与品种选育、盐碱水土复合生态工程构建、盐碱水域绿洲渔业产业化等关键技术，将白色盐碱荒地变为上可种植，下可养殖的"鱼米绿洲"，有效增加渔民增收和提高盐碱地经济效益。

4. 养殖水域生态净化技术示范与推广

"鱼菜共生"技术示范与推广。利用水生植物、花卉发达的根系，吸收养殖池塘中过量的氮磷等营养元素，降解池塘中氨氮、亚硝酸盐，达到净化水质、减少用药、节能减排、提质增效的目的。

微生态制剂调控水质技术。通过在池塘中添加微生态制剂，促进有益菌形成优势种群，快速降解、转化有机物，有效降低养殖水体中氨氮、亚硝酸盐、硫化氢等有害因子浓度，促进优良微藻的繁殖，抑制有害藻，保持稳定的良好水色，改善养殖水体环境作用显著。

微孔增氧技术。池塘微孔（纳米）增氧技术是近几年涌现出来的一项水产养殖新技术，具有改善池塘生态环境，提高水产品产量，降低能耗和饲料成本，提高养殖效益等优点，是国家重点推荐的一项新型渔业高效增氧技术。内蒙古呼和浩特市、包头市、通辽市、赤峰市、兴安盟、乌兰察布市、巴彦淖尔市、鄂尔多斯市、乌海市等地区均引入该项技术并示范推广，有效改善了养殖水质、增加溶氧、提高饵料利用率、降低疾病的发生。

5. 养殖尾水处理技术

为加快内蒙古养殖集中连片池塘标准化改造和养殖业尾水综合治理，构建四塘三坝或三塘两坝养殖尾水处理模式，通过开展池塘清淤改造—生态沟渠植物初级净化—沉淀池去除悬浮物质、淤泥—过滤池处理大颗粒有机污染物—生态净化池去除氮磷等有害物质，即达到循环利用和达标排放的要求。

（四）主要成效

1. 水产技术推广体系建设

内蒙古有水产技术推广部门 88 个，其中省级水产技术推广机构 1 个，盟

（市）级水产技术推广机构12个，旗县级水产技术推广机构75个。内蒙古水产技术推广人员914人，其中大专以上学历的765人，占技术推广人员总数的83.7%。

2. 新型渔业人才培养与培训

为了提高科技人员专业技术水平，提升技术服务能力，因地制宜，内蒙古举办了以水产养殖新品种新技术、水生动物病情测报信息系统技术、盐碱水域资源开发与利用、稻渔综合种养、冷水鱼养殖等为主题的水产养殖技术培训班。内蒙古累计举办各类培训班140次，培训人员8 310人次，发放技术材料27 545份，有效提升了从业人员的技术水平和服务能力。

3. 落实水产绿色健康养殖"五大行动"

为深入贯彻落实党的十九届五中全会关于推进绿色发展、加快发展方式转型升级战略部署，根据《农业农村部办公厅关于实施水产绿色健康养殖技术推广"五大行动"的通知》要求，继续指导内蒙古开展生态健康养殖模式推广、养殖尾水治理模式推广、水产养殖用药减量、配合饲料替代幼杂鱼、水产种业质量提升五大行动，在内蒙古建立示范点9个，其中在鄂尔多斯建立盐碱水健康养殖模式示范点2个、配合饲料替代幼杂鱼示范点1个，在兴安盟建立稻渔综合种养示范点2个，在巴彦淖尔建立养殖尾水处理模式示范点1个，在赤峰市建立瓦氏雅罗鱼种业提升示范点1个，在呼和浩特建立减量用药示范点2个。

4. 水生动物疫病防控

组织内蒙古12盟（市）、30个旗（县）的80个测报点，特别是沿黄集中养殖连片地区，对草鱼、鲢、鳙、鲤、鲫、鳊、鲇、鲴、池沼公鱼、银鱼、乌醴、罗非鱼12个鱼类和1个蟹类品种进行了病害监测，监测出养殖鱼类病害15种，监测面积覆盖31万亩，占总水面的2.17%。通过了农业农村部组织的锦鲤疱疹病毒病（KHVD）、鲤春病毒血症（SVC）、鲫鱼造血器官坏死病（CyHV-Ⅱ）、对虾白斑综合征（WSSV）、鲤浮肿病（CEVD）的能力验证。

5. 水产养殖规范用药与水产品质量安全监控

加强养殖过程中饲料、鱼药等投入品使用的技术指导，倡导不用药、少用药理念，鼓励养殖户使用新型替代药物。指导渔民使用中药预防草鱼肝胆综合征面积5 500亩，指导渔民使用新型药物预防和治疗指环虫病、烂鳃病、水霉病

5.86 万亩。开展渔业安全用药指导培训，推广新型、环保、高效、低毒渔药，倡导以防为主、防重于治的理念，发放资料 13 200 余份，池埂塘边培训渔民 2 450 人次，覆盖池塘养殖面积 15.6 万亩。

6. 休闲渔业与产业融合服务

内蒙古以休闲渔业为重点推进一二三产业融合发展，发展具有民族特色、地域风情，集文化宣传、科技展示、餐饮娱乐于一体的综合性休闲渔业，探索渔旅融合新模式，打造休闲渔业与旅游、节日庆典、体育赛事等有机融合的新业态，把渔业由单纯的生产型产业向生态型产业、旅游文化型产业延伸和拓展，截至目前，呼伦湖、纳林湖、内蒙古绿野山水生态农业开发有限公司（乌拉特中旗德岭山水库）、磴口县金马湖生态养殖专业合作社（金马湖基地）被评为全国休闲渔业示范基地，其中呼伦湖、纳林湖被评为休闲渔业主题公园。

7. 渔业公共信息服务

积极开展生产调查，采集生产信息，监测产地水产品市场价格、塘边价格，及时上报了各类信息资料。发布信息 1 200 余条，开展了内蒙古大宗淡水鱼产业发展情况、存在问题、制约因素、发展思路等有关问题的调研并进行了整理、汇总、分析，为内蒙古自治区渔业转方式、调结构提供建议和意见。为呼伦湖、乌梁素海、岱海、达里湖、哈素海等大型渔业生产基地、养殖企业、养殖户提供技术服务 940 余次。

（五）形势变化分析

进入新发展阶段，内蒙古渔业发展还将面临诸多机遇和挑战。

1. 机遇

政策方面。党中央始终把解决好"三农"问题作为全党工作的重中之重，坚持农业农村优先发展，农业支持和保护持续加力，更多资源要素向"三农"领域集聚，为渔业高质量发展提供有力支撑。"一湖两海"生态治理、黄河流域高质量发展、种业振兴、双碳计划以及《"十四五"全国渔业发展规划》的发布都为内蒙古渔业发展指明了方向。

资金支持。近几年国家对内陆渔业投资力度不断加大，2021 年内蒙古承担了渔业高质量发展、养殖尾水治理、渔业资源养护等方面任务，累计投入资金

7 000多万元，是历年来投入资金最多的一年，今后国家还将加大投入力度，为内蒙古渔业发展提供了资金保障。

市场环境。随着生活水平的不断提高，人们消费需求更加多样，对优质安全水产品和优美水域环境的需求日益增长，水产品由过去的区域性、季节性消费转为全面消费、常年消费，渔业文化、休闲体验等消费已成为渔业经济新的增长点，为渔业发展创造更为广阔的空间。

2. 挑战

刚性约束越来越强。资源环境刚性约束突出，渔业资源衰退、水域生态环境退化态势尚未根本扭转，传统养殖空间受到挤压，生产成本持续上涨。

认识不足。很多地方领导对渔业重视程度不够，没有把渔业真正作为一个产业去发展，而是简单地认为渔业体量小、不易出成绩，没有把生态保护与渔业生产很好结合起来。

支撑体系不完善。主要表现为苗种供应不足、疫病防控体系有待进一步完善，自主创新能力弱，基础设施和装备水平不高。

技术力量不足。机构改革后，队伍规模大幅缩减，尤其是旗县一级的渔业队伍力量更为薄弱，此外，存在技术人员结构老化、专业水平低，服务能力弱等问题。

三、渔业发展存在问题

（一）发展空间受限，稳产保供压力增加

由于受到生态环境保护和养殖水域滩涂规划"三区"划定的影响，内蒙古水域资源环境约束趋紧，传统养殖、捕捞水域不断减少，2021 年内蒙古水产品总产量 106 834吨，同比减少 10 731吨，下降 9.18%。其中，养殖产量 96 442吨，减少 10 165吨，下降 9.53%，捕捞产量 10 392吨，同比减少 566 吨，下降 5.17%。

（二）优质水产品供给仍有不足，不适应居民消费结构升级的步伐

内蒙古水产品生产能力还无法满足居民日常消费需求，以呼和浩特为例，2021 年呼和浩特水产品产量为 1.05 万吨，但是市场外调水产品达到 3 000多吨，

占比 30%。尤其像鳜鱼、鲈鱼、虾、蟹类等名优特产品供给能力严重不足，而且全部靠省外调运。

（三）区域品牌和企业品牌不多，具有全国影响力的水产品品牌更少

目前内蒙古水产区域品牌还没有，具有较强影响力的水产品品牌不多，仅有呼伦湖、达里湖、察尔森、哈素海、纳林湖等少数几个品牌，而且市场知名度和影响力远不及阳澄湖大闸蟹、千岛湖鱼头等知名品牌。

（四）产业链短，水产品附加值不高

内蒙古的水产品产量小，绝大多数水产品进入鲜活市场，很少一部分进入加工环节，并且大部分是简单的冷冻的粗加工，精深加工几乎没有，导致水产品附加值不高，无法有效带动产业发展。

四、渔业下一步发展思路

紧紧围绕实施乡村振兴战略和推进渔业绿色高质量发展，加快推进渔业转方式调结构。结合渔业资源实际，规划调整好养殖业、增殖业、捕捞业、加工业、休闲渔业发展格局，抓好科技支撑和带动，确保渔业综合生产能力稳定提高。推进一二三产业融合，促进渔业经济均衡发展，实现渔业增产增效，渔民持续增收。

（一）大力发展水产生态健康养殖

引导和鼓励发展池塘生态健康养殖、湖泊水库生态增殖、盐碱水域增养殖，推进稻渔综合种养等生态循环农业，推广提质增效和节水养殖、连片池塘尾水集中处理模式等新型养殖技术。强化水生动物疫病防控，推进水产苗种产地检疫制度。

（二）加快养殖结构调整

重点引进适合内蒙古水域特点的优质品种，做好新品种养殖试验示范与推

广。加强土著鱼类的保护与驯养繁殖，扶持和培育壮大一批水产苗种生产企业，大力发展名优特色水产养殖。

（三）推进渔业一二三产业融合发展

结合内蒙古实际，以休闲渔业为重点推进一二三产业融合发展，发展具有民族特色、地域风情的综合性休闲渔业，探索渔旅融合新模式，把渔业由单纯的生产型产业向生态型产业、旅游文化型产业延伸和拓展，推动美丽乡村建设。积极发展水产品精深加工，推进"互联网+"现代渔业发展。

（四）强化支撑能力建设

加大清洁生产、节能减排、疫病防控、质量安全、资源养护等方面的技术创新，开展湖泊生态修复技术、稻渔综合种养技术、高效养殖模式、盐碱水域综合利用等方面的研究。加强专业技术人员培训，提升服务水平和能力。

内蒙古自治区农药行业发展报告

一、农药行业发展基本概况

（一）农药概述

农药是指用于预防、控制危害农业、林业的病、虫、草、鼠和其他有害生物以及有目的地调节植物、昆虫生长的化学合成或者来源于生物、其他天然物质的一种物质或者几种物质的混合物及其制剂。农药是重要的农业生产资料，为保障粮食安全、农产品质量安全、生态环境安全发挥重要作用。

根据应用领域的不同，农药可以分为作物用农药和非作物用农药，其中非作物用农药包含了所有作物保护以外的农药应用，不仅可应用于公共卫生、工业防霉，也可用于医药医疗、涂料、皮革等领域。

根据防治对象不同，农药可以分为除草剂、杀虫剂（包括杀螨剂等）、杀菌剂、植物生长调节剂等。其中，除草剂、杀虫剂、杀菌剂在我国农药市场中占比较高。

根据能否直接施用，农药可以分为原药和制剂。原药是以石油化工等相关产品为主要原料，通过化学合成技术与工艺生产或生物工程制造而成，一般不能直接施用。制剂是在农药原药基础上，加入适当的辅助剂（如溶剂、乳化剂、润湿剂、分散剂等），通过研制、复配、加工、生产制得的具有一定形态、组成及规格的产品，主要以植物保护技术和生物测定为基础，以界面化学技术及工艺为研发和制造手段，其生产过程环境危害较小，可销售给客户直接使用。

（二）全国农药行业发展概况

经过70年的发展，我国农药行业从无到有、从小到大、从弱到强，取得了长足发展，农药产品满足国内需求的同时，还出口到188个国家和地区，已成为农药生产、使用、出口大国。基本形成仿制与自主创新相结合的格局，改变了过去进口与仿制为主的局面。化学合成、生物发酵等新工艺、新技术取得突破，研发创制了毒氟磷、乙唑螨腈、环吡氟草酮、双唑草酮等50多种具有自主知识产权的新农药，现有的农药品种90%以上实现国产化。农药创制能力不断增强，产品结构明显优化，在保供给、保安全、保生态方面发挥了不可替代的作用。

据统计，2020年全国农药生产企业1705家，其中规模以上企业693家，我国有11家企业进入全球农药行业20强，综合实力和国际竞争力逐步增强；全国农药总产量170.5万吨（折百，下同），出口量126.9万吨；全国农药使用量46.8万吨，其中种植业领域使用量24.8万吨，林业、草原、卫生等其他领域使用量22万吨；全国农药品种数量714个，农药登记产品总数41885个，分别比2010年增加97个和12688个。目前生产中使用的高毒剧毒化学农药（不含杀鼠剂）品种10个，比2010年减少13个，使用量占比由5%降到1%以下。全国农药经营单位32.5万家，其中23.3万家纳入农药监管信息平台。开展"双随机、一公开"监督抽查，农药质量合格率逐年提高，"十三五"时期，农药抽检合格率由84.2%提高到96.2%。

受新冠肺炎疫情、海外市场和基础原材料等多重因素影响，2021年农药价格持续上涨，全国农药信息监测网调度显示，12月农药价格指数165.3，同比上涨90.3%，比年初上涨80.3%，是近几年来涨幅最大、涨速最快的一年，其中尤以草甘膦、草铵膦涨幅最大。除草剂价格呈"指数式"强势上涨，杀菌剂价格指数先涨后跌再涨，杀虫剂价格指数总体缓和上涨（图1）。

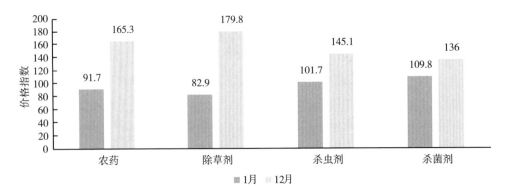

图1　2021年1月和12月全国农药价格指数对比

（三）内蒙古自治区农药行业发展概况

近几年，内蒙古农药行业发展较快，农药生产、经营、使用水平不断提升，为内蒙古实现虫口夺粮，确保粮食安全起到了重要作用。

生产能力不断增强。经过多年的发展，内蒙古农药行业逐步形成农药原药、制剂、中间体等全链条生产体系。近年来，随着国家对环保、安全生产的管理越来越严，对农药新增产能的审批门槛抬高，江苏、山东、浙江等地的农药企业，为保障订单供应、维护销售渠道、维持企业生存、降低生产风险，不断寻找新的生产基地。内蒙古具有广阔的发展空间、巨大的市场潜力和突出的资源优势，加之盟（市）地方政府出台优惠政策，积极招商引资，特别是乌海和阿拉善两地，成为农药企业认为较为适宜搬迁建厂的区域。截至 2021 年底，内蒙古共有农药生产企业 25 家，居全国第 20，农药企业入园率达到 92%。其中生产原药企业 21 家，生产制剂企业 9 家（同一个企业同时生产原药和制剂，重复计算），农药行业呈现出"原药多、制剂少"的态势。2021 年农药生产总量 6.09 万吨（商品量），其中农药原药产量为 5.77 万吨，占总产量 94.7%。

经营秩序逐步规范。自实行农药经营许可制度以来，农药经营门店布局趋于合理，质量追溯体系初步建立，限制使用农药定点经营和购销台账管理制度全面推行。截至 2021 年底，内蒙古农药经营单位 7 419 家，其中 6 999 家纳入农药监管信息平台，数据归集率达到 94%。开展"双随机、一公开"监督抽查，农药质量合格率逐年提高。农药抽检合格率由 2017 年的 84.8% 提高到 2021 年的 98.3%，提高了 13.5 个百分点。

使用水平不断提高。通过加强农药使用监管，严格管控禁限用农药，严格执行农药使用安全间隔期，控制过度用药；深入推进农作物病虫害绿色防控与统防统治融合，努力提高综合治理水平，减少农药使用量；加强宣传培训，普及植保知识和安全施药技术，提高科学合理用药水平。自 2015 年农业部实施农药使用量零增长行动以来，内蒙古农药使用水平逐步提升，到 2020 年，内蒙古农药亩均使用量 175.8 克（商品量），比 2015 年降低 85.4 克，降幅 32.7%（图 2）。

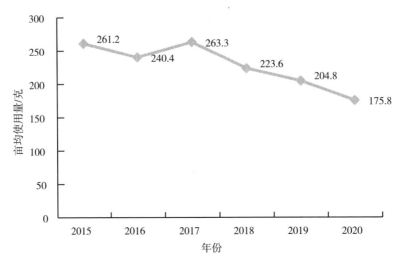

图2　2015—2020年内蒙古农药亩均使用量（商品量）

二、内蒙古自治区农药行业发展环境

（一）制度环境

2017年，新修订的《农药管理条例》及其配套规章出台实施后，内蒙古自治区政府办公厅印发《内蒙古自治区人民政府办公厅转发自治区农牧厅关于进一步加强内蒙古自治区农药管理实施意见的通知》，自治区农牧厅印发《内蒙古自治区农药管理专家工作规则》《农药生产许可评审专家工作纪律》《关于做好农药登记资料备案和农药生产许可证申请资料接收工作的通知》《内蒙古自治区农药经营许可审查细则》《内蒙古自治区农药经营许可申办规程》《内蒙古自治区农药经营许可证管理办法》《内蒙古自治区限制使用农药定点经营布局规划》《内蒙古自治区农牧业厅关于做好农药经营人员培训工作的通知》等文件，全面加强农药行业规范管理。

为依法、科学、公正开展内蒙古自治区农药生产许可审查工作，2018年内蒙古自治区农牧厅聘请国家和自治区生产工艺、质量控制、农药管理、植物保护技术等领域专家，成立内蒙古自治区农药生产许可评审专家库。并在2021年再次遴选相关专家，扩大专家库范围，组建一支业务水平高、公平公正的专家团队，提高农药生产许可审查水平。

（二）行政审批环境

严格按照"放管服"改革要求，不断完善推进农药许可标准化、规范化。一是农药行政许可实行政务公开。农药行政许可接入"内蒙古互联网+政务服务"网站，实现电子化网上申办。制定《生产许可办事指南》，明确工作流程和要求，认真做好对企业申请材料的接收登记、审核受理、材料审查、技术评审、实地核查、结果公示、审批决定、网上公布、制证发证等工作，并耐心细致地对企业做好答疑解惑。及时在门户网站公开审批过程及结果，实现全程网上办理、进度可查、短信告知等功能，做到许可审批规范透明公开，接受社会监督。二是优化行政审批流程。为进一步优化营商环境，压缩农药生产许可行政审批时限，梳理内蒙古政务服务平台权责清单、办事要件，简化程序，提高工作效率。三是推进"放管服"改革。按照国务院、自治区政府职能转变和"放管服"改革工作要求，将限制使用农药经营许可下放到盟（市），新农药登记试验审批，改为备案管理，农药生产许可、农药登记初审和农药经营许可实施优化审批举措，并出台了事中、事后监管方案。四是加强行政审批管理。严格执行《农药管理条例》及配套规章规定，重点落实好农药登记、农药生产、经营许可各项规定，严格准入条件，鼓励发展高效低风险农药，引导农药行业高质量发展。

（三）监管环境

一是农药市场日常监管。不定期组织开展农药生产、经营、使用环节监督检查。生产环节，重点监督检查生产企业证照是否齐全，生产管理是否规范，产品质量是否合格，以及二维码标注和追溯平台建设使用情况；经营环节，重点检查实体店和网店是否存在违规销售禁限用农药、"仅限出口"农药、假冒伪劣农药等行为，以及农药经营台账记录和农药存放安全隐患等；使用环节，重点检查是否存在使用禁用农药、超范围使用农药和不遵守安全间隔期等违规行为。二是农药质量监督抽查。按照"双随机、一公开"的要求，加大农药产品监督抽查力度，采取随机抽查、专项抽查、重点抽查相结合的方式，随机抽查市场销售的农药产品，专项抽查生物农药添加化学农药、低毒农药添加高毒高风险农药、敌草快等灭生性除草剂添加百草枯等违规添加农药隐性成分的产品，重点抽查往年监督抽查中发现的问题企业、问题产品。公开抽样检测结果，接受社会监督，对涉嫌违法生产经营行为及时依法查处。三是农药安全生产督导。通过组织农药生产许可专家、盟（市）和旗县农牧主管部门参与的三级联合检查组，对区内农药生产企业开展安全生产检查，督促企业严格落实安全生产主体责任。并积极开展"安全宣传月""安全生产草原行"、安全宣传"五进"等活动，对农药生产、经营、使用等环节开展安全生产宣传指导。

三、内蒙古自治区农药行业现状

（一）农药生产情况

截至2021年底，内蒙古自治区共有农药生产企业25家，主要分布在阿拉善盟、乌海市、巴彦淖尔市、鄂尔多斯市、赤峰市、呼和浩特市、呼伦贝尔市7个盟（市）的9个工业园区，入园率达92%，不在园区的2家企业为新修订《农药管理条例》实施前内蒙古自治区原有农药生产企业，其中1家已列入当地园区规划。

25家企业中，赤峰市7家，呼和浩特市2家（其中1家企业分公司在呼伦贝尔市），巴彦淖尔市2家，鄂尔多斯市1家，乌海市5家，阿拉善盟8家。其中仅生产农药原药企业16家，生产原药和制剂企业5家，仅生产农药制剂企业4家（图3）。

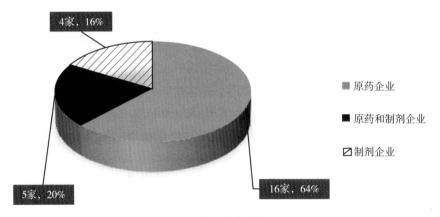

图3　生产企业占比

企业持有有效期内农药登记证 215 个，按原药和制剂划分，原药（含母药）161 个，占比 74.9%，制剂 54 个，占比 25.1%；按登记类别划分，杀虫剂 79 个，占比 36.7%，杀菌剂 51 个，占比 23.7%，除草剂 68 个，占比 31.7%，植物生长调节剂 5 个，占比 2.3%，其他 12 个，占比 5.6%（图 4）。

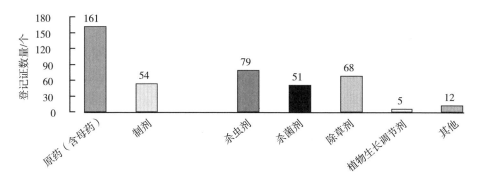

图 4 农药登记证分类

农药生产企业生产情况调度数据显示，2021 年内蒙古自治区农药生产产量 6.09 万吨（商品量，下同），其中原药 5.77 万吨，占总产 94.7%，制剂 0.32 万吨，占总产 5.3%。原药产品中，除草剂产量达到 3.06 万吨，占原药总产量的 50%，占据了半壁江山；杀虫剂/杀菌剂产量 2.5 万吨（图 5）。

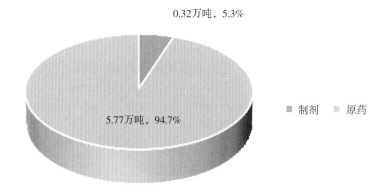

0.32万吨，5.3%

5.77万吨，94.7%

■ 制剂 ■ 原药

图 5 2021 年内蒙古自治区农药生产量（商品量）

新修订《农药管理条例》实施前，内蒙古自治区拥有农药生产企业 11 家，其中化学农药企业 9 家，非化学农药企业 2 家；仅生产原药企业 5 家，生产原药和制剂企业 5 家，仅生产制剂企业 1 家。2017 年新修订《农药管理条例》颁布实施后，在短短 5 年时间内，内蒙古自治区新增 14 家农药生产企业，其中仅生产原药企业 11 家，而且全部为化学农药企业，仅生产制剂企业 3 家。新建企业中 1 家企业为本土新建企业；2 家企业为北京和天津原有企业整体迁入；其余为江苏、浙江、湖北、河北等地企业控股投资建成企业，主要集中在阿拉善高新技术产业开发区和乌海高新技术产业开发区。

（二）农药经营情况

1. 农药经营门店情况

内蒙古自治区限制使用定点经营布局规划共设立 678 个，涉及内蒙古自治区 10 个盟（市）73 个旗县 387 个乡镇。截至 2021 年底，内蒙古自治区共有农药经营门店 7 419 家，其中限制使用农药经营门店 189 家，一般农药经营门店 7 230 家，90% 以上为个体经营，经营人员约有 1.5 万人。内蒙古自治区农药经营具有季节性，5 月上旬至 7 月初为销售高峰期，旗县级以上经营门店，大部分以批零兼营的销售模式为主，充分利用自身货源和地理位置优势，向乡镇以下零售商提供农药。销售的农药产品以杀虫剂、杀菌剂、除草剂、植物生长调节剂为主，其中除草剂占主导地位（图 6）。

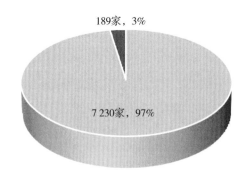

图 6　2021 年内蒙古自治区农药经营门店数量及占比

2. 产品质量情况

2017—2021 年，内蒙古自治区共计抽查农药样品 1 573 个，全部送有资质的检测机构进行了检测，因无标样或无检测方法未检测样品 148 个，有效检测 1 425 个，经检测，1 338 个样品合格，总体合格率 93.9%。从 2017—2021 年监督抽查情况看，合格率呈逐年上升趋势，从 2017 年的 84.8% 逐年上升到 2021 年的 98.3%（图 7）。

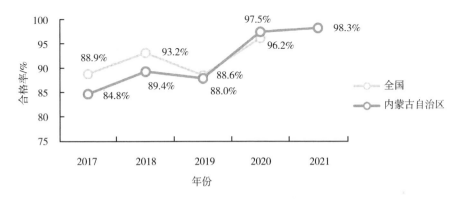

图 7　2017—2021 年农药监督抽查合格率

在近 5 年的监督抽查工作中，共发现不合格农药样品 87 个，不合格率 6.1%。主要集中表现为未检出标签标明的有效成分、检出非法添加隐性成分、有效成分含量不符合要求以及标称生产企业确认为假冒其产品等几种情况。

（三）农药使用情况

1. 稳步推进农药减量增效

2015 年农业部提出到 2020 年实现化肥农药使用量零增长行动以来，内蒙古自治区党委、政府高度重视，自治区自加压力提出到 2020 年实现负增长。内蒙古自治区党政领导组织研究部署减量工作，指导减量措施，结合建设绿色农畜产品生产加工输出基地，要求严格控制农药使用量，将控制农药使用量列入自治区农村牧区人居环境整治内容，同时也纳入盟（市）乡村振兴战略考核内容，倒逼各地落实减量工作要求。内蒙古全面加强农作物重大病虫害监测预警，及时发布病虫情信息，指导农民适时防治，减少盲目用药；大力推广生态调控、生物防治、理化诱控、科学用药等绿色防控技术，优化集成以生态区域为单元、农作物为主线的全程绿色防控技术模式，应用自走式喷杆喷雾机、植保无人机等高效植保机械，更换标准扇形喷头，推广高效低毒低残留农药新产品、增效喷雾助剂，开展农作物病虫害统防统治整建制推进，融合发展农作物病虫害统防统治和绿色防控，提升农作物病虫害防控组织化程度和科学化水平，提高农药利用率，持续减少化学农药使用量。

统计数据显示，2018年内蒙古自治区农药使用量2.96吨，减幅16.9%，2019年内蒙古自治区农药使用量2.73吨，减幅7.8%，2020年内蒙古自治区农药使用量2.34吨，减幅14.1%（图8）。

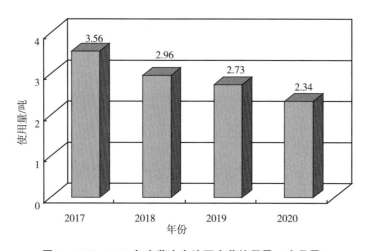

图8 2017—2020年内蒙古自治区农药使用量（商品量）

2. 2021年农药使用主要品种

2021年，内蒙古自治区农作物病虫草鼠害累计发生17 918.83万亩次，防治16 693.24万亩次，农药使用仍然以除草剂占主导，杀虫剂略多于杀菌剂的总体格局，高效、低毒、低残留农药所占比例继续增加。

除草剂使用量较多的主要有乙草胺、烟嘧磺隆、异丙甲草胺、莠去津、硝磺草酮、灭草松、草甘膦、精喹禾灵、氟磺胺草醚、烯草酮、高效氟吡甲禾灵等。杀虫剂使用量较多的主要有阿维菌素、甲氨基阿维菌素苯甲酸盐、吡虫啉、高效氯氰菊酯、高效氯氟氰菊酯、敌敌畏、辛硫磷、克百威、苦参碱等。杀菌剂使用量较多的主要有多菌灵、甲基硫菌灵、菌核净、百菌清、咪鲜胺、代森类等（图9）。

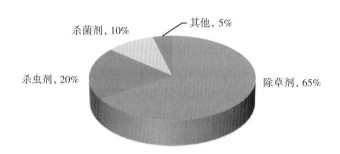

图9　内蒙古自治区各类农药使用占比

3. 2022 年农药使用情况需求预测

根据农作物种植结构调整、区域布局变化情况及农作物病虫害发生趋势，预计2022年农药使用量需求与2021年基本持平或略有下降，其中除草剂使用量将基本持平或略减，杀虫、杀菌剂使用量将有所增加，但增幅不大，低毒、低残留农药使用量、生物农药使用量及植物生长调节剂使用占比将继续增加，除草剂使用量仍然保持主导地位，杀虫剂使用量高于杀菌剂使用量。分析其原因，一方面重大病虫害呈现偏重发生趋势，要保障国家粮食安全和重要农产品有效供给，就要提高预防性和应急性防控要求；另一方面绿色防控和专业化防治面积增加，化学农药使用量持续减少。

四、内蒙古自治区农药行业发展存在的问题

（一）农药企业竞争力不强

农药新品种创新难度本身较高，对技术储备和研发投入要求较高，而内蒙古农药生产企业整体上规模有限，生产集约化程度有限，自主创新能力不强、技术装备水平不高，农药产品结构老化，企业同品种重复生产、重复登记，产品同质化，缺少有市场竞争力的产品。随着准入门槛的提高和绿色、高效农药等质的要求，部分中小企业将面临淘汰风险。

（二）经营人员素质有待提高

按照《农药管理条例》和《农药经营许可管理办法》要求，农药经营人员应具有相关学历或 56 学时培训经历，熟悉农药管理规定，掌握农药和病虫害防治专业知识，能够指导安全合理使用农药。实际中，特别是旗县、乡镇一级，从事农药经营的人员年龄普遍偏大，学历有限、业务素质总体不高，不能准确判断病虫害发生情况，指导农民安全合理选购农药的能力不足，超范围推荐、混配、加大剂量等不规范用药情况时有发生，农药安全使用仍有风险。

（三）农民科学合理用药水平亟待提高

内蒙古病虫害种类多，农药使用群体庞大，农民普遍缺乏农药基本知识，随意混用、加大剂量、超范围使用、不按安全间隔期规定施药等违规用药现象时有发生。如何提高农民的用药水平，已经成为提高防治效果、缩减用药成本和减少药害，推进农药减量控害的关键因素。

（四）农药监管存在薄弱环节

农药生产无论是工艺、环境、安全生产等，都是现有农牧部门工作人员不熟悉的领域，各盟（市）、旗县行业部门仅有 1~2 名工作人员，短时间内难以吸纳熟悉化工生产的专业人员，监管效能发挥有限。且按照农业农村部规定，企业申请农药生产许可时已经具备完整的农药生产条件，农牧部门仅核实生产条件和质量，对产业布局、产能等难以制约。且日常监管和执法处罚分离，分别有行业主管部门负责和地方执法部门负责，出现问题时不便于衔接。

（五）农药企业安全水平不高

内蒙古农药生产企业多数虽然在园区，但主要处于黄河沿线，并以原药生产为主，生产制剂的企业仅 1/5。原药生产环节复杂，产生的"三废"较多，废弃物处置安全环保风险、安全生产风险较高。

五、内蒙古自治区农药行业发展方向及对策

（一）发展方向和目标

到 2025 年，农药行业布局更加优化，行业结构更趋合理，对农业生产的支撑作用持续增强，绿色发展和高质量发展水平不断提升。

布局合理化。促进农药生产企业兼并重组、转型升级、提质增效，加快优化组织结构，整合内部资源，压缩过剩产能，培育一批竞争力强的大中型生产企业。

经营规范化。在重点区域打造一批农药标准化经营服务门店，提升农药经营标准化管理水平及开方卖药、指导服务水平。完善农药经营台账，健全农药可追溯平台，实现农药溯源管理。力争到 2025 年，内蒙古自治区农药标准化经营服务门店 10 家以上。

使用专业化。加强农药科学安全使用技术普及，大力推广绿色防控技术，着力发展专业化统防统治服务，提高农作物病虫害防控组织化程度和科学化水平。到 2025 年，内蒙古自治区农作物统防统治面积达到 5 000 万亩以上，持续推进化学农药减量使用。

管理现代化。完善信息化、智能化监管服务。健全管理制度，改善工作手段，形成上下一体、运行高效、支撑有力的现代化管理体系，全面提升农药监管服务能力和水平。

（二）发展对策及建议

1. 优化行业布局

严格生产许可，提高企业准入门槛，加强对农药行业发展战略研究，优化生产布局，控制企业盲目迁入扩张和重复建设，强化环保和生态要求，严格控制高污染企业落地，淘汰落后工艺、设备。加强政策引导，鼓励和支持农药生产企业采用先进技术和先进管理规范，培育一批具有核心竞争力的企业集团。

2. 优化产品结构

因地制宜加强宏观调控，出台优惠政策，鼓励企业要以保障绿色高质量发

展目标，优化农药产品结构，鼓励企业增加科研投入，研发创新更多的低毒、低风险和环境友好型的农药，优化已登记产品，淘汰落后产品，促进产品更新换代，转型升级，顺应新时期绿色农业发展需要。

3. 优化经营网点布局

修订《内蒙古自治区农药经营许可审查细则》《内蒙古自治区农药经营许可申办规程》《内蒙古自治区农药经营许可证管理办法》等制度。严格执行内蒙古限制使用农药定点经营布局规划，在农产品优势产区和产粮大县合理布局农药经营门店数量，满足病虫草鼠害防治需求。进一步规范农药经营许可审批程序，严格执行农药经营许可制度，做好跨盟（市）农药经营许可审批。

4. 提升监管水平

进一步强化监管，探索长效管理机制，提升农药管理综合业务素质，不断提高工作能力和水平。一是加大农药监督抽查力度。全面推行"双随机、一公开"监督检查，以农药生产经营条件、产品质量为重点，加大农药监督检查和抽检力度，严厉打击违法违规行为，进一步规范农药生产、经营和使用行为，确保农药产品质量。二是加大农药使用监管力度。严禁非法使用禁限用农药、未登记农药，严格执行农药使用安全间隔期，严肃查处违法违规用药行为；加强安全用药技术指导，指导农民科学选药用药，遵守农药安全使用操作规程，妥善保管农药，确保农药使用安全。三是加大农药安全生产检查力度。开展农药安全生产检查，督促农药生产经营企业全面落实安全生产主体责任，大力宣传安全生产法律法规、安全用药技术等，进一步提高农药生产企业、经营单位、种植大户、农民群众安全生产意识，营造良好的农药安全生产氛围。

5. 推进农药减量控害

建议政府出台相关补贴政策，加大投入、整合存量、优化投向，为项目化推进农药减量工作提供资金支持，使农药减量各项技术措施真正得到推广应用。充分利用黄河流域农业面源污染综合治理、"十四五"期间农业绿色发展规划等项目的政策扶持和资金投入，持续推进化学农药使用量减量化。一是推进绿色防控，大力推广生物防治、理化诱控、科学用药等绿色防控技术，集成以区域为单元、作物为主线的农作物病虫害全程绿色防控模式。二是推进统防统治，大力扶持发展专业化防治服务组织，推进绿色防控与统防统治融合，提高农作物病虫害防控组织化程度和科学化水平。三是推广高效植保机械、生物农药和高效低毒农药新产品，实现精准施药、减施增效。四是严格执行《农药包装废弃物回收处理管理办法》，落实收集、回收、处置等主体责任，积极推进农药包装废弃物回收处理，减少农业面源污染。

6. 加强培训指导

各级农牧部门缺乏化工、质量控制等专业技术人员，应探索长效管理机制，开展国家和内蒙古自治区行业政策质量控制、企业安全生产及相关法律法规等方面的政策解读和业务知识培训，提升农药管理综合业务素质，提高工作能力和业务水平，强化工作职责。

内蒙古自治区肥料行业发展报告

化肥是农业现代化进程中重要的生产资料，化肥的投入对提升粮食安全保障水平和保障重要农产品有效供给起到了关键作用。正是由于化肥显著的增产增收作用，其施用量逐年增加，直至部分区域、部分作物出现了盲目过量施肥的现象，直接导致了农业生产成本增加、农产品品质下降、地力失衡等一系列问题，甚至为部分区域带来了面源污染隐患。为此，2005 年国家启动了测土配方施肥项目，内蒙古陆续在内蒙古范围内推广测土配方施肥技术。2015 年农业部又提出了"到 2020 年实现化肥使用量零增长"的目标，随着化肥减量增效技术的全面推进，农民传统的施肥观念和习惯施肥措施发生了一定的变化，化肥使用量实现了负增长。

为了进一步了解化肥生产销售和使用情况及变化趋势，通过查阅相关资料，收集 2015—2020 年各年度《内蒙古自治区统计年鉴》数据和统计内蒙古及各盟（市）化肥施用情况，在此基础上进行分析，提出了下一步工作思路。

一、肥料产业发展概况

（一）全球肥料产业发展概况

肥料是重要的农业生产资料，为粮食提供其生长所需的营养物质，在促进粮食和农业生产发展中起到重要作用。2020 年，全球氮肥产能约为 1.81 亿吨、磷肥产能约为 6 010 万吨、钾肥产能约为 6 140 万吨。世界化肥的生产主要集中分布在亚洲、北美洲及欧洲，三大洲占据了全球化肥生产总量的 90%以上，其中又以东亚、北美、南亚、东欧为化肥的主产区域。亚洲东部的中国，南亚的印度、巴基斯坦，北美的美国、加拿大，东欧的俄罗斯、白俄罗斯等国都是世界化肥生产国的典型代表，而拉美、南亚等地为全球肥料净流入区域。自 20 世纪 90 年代末期亚洲一举超越北美洲成为世界最大的化肥主产区以来，近几十年世界化肥生产区域的分布整体保持不变。亚洲一直是世界化肥生产的第一大区域，北美洲位列第 2，欧洲紧随其后，此后依次是非洲、南美洲和大洋洲。

2020 年，化肥是世界第 47 大贸易产品，贸易总额为 626 亿美元。化肥贸易占世界贸易总额的 0.37%。2020 年，全球最大的化肥进口国是巴西（78.2 亿美元），其次是印度（65 亿美元）、美国（53.4 亿美元）、中国（26.2 亿美元）和法国（18.3 亿美元）。分区域来看，亚洲及欧洲是最主要的肥料进口市场，其次是南美洲和北美洲。2020 年全球氮肥贸易额共 225 亿美元，全球前十大氮肥进口国分别为印度、巴西、美国、法国、澳大利亚、泰国、土耳其、墨西哥、德国、英国。2020 年全球磷肥贸易额约为 14.3 亿美元，全球前十大磷肥进口国分别为巴西、印度尼西亚、美国、法国、澳大利亚、荷兰、乌拉圭、阿根廷、布隆迪、缅甸。2020 年，全球钾肥贸易额约为 151 万美元，其中中国、美国、巴西是最主要的进口国。全球前十大钾肥进口国分别为美国、巴西、中国、印度、印度尼西亚、比利时、缅甸、韩国、波兰、越南。

2020 年，世界最大的化肥出口国是俄罗斯（76 亿美元），其次是中国（69.9 亿美元）、加拿大（54.9 亿美元）、摩洛哥（37.1 亿美元）和美国（36.8 亿美元）。分区域来看，欧洲和亚洲占据了全球肥料出口的主要份额。全球氮肥出口主要来自亚洲及欧洲，全球前十大氮肥出口国分别为中国、俄罗斯、沙特阿拉伯、荷兰、埃及、卡塔尔、阿曼、阿尔及利亚、德国、比利时。中国、俄罗斯是最重要的两大氮肥出口国；中国和摩洛哥是磷肥出口最主要的国家，中国是目前全球最大的磷肥生产国及出口国，摩洛哥拥有全球最大的磷矿石储量。全球前十大磷肥出口国分别为中国、摩洛哥、埃及、以色列、荷兰、约旦、泰国、黎巴嫩、墨西哥、澳大利亚；全球钾肥出口主要集中在欧洲及北美洲，其中加拿大、俄罗斯、白俄罗斯占据全球钾肥出口市场的主要份额。全球前十大钾肥出口国分别为加拿大、白俄罗斯、俄罗斯、德国、约旦、美国、以色列、中国、立陶宛、比利时。

（二）全国肥料产业发展概况

进入 21 世纪以来，我国的肥料行业发展迅速，研究出了各类复合型的尿素材料，并提高了尿素的制造技术水平。从 2000 年开始，我国化学肥料发展实现了突破性进步，化学肥料已经从基础性的肥料逐渐过渡成为专用型肥料。很多化肥的综合技术指标已经逐渐突破了国家先进水平，社会竞争力显著提高。在这一期间，高浓度化肥替代低浓度化肥，占据主导地位，同时高效化肥产品的理论创新、技术策略和产业途径不断发展，高效产品实现产业化，中国已成为全球新型高效肥料研发的热点国家。

2020年我国化肥产量为5 395.8万吨，其中氮肥产量为3 652.27万吨、磷肥产量为1 218.1万吨、钾肥产量为525.43万吨。从各省份产量情况来看，2020年我国化肥产量前十的省份依次为青海523.14万吨、湖北490.03万吨、河南489.2万吨、内蒙古424.17万吨、山西400.21万吨、四川359.13万吨、山东352.64万吨、贵州338.91万吨、新疆315.4万吨、安徽368万吨。2020年我国农用化肥施用折纯量为5 250.65万吨，同比下降。其中农用氮肥施用折纯量为1 833.86万吨；农用磷肥施用折纯量为653.85万吨，农用钾肥施用折纯量为541.91万吨；农用复合肥施用折纯量为2 221.02万吨。

从市场规模情况来看，随着我国化肥产业的不断发展，我国化肥行业市场规模也随之不断增长，但受限于产业结构调整及政策监管等原因，规模增速日益趋缓。2020年我国化肥行业市场规模达2 912亿元，同比增长2.2%。从我国化肥相关企业情况来看，随着我国化肥产业结构的不断调整及行业去产能的不断推进，我国化肥行业相关企业注册量整体处于一个下降的趋势。资料显示，2020年我国化肥相关企业注册量为11.02万家，同比下降20.72%。我国化肥以出口为主，是世界主要的化肥出口国之一。随着我国化肥行业的不断发展，近年来我国化肥出口量及出口金额也随之不断增加。2020年我国矿物肥料及化肥出口量为2 913.07万吨，同比增长5.13%；出口金额达到67.21亿美元。

（三）内蒙古肥料产业发展概况

内蒙古现有肥料生产企业411家，其中呼和浩特市54家，包头市46家，鄂尔多斯市22家，巴彦淖尔市63家，乌海市7家，阿拉善盟1家，乌兰察布市18家，锡林郭勒盟52家，通辽市65家，赤峰市38家，呼伦贝尔市23家，兴安盟22家。主要登记产品有机肥料、有机—无机复混肥料、掺混肥料、复混肥料、水稻苗床调理剂。2010—2015年办理登记产品597个，2015—2020年办理产品登记2 113个，增长约3.8倍。其中有机肥料产品登记证566个，有机—无机复混肥料登记证 114 个，掺混肥料登记证 1 623 个，复混肥料登记证 392 个，水稻苗床调理剂登记证 15 个。2015—2020 年，随着企业及登记产品数量的增加，肥料年产能得到了大幅度提高。内蒙古肥料生产企业年产能约 1 189 万吨，其中有机肥料类产品年产能约 598 万吨，化类产品年产能约 591 万吨。有机肥料产品主要销售海南、陕西、广东、广西和四川等经济作物为主的南方地区。化肥产品主要销往辽宁、吉林、黑龙江和内蒙古等大田作物为主的北方地区（图 1）。

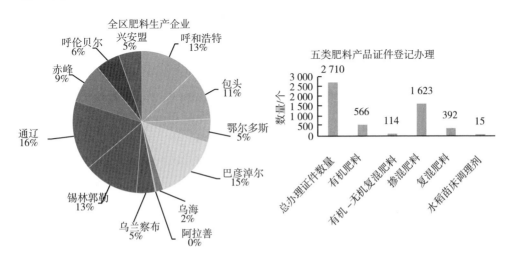

图 1　内蒙古自治区肥料生产企业及肥料产品登记办理情况

2020 年，内蒙古化肥总用量 207.7 万吨，占全国化肥总用量 5 251 万吨的 3.9%，其中氮肥 77.11 万吨，磷肥 36.04 万吨，钾肥 17.1 万吨，复混肥 77.45 万吨；化肥亩均用量 15.6 千克，比全国平均水平低 5.3 千克。与其他毗邻的省（区）相比，化肥亩均用量较吉林省低 20.3 千克，较河北省低 7.9 千克，较山西省低 4 千克，较甘肃省高 2.4 千克。可见，内蒙古总体施肥水平相对较低。

二、内蒙古化肥使用变化趋势

（一）2015—2020 年内蒙古化肥使用情况

2015—2020 年，内蒙古各年度播种面积、粮食总产量和化肥总用量见图

2。2015 年内蒙古播种面积 756.8 万公顷，化肥总用量为 229.40 万吨，粮食总产量 658.5 亿斤；到 2020 年内蒙古播种面积 888.28 万公顷，化肥总用量 207.69 万吨，粮食总产量达到 732.8 亿斤。与 2015 年相比，2020 年内蒙古播种面积增加 131.5 万公顷，施肥量减少了 21.7 万吨，粮食产量增加了 74.3 亿斤。粮食产量的增加是由于播种面积增加和种子、栽培等方面的科技进步，但更主要的是化肥的大量投入使用，在粮食产量中，化肥的贡献率占 40%~50%。

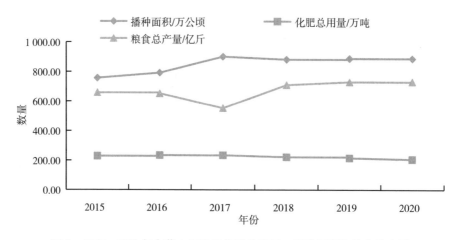

图 2　2015—2020 年内蒙古自治区化肥总用量、播种面积和粮食总产量

（二）2015—2020 年化肥施用水平变化趋势

内蒙古化肥平均亩施用量基本可以分为三个阶段：第一个阶段是大面积示范推广阶段。1988—2006 年，平均施肥量从 3.6 千克/亩增加到 12.8 千克/亩，平均每年增加 0.50 千克/亩左右，单位面积的化肥投入逐年增加，这个阶段正是粮食产量大幅提高的阶段，生产中传统碳铵、二铵、尿素等常规肥料应用较广泛。第二阶段是测土配方施肥阶段（2005 年启动，2006 年开始实施）。2006—2015 年，平均施肥量从 12.8 千克/亩增加到 20.2 千克/亩，平均每年增加 0.70 千克/亩左右。增幅较前阶段高的主要原因，一是内蒙古经济作物的播种面积从 1 317 万亩增加到 2 766 万亩以上；二是为了保证粮食产量，在土壤养分含量较低、施肥不足的区域，依据测土配方施肥结果增加了施肥量。虽然增幅较大，但测土配方施肥优化了施肥结构，2006 年氮磷钾肥施用比例为

1：0.37：0.17，2015 年氮磷钾肥施用比例为 1：0.45：0.21，氮肥比例减少，磷钾肥比例增加。第三阶段化肥减量增效阶段。2015 年，农业部提出了到 2020 年化肥使用量实现零增长的目标，在内蒙古推广化肥减量增效技术，平均施肥量从 2015 年的 20.2 千克/亩减少到 2020 年的 15.6 千克/亩，平均每年减少 0.70 千克/亩左右，而且施肥结构进一步优化，氮磷钾肥施肥比例为 1：0.50：0.23。2015—2020 年内蒙古化肥平均施用量见图 3。

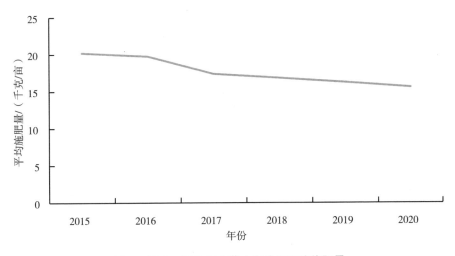

图 3   2015—2020 年内蒙古自治区平均施肥量

三、各盟（市）化肥施用情况及变化趋势

（一）各盟（市）化肥总用量及变化趋势

2015—2020 年多数盟（市）的化肥总用量也呈递减趋势（图 4）。

2015—2020 年大部分盟（市）化肥总用量开始减少，其中赤峰市减幅最大，总用量减少 7.97 万吨；其次分别为通辽市、兴安盟和呼伦贝尔市，总用量分别减少 7.08 万吨、3.03 万吨和 2.60 万吨；其中呼和浩特市、鄂尔多斯市和巴彦淖尔市化肥总用量仍在增加，增加量分别为 1.51 万吨、0.03 万吨和 0.14 万吨（图 5）。

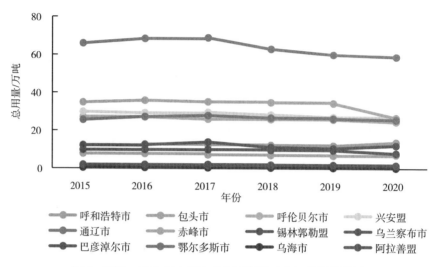

图 4　2015—2020 年内蒙古自治区各盟（市）化肥总用量

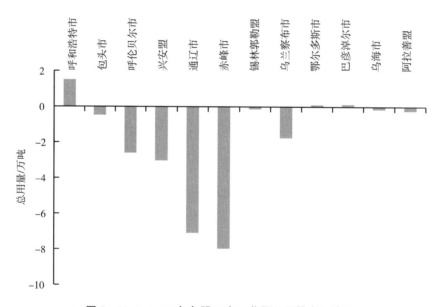

图 5　2015—2020 年各盟（市）化肥总用量变化情况

（二）各盟（市）化肥施用水平及变化趋势

2015—2020 年，除呼和浩特市以外各盟（市）施肥强度（亩均施肥量）均呈现降低的趋势（图6）。

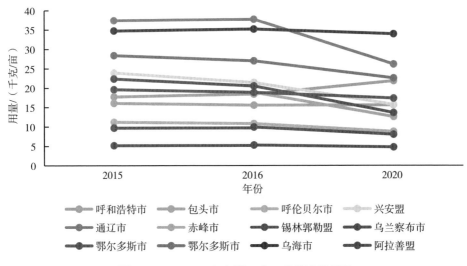

图6 2015—2020年各盟（市）化肥亩均用量

2015—2020年（图7），呼和浩特市每亩平均施肥量增加4.12千克，其他各盟（市）平均施肥量都在减少，其中通辽市平均每亩减少11.29千克；其次是阿拉善盟、兴安盟、赤峰市和巴彦淖尔市，平均每亩分别减少8.77千克、

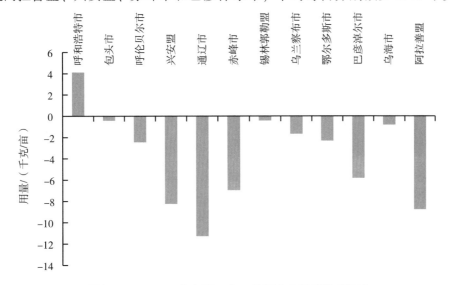

图7 2015—2020年各盟（市）化肥亩均用量增减情况

8.24千克、6.96千克和5.83千克；其余各盟（市）减少量均小于5.0千克。

四、化肥使用方面存在的问题

化肥使用方面存在的问题突出表现在"四个不平衡"。

（一）耕地地力与施肥之间的不平衡

内蒙古耕地面积1.39亿亩，虽然面积较大，但质量较差。内蒙古耕地土壤有机质含量低于2克/千克的面积占总耕地面积的56.1%，低于1.5克/千克的面积占31.0%；瘠薄型耕地面积占总耕地面积的33.5%。由于土壤肥力低，土壤贡献率平均67.5%，化肥贡献率平均32.5%，即目前内蒙古730亿斤的粮食产量中，有近240亿斤的粮食依赖于化肥。

（二）不同地区之间施肥不平衡

地处河套平原、西辽河平原的巴彦淖尔市和通辽市化肥用量较大，平均亩用量分别22.57千克和26.13千克，高于全国平均水平，盲目过量施肥现象严重。

（三）作物之间施肥不平衡

水浇地玉米、小麦、水稻和附加值较高的喷灌、滴管马铃薯、设施蔬菜、经济作物，为了追求高产，盲目过量施肥现象普遍存在，而旱作玉米、小麦、大豆和杂粮杂豆等施肥量较少，部分地区存在施肥不足的现象。

（四）不同施肥种类之间的不平衡

有机肥和化肥之间，2020年内蒙古使用有机肥的量4 046.95万吨，有机肥提供的养分量43.93万吨，仅占肥料养分总量的17.5%；不同化肥品种之间，2020年施用省工省时、肥料利用率高的高效缓控释肥、水溶肥使用量92.29万吨，占化肥总用量的44.4%。

五、下一步工作思路

（一）地力提升和标准化生产并进减少化肥用量

高质量的耕地能够增加土壤库容，保水保肥，提高化肥利用率。耕地质量提高了，化肥用量就能降下来。一是增施有机肥，结合"畜禽粪便处理"项目，大力推广有机肥应用，对商品有机肥进行补贴；二是结合"秸秆综合利用"项目，大力推广秸秆还田技术，对秸秆粉碎、翻压环节进行补贴；三是结合"深耕深松"项目，通过深耕深松，打破犁地层，形成疏松深厚的耕作层，增加土壤的保水保肥能力；四是利用河套灌区两季不足一季有余的光热条件，大力推广麦后复种绿肥技术，与乡村增绿相结合，翻压还田，提升地力；五是结合十大行动和标准化生产，依据标准精准确定施肥量，大力推广 6 种主要作物的标准化施肥技术，实现精准施肥减量。

（二）水肥一体化和机械深施肥结合减少化肥用量

一是结合旱作农业技术推广项目，大力推广水肥一体化技术，可使氮肥利用率由 30% 提高到 50%~60%；二是在没有高效节水灌溉的区域，与农机部门合作，改进传统施肥方式，大力推广农机农艺融合侧深施肥技术。通过推广水肥一体化和机械深施肥技术，改进施肥方式，实现适期适法适量施肥，提高化肥利用率，减少化肥用量。

（三）配方肥和缓控释肥互补减少化肥用量

一是结合农业农村部"化肥减量增效"项目，按照施肥总量控制，分区规划，并在有条件的地区建设智能化配肥站，大力推广配方肥；二是在"十三五"期间自治区农牧厅联合工商行政管理局、质量技术监督局、内蒙古广播电视台和内蒙古自治区土壤肥料学会联合开展的"内蒙古新型肥料遴选荐优管控助农行动"基础上，"十四五"期间，继续加强新型肥料的推广应用。通过推广配方肥和缓控释肥料，优化施肥结构，减少化肥用量。

（四）种植业结构调整和轮作休耕实现化肥减量。

在广大的旱作区结合品牌强农战略，打造杂粮杂豆生产基地，压减用肥量较大的玉米种植面积，扩增用肥量较小的杂粮杂豆种植面积，减少化肥用量；在有条件的地区，探索合理的休耕模式，建立合理的轮作制度，通过休耕轮作减少化肥用量。

内蒙古自治区农机行业发展报告

2021 年是第二个百年奋斗目标开启之年，也是"十四五"规划和"三农"工作重心转向全面推进乡村振兴的第一年，内蒙古农机行业坚持以习近平新时代中国特色社会主义思想指导，认真贯彻落实党中央和内蒙古自治区党委的决策部署，紧盯农机行业发展的重点地区、薄弱领域和短板环节，以落实《国务院关于加快推进农业机械化和农机装备产业转型升级的指导意见》《内蒙古自治区人民政府关于加快推进农牧业机械化和农机装备产业转型升级的实施意见》精神为主线，扎实推动农业机械化和农机装备产业转型升级，不断开创新局面，为实施乡村振兴战略，实现农牧业农村牧区现代化提供机械化技术装备有力支撑和服务保障。

一、农机行业发展总体情况

2021 年，内蒙古农机行业发展总体向好，农牧机装备总量、农牧业生产机械化水平稳步提高，农机化新技术新机具推广应用进一步扩展，农机社会化服务能力显著提高，农机购置与应用补贴政策规范实施，农机试验鉴定能力不断拓展，农机安全生产稳步推进，农机工业总体发展平稳，态势良好。

（一）农牧机装备数质俱增，机械化水平稳步提升

截至 2021 年底，内蒙古农牧业机械总动力达到 4 239.42 万千瓦，比"十三五"末增长 4.5%；拖拉机拥有量达到 124.83 万台，比"十三五"末增长 1.9%，其中 80 马力①以上拖拉机拥有量 7.37 万台，增长 8.2%；谷物联合收获机拥有量达到 4.39 万台，比"十三五"末增长 4.3%；拖拉机配套机具达到 230.87 万部，

---

① 1 马力约为 0.735 千瓦。

比"十三五"末增长1.5%，其中与80马力以上拖拉机配套机具22.48万部，增长4.1%。装备结构进一步优化，对现代农牧业发展的支撑保障能力进一步增强。高端、智能、信息化农牧机装备应用速度加快。2021年，内蒙古农作物综合机械化率达到86.54%，同比提高0.44个百分点，其中小麦、玉米、水稻、马铃薯、大豆、油菜综合机械化率分别达到99.45%、93.43%、98.97%、95.76%、92.96%、74.68%。畜牧养殖、设施农业等农机装备稳步发展。内蒙古畜牧业机械化率达到42.18%，农产品初加工机械化率达到63.30%，水产养殖机械化率达到27%，设施农业机械化率达到44%。

（二）机械化信息化融合发展步伐加快

坚持以信息化加速农业机械化转型升级发展思路，加快推进物联网、大数据、智能控制、北斗导航等信息技术在农机装备、农机作业和管理服务上的应用。截至2021年底，内蒙古自治区农机化信息服务平台功能进一步完善，农机深松整地管理系统、黑土地保护性耕作管理系统正常上线运营，在线机具达到18 505台（套），基本做到农机作业机械可调度、作业面积可统计、作业轨迹可查询，为深入推进"互联网+农机作业"奠定了坚实的基础。

（三）农机购置与应用补贴政策规范实施

"十三五"期间，内蒙古实施农机购置与应用补贴资金62.8亿元，补贴机具36.9万台（套），受益农户31.6万户。2021年启动内蒙古自治区2021—2023年新一轮农机购置与应用补贴。进一步调整完善补贴机具种类范围，拓展内蒙古农牧业生产各重点领域所需机具，推进内蒙古农机化向全程全面升级。缩减技术相对落后的农机产品，优先支持大型、高端、绿色机械设备，优化农牧业机械装备结构。补贴范围涵盖20个大类38个小类79个品目。其中为支持内蒙古自治区推进的黑土地保护性耕作技术，结合"优机优补"政策导向，增加了高性能免耕播种机档次。为支持内蒙古自治区设施农业和畜牧业发展，开展了节能日光温室（塑料大棚）标准化钢结构骨架新产品补贴和畜牧业机械内蒙古自治区财政资金累加补贴和单独补贴。对高耗能、安全性差的老旧拖拉机、联合收获机等农机产品实施报废更新补贴政策。创新工作方式，启动了农机购置与应用补贴系统同监理系统互联互通，以及补贴机具二维码标识、手机 App 办理、补贴机具物联网监控三种功能合一的"三合一"管理方式。2021 年中央财政下达内蒙古农机购置与应用补贴资金 11.85 亿元，自治区财政安排畜牧业机械补贴资金 4 122 万元，补贴各类农牧业机械 73 143 台，受益户 70 487 户。

（四）农机化产业日益壮大，服务能力持续提升

2021 年内蒙古农机服务组织达到 4 338 个，同比增加 193 个，其中农机专业合作社 3 272 个，同比增加 177 个；内蒙古共有农机户 1 221 229 户，其中农机原值 20 万元以上农机大户 3.56 万余户。内蒙古农机维修厂及维修点 6 564 个，同比减少 105 个。内蒙古乡镇农机从业人员 1 706 554 人，同比增加 2 183 人。农机作业、维修等服务收入 1 756 361.39 万元，同比增加 8 888.55 万元，其中农机作业服务收入 1 382 139.64 万元，同比增加 30 004.39 万元。农机专业合作社作业服务面积 263.262 万公顷，同比增加 17.163 万公顷，其中托管服务面积 41.922 万公顷，同比增加 3.793 万公顷。农机合作社等新型经营主体为主开展的农机社会化服务不断拓展领域，一方面从耕、播、收作业延伸到全程和全面机械化作业，从单一环节托管服务向全域托管服务发展，另一方面积极开展农机维修、配件供应、机具租赁、旧机交易、政策及技术咨询、作业及技术服务信息发布等社会化服务。2021 年发放农机跨区作业证 2 600 张，农机跨区作业面积达 43.280 万公顷。内蒙古自治区有 9 家农机合作社入选农业农村部编印的《"全程机械化+综合农事"服务中心典型案例》。

（五）农机化新技术推广应用进一步扩展

以保障粮食安全为主要目标，大力开展新机具、新技术、新模式的推广应用。东北黑土地保护性耕作行动计划扎实推进。2021 年完成东北黑土地保护性耕作实施面积 1 116 万亩，较上年增加 357 万亩，增幅达 47%，超额完成计划任务。落实农机深松整地作业补助 17 893 万元，用于开展农机深松整地作业补助试点面积 715.72 万亩；国家下达内蒙古农机深松整地作业任务 1 193 万亩，实际完成作业面积 1 364.63 万亩，完成全年任务的 114.39%。以玉米、大豆、马铃薯、小麦、水稻等作物为重点，聚焦高效植保、联合收获、粮食烘干关键环节，开展主要农作物全程机械化示范推广，内蒙古有 32 个旗县列为全国主要农作物

全程机械化示范县，呼伦贝尔市整建制率先基本实现主要农作物生产全程机械化。2021年，推进补齐粮食生产全程机械化短板、粮食机械化生产关键环节减损提质、东北黑土地保护性耕作推进行动提质扩面、大豆玉米带状复合种植机具研发推广等重点工作稳步推进。全程全面机械化对主要粮食作物生产的支撑保障能力进一步增强。

围绕内蒙古现代畜牧业发展，积极推进畜牧规模化养殖全程机械化。一是大力推广优质饲草种植、收获打捆一体化、秸秆转化饲料等系列技术，进一步提升草业高端生产全程机械化水平。二是聚焦畜禽饲养环节，大力推广饲喂、棚圈清理、粪污处理及资源化利用等机械化设施设备，产业农机装备稳步发展。

（六）质量保障取得新成效

2021年在8个盟（市）41旗县开展了安全性、可靠性、适应性和售后服务状况方面的质量调查工作，共计调查大型轮式拖拉机、精播机、穴播机、免耕播种机400台，调查发现的相关问题反馈企业，提出整改要求，促进了农机产品质量、维修质量、作业质量和售后服务水平稳步提升。依法依规开展农机质量投诉受理调解工作，维护合法权益，化解社会矛盾。全年处理完成4起投诉案件，涉及机具19台（套）。

农机试验鉴定能力范围不断拓展。农机试验鉴定产品种类指南达11个大类24个小类50个品目，基本覆盖内蒙古自治区农牧机生产企业规模生产的产品，并不断提升扩展对支撑农牧业绿色发展、农牧业新技术、农牧业机械化生产薄弱环节的新产品以及智能化、信息化高端农牧机产品的试验鉴定能力范围，内蒙古自治区制定发布专项鉴定大纲，开展创新农牧机新产品试验鉴定，竭力满足自治区农牧业机械化发展迫切需求。2021年起草《牛粪捡拾机》等5项专项鉴定大纲，内蒙古自治区累计制定发布15个自治区农机产品专项鉴定大纲，其中现行有效10个。

（七）农机安全生产水平得到新提升

通过开展农机"安全生产月"、安全生产专项整治三年行动等活动，对无证驾驶、无牌行驶、未年检、拼装改装、违法载人等违法违规行为进行严查，排除安全隐患。2021 年内蒙古全年累计报告在国家等级公路以外的农机事故 5 起，死亡 3 人，受伤 3 人，经济损失 5.3 万元，未发生重特大农机事故，内蒙古农机安全形势总体平稳。2021 年全年新注册拖拉机 63 310 台、联合收获机 5 269 台，安全技术检验拖拉机 112 992 台、联合收获机 7 998 台、新考驾驶员 38 801 人。

（八）农机工业平稳发展

内蒙古自治区农机工业紧紧围绕现代农牧业发展需求创新发展，科技创新能力不断增强，农牧机产品技术水平向中高端发展速度加快。秸秆牧草打捆机、搂草机、精量播种机、葵花收获机、甜菜收获机、中药材挖掘机等农机产品品牌效应初显，市场占有率稳步提高，畜牧业机械研发制造成为内蒙古一大亮点。创新发展步伐进一步加快，"互联网+"、共享农机、智能制造、数字化车间以及一些现代化管理方式逐步与全国接轨。截至 2021 年底统计，内蒙古共有农牧业机械制造企业 140 余家，其中规模以上企业 8 家，主营业务收入 4.6 亿元，规模以下小微企业 130 余家。主要包括耕种施肥机械、收获机械、饲草料加工机械、农产品加工机械、农机具零配件加工五大类产品。内蒙古农机工业发展已形成呼伦贝尔市的牧草收获机械、耕整地机械、播种机械，赤峰市的青贮收获机、播种机械、耕整地机械，锡林郭勒盟的喷灌设备、牧草收获机械，呼和浩特市的马铃薯种植、收获系列机械，巴彦淖尔市播种机械、饲草料加工机械，兴安盟的播种机械、有机肥抛撒机械等产业群。此外，还有向日葵收获机械、向日葵初加工设备、小型风力发电机、甜菜收获机械、蔬菜清洗机械、葫芦收获机、根茎类中药材挖掘机械、枸杞采摘清洗机械、畜牧养殖饲喂饮水机械设备、畜牧养殖保定设备等特色农机产品。近年来，内蒙古销往省外的农牧业机械产品主要种类有牧草收获机械、耕整地机械、播种机械、向日葵初加工设备、蔬菜清洗机械、葫芦收获机、中药材挖掘机械等。

（九）农机标准化工作稳步推进

2021 年内蒙古自治区农牧机标准委员会归口的 6 项农机化地方标准发布实施，现自治区农牧机标准委员会归口的现行有效的自治区农机化地方标准共 27 项。

二、存在主要问题

（一）农作物全程机械化关键环节装备支撑有待加强

内蒙古自治区主要农作物基本实现机械化，但部分主要作物全程机械化关键环节存在短板和不平衡问题，如马铃薯种薯机械切块、马铃薯低损联合收获、马铃薯捡拾分级装袋、向日葵割盘插盘、残膜回收等存在"无机可用、无好机用"情况。玉米、马铃薯、小麦、水稻、大豆、向日葵等主要作物的大型、高端、复式作业高性能机具及保障大豆玉米带状复合种植、东北黑土地保护性耕作、侧施肥、高效植保等可持续、绿色发展新技术实施配套专用机具短缺，智能化、信息化农机装备供给不足。内蒙古自治区特色作物杂粮杂豆缺少专用机具，如谷子、高粱、藜麦等作物采用稻麦联收机收获，机具的可靠性、适应性有待提升。特色果蔬、中草药种植机械化水平不高，现有机具与作物栽培方式融合不够，一些作物的品种、栽培、农艺存在着"宜机化"问题，部分环节处于"无机可用"阶段。

（二）畜牧业装备发展不均衡，畜牧业机械化水平不高

内蒙古是畜牧业大区，拥有天然草原面积13.2亿亩。目前，天然饲草以割、搂、捆饲草料收获机械装备和加工装备为主，但饲草储运配套装备设施不齐全。天然草原修复保护机械装备比较短缺，缺少补播、施肥、封育、有害生物防控等装备与技术，如草地切根机械、松土补播施肥、草籽收获机械以及灭虫灭鼠、毒杂草剔除机械装备等专用草地改良保护机械装备。优质饲草青贮、农作物秸秆饲料制备、畜禽粪污肥料化利用等机械化技术配套装备尚未适应畜牧养殖的快速发展，"粮草轮作""粮改饲"区域饲草料生产机械化配套技术推广应用不足。草原畜牧养殖比较传统粗放，牲畜精准投料饲喂、智能化饮水、剪毛、药浴、粪污处理、疫病防控及标准化圈舍畜牧饲养配套机械化体系还不完整。

（三）设施农业机械配套不齐全、科技含量低

现有设施农业机械化生产模式不够完整和系统，尚未适应内蒙古自治区设

施农业规模和种类需求，普遍存在机械化水平低下、人工投入大和机械配套差的问题。设施农业专用小型化作业机具缺乏，生产过程中的土壤耕作、播种、微量灌溉、施肥、植保、采收转运、环境监控等工序大多依靠人工进行，在用机具多为小型大田作业机械。

（四）农畜产品初加工机械缺门断档明显

内蒙古是全国重要绿色农畜产品生产输出基地，但农畜产品产地初加工机械短缺且配套性差，导致优势特色农畜产品加工转化率低、产业延伸力不足、发展滞后。

（五）农机化工作人员不足

2021 年事业单位改革后，内蒙古自治区各级农机化事业单位独立设置很少，盟（市）（含）以上仅有 2 个独立设置的农机化事业单位，压缩 85%；人员数量减少且变动较大，仅自治区级，3 个独立法人处级单位 120 余个编制人员压缩为 1 个内设处室 50 个编制人员，对自治区农机化业务衔接和各项工作推动受到一定影响。

（六）农机工业明显落后

内蒙古农牧机工业平稳发展，但与国内农机制造大省相比明显落后，与内蒙古农机化发展和农牧业大区形成强烈反差。内蒙古农机生产企业以中小型企业为主、企业实力不足。产业群体多为局部同类整机生产聚集型，产业规模小、配套性差，产业群体不强。科技力量薄弱，人才短缺，经营管理落后。技术创新的主体作用发挥不明显，低水平仿制产品、照搬技术普遍。农机制造自动化、智能化技术装备应用、加工制造能力水平提升推进较慢，科技、产业政策支持整体处于边缘化。产品总体水平比较低端，高端装备不多，产品同质化竞争严重，产品结构优化乏力，外销竞争力弱。整体看，内蒙古农机产品中小型机械多，大中型机械少；低端产品多，智能化高端产品少；种植机械多，加工机械少；耕作机具多，收获机具少；粮食作物多，经济作物少；"用不了"与"做不了"同时并存。

三、农机行业政策建议

为促进内蒙古农业机械化和农机装备产业转型升级，加快补上短板弱项，提出如下思路建议。

（一）加强研究工作

按照《"十四五"全国农业机械化发展规划》《内蒙古自治区"十四五"推进农牧业农村牧区现代化发展规划》确定的种植业、养殖业和草产业等优势产业发展区域布局，结合不同区域自然条件、种养殖结构和机械化特点，立足区情，围绕产业急需、农牧民急用，进一步推进分区域、分产业、分品种、分环节全面梳理研究农业机械装备短板弱项，明确哪些需要"补"、哪些需要"避"，哪些是内蒙古全局性的、哪些是局部性的、哪些应该是政府主导补的、哪些应该是市场主导补的，及时汇总分析发布农牧业机械短板需求目录，排出优先顺序，明确时间节点，牵引农业机械装备研发制造、示范推广导向，提升研发制造示范推广力量聚集度。

（二）坚持高位推动积极破题

将补齐农牧业机械装备短板上升为内蒙古自治区、地方发展战略，组建科研、制造、推广、服务、使用的农机农艺融合产业全程机械化攻关团队，整合科技攻关、产业化制造、农机化推广项目，形成协同联动创新推进机制，注重自主研发与引进消化吸收创新相结合，政府主导与市场化运作相互补充，加强农牧业机械产学研推用协同创新体系建设，各学科交流融合协同创新，农机农艺牧艺深度融合，科学制定技术路线图和日程表，挂图作战、攻克难点、打通堵点、连接断点，发挥集中力量办大事的制度优势，努力尽早实现突破，推动农牧业机械向高端、智能、信息化发展，农牧业机械化向全程全面高质高效转型升级，助力全面推进乡村振兴，加快农牧业农村牧区现代化。

（三）加快推进农机装备试验验证进程

根据农业机械装备短板弱项特点，加强研发试验、产业化制造、示范推广基地建设，解决农业机械装备试验验证难、周期长、进度慢的困难，为科研、制造、推广、服务、应用开展试验验证提供支撑，加快试验研究、成果熟化转化、产业化制造、示范应用、作业服务的进程。

（四）加快推动农机工业转型升级

出台政策重点扶持短板农业机械装备制造龙头企业和产业化生产基地、产业集群发展，引导培育整机、零配件生产加工产业链、区域链的形成和拓展，提高农业机械装备制造行业专业化、标准化和规模化生产能力水平，支持鼓励农机工业转型升级和创新能力的提升，提升产品质量档次、降低生产成本。

（五）加快高性能机械装备推广应用

强化政策扶持，助力短板农业机械装备和信息化、智能化、复式作业的高性能农业机械装备推广应用，统筹各部门加大农机科技攻关、产业化生产、试验鉴定、示范推广、农机购置与应用补贴政策落实协调推进力度，加快短板农业机械装备和高性能农业机械装备研发、产业化生产和推广应用进程。

（六）加强政策牵引推动

精准实施2021—2023年农机购置与应用补贴政策，在支持重点上，将粮食、生猪、牛、羊等重要农畜产品生产和保障大豆玉米带状复合种植技术、东北黑土地保护性耕作技术等所需机具全部列入补贴范围，支持农机创新产品开展专项鉴定，推动加快获得补贴资质。在补贴实施上，推进有进有出、优机优补，加大粮食和重要农畜产品生产薄弱环节所需重点机具和北斗智能农机装备补贴力度。在优化装备结构上，逐步降低保有量过多、技术相对落后机具品目的补贴额，将部分低价值的机具逐步退出补贴范围。

（七）改善农机作业配套设施条件

切实贯彻落实《国务院关于加快推进农业机械化和农机装备产业转型升级的指导意见》精神，出台设施农用地、新型农业经营主体建设用地、农业生产用电等相关政策，支持农机合作社等农机服务组织生产条件建设。

（八）加快推进农机报废更新

内蒙古大马力、高性能和特色、复式农机新装备保有量不断提高。建议出台相关报废更新补贴配套政策，加快淘汰老旧农机装备，促进新机具新技术推广应用。

（九）加大农机化科研项目支持力度

基于农业机械化发展的迫切需要和农机化科研项目投入情况，建议进一步健全完善农业机械化科研项目投入稳定增长机制和长效机制的政策体系，提升农机化技术水平和支撑保障作用。

内蒙古自治区种植业种业发展报告

一、内蒙古自治区种植业基本概况

（一）种植业基本情况

内蒙古自治区地域辽阔，东西跨度大，总面积118.3万平方千米，横跨中国"三北"（东北、西北、华北），含河套平原、西辽河沿岸、土默川、嫩江西岸平原等适宜农业、半农半牧发展的区域，内蒙古可耕地面积达1.2亿亩，实际耕种面积超过1亿亩，是国家级玉米、大豆、优质春小麦、马铃薯、向日葵、甜菜以及杂粮杂豆优势生产基地。

内蒙古自治区属典型的中温带大陆性季风气候，气候带呈带状分布，降水量受到地形和海洋远近的影响，自东向西由500毫米递减为50毫米左右，蒸发量则自西向东由3 000毫米递减到1 000毫米左右，因此形成了从东向西由湿润、半湿润区逐步过渡到半干旱、干旱区。

"十三五"以来，内蒙古种业发展呈上升趋势，为种业振兴奠定了强有力基础。玉米作为内蒙古第一大粮食作物，种植面积占全国玉米面积8.9%，总产量占全国10.5%。"十三五"期间种植规模稳中有升，单产增加，自育品种种植面积占比提高，培育的新品种数量逐年上升。大豆种植面积和单产也呈逐年增加趋势，东四盟（市）种植规模较大，西部区也有所增加。呼伦贝尔大豆年种植超过1 000万亩，兴安盟大豆年种植超过120万亩，植标准化逐步提高，育成新品种类型丰富。小麦近年来种植面积相对稳定，单产有所增加，培育技术日趋完善，品种不断增多。水稻种植面积单产在"十三五"期间显著提高，科研能力、品牌意识逐渐增强。

（二）农作物种植分布

内蒙古 12 个盟（市）占据不同的地理优势，导致东西部区种植结构差异较大，随着近年来种植结构的逐步优化，主要作物的种植正逐步向优势产区集中。

东部的呼伦贝尔市、兴安盟、通辽市和赤峰市［简称"东四盟（市）"］地处大兴安岭南麓西辽河流域，光热水资源丰富，是内蒙古玉米主产区，玉米种植面积最大，占内蒙古玉米种植面积的 72% 左右，总产占 73% 左右，占据地理优势。呼伦贝尔市和兴安盟是内蒙古大豆的优势产区，近年来，随着国家种植结构的调整，大豆种植补贴、轮作补贴等政策的实施，乌兰察布市、呼和浩特市等西部区大豆种植面积有所增加。兴安盟是内蒙古重要的水稻生产基地，稻区属于高纬度寒地稻作区域，主要集中在北纬 44°~47°，属东北半湿润早熟单季稻作带。2021 年全盟水稻种植面积 134.79 万亩，平均亩产达 479.21 千克，总产量 68.6 万吨，面积和产量均占自治区的 60% 以上。通辽市地处松辽平原西端，位于"黄金玉米带"，年均播种玉米 1 600 万亩以上，总产量 160 亿斤以上，占自治区玉米总产量 1/3，是国家重要商品粮生产基地，享有"内蒙古粮仓"之美誉，目前"通辽黄玉米"品牌价值已超 300 亿元。赤峰市光照充足，雨热同期，昼夜温差大，土壤肥沃，灌溉条件好，地处丘陵地区，地块比较分散，自然隔离条件优越，从北到南积温跨度大，可以生产早熟、中熟、中晚熟、晚熟等各个熟期农作物种子，常年种子生产面积 15 万亩左右。锡林郭勒盟地形多为浅山丘陵区，无霜期 95~115 天，雨热同季，是典型的干旱半干旱大陆型季风气候，土壤的性质非常适合马铃薯种植；同时占据海拔高、气候冷凉、风大、隔离条件好等自然条件更适宜种薯扩繁，成为自治区重要的脱毒种薯繁育基地之一。乌兰察布市的四子王旗、商都县、察哈尔右翼中旗是内蒙古重要的马铃薯种薯繁育基地，面积约 300 万亩。玉米是呼和浩特市第一大主栽农作物，近年来种植面积稳定在 320 万亩左右，占全市农作物播种面积的 50% 左右，其中青贮玉米占较大比例，满足奶牛等养殖需求。境内的土默川平原土地肥沃，是全市粮食生产的主要区域。呼和浩特市也是马铃薯、杂粮种植优势区，面积分别达到 80 万亩和 90 万亩。包头市是内蒙古最大的工业城市，由于耕地面积小，种植规模受限制，玉米等制种繁种面积约为 4 050 亩，年制种 29.5 万千克。马铃薯繁种主要在固阳县，年生产马铃薯微型薯 700 万粒、种薯 6 600 吨。番茄制种集中在九原区。鄂尔多斯市主要农作物为玉米，近 5 年全市玉米大田种植面积维持在 370 万~440 万亩。制种企业集中在达拉特旗、杭锦旗、乌审旗，面积维持在 0.7 万亩左右，每年制种单产平均 350 千克。巴彦淖尔市地处河套平原，地势平坦，土质较好，降水量 130~285 毫米，平均年蒸发量为 2 030~3 180 毫米，年平均日照时数在 3 153~32 240 小时，是中国日照时数最多的地区之一，适宜的气候特点有效地提高了农作物的光合作用和光合时间；加之黄河灌溉之利，使得巴彦淖尔市的小麦、向日葵、玉米、瓜果蔬菜具有商品性好、产量高、籽粒饱满、色泽漂亮、千粒重高等优秀品质。西部区的乌海市以"蔬菜、葡萄"为主导产业，适度发展养殖业，大力向"生态、高效、特色、精品"发展，着力推进一二三产业相融互促。阿拉善盟地处河西走廊沿线，生态环境独特，年均无霜期 130~165 天，有效积温 2 900~3 400℃，干旱少雨，日照充足，昼夜温差大，是玉米、向日葵、棉花等种子生产的优势区。

二、2021 年内蒙古自治区主要农作物种业基本情况

2021 年，内蒙古制种面积 135.64 万亩，制种量约 21 亿千克；粮食播种面积 10 326.45 万亩，较去年增加 76.65 万亩；粮食总产达 384.03 亿千克，跃居全国第 6，较 2020 年增产 17.63 亿千克，粮食增量居全国第 4，粮食产量再创新高，实现"十八连丰"。

内蒙古主要作物有玉米、大豆、水稻、小麦、马铃薯、谷子、高粱等。

（一）玉米

玉米是内蒙古最主要的粮食作物，自 1996 年成为内蒙古第一大粮食作物。多年来，玉米品种不断更新、种植技术持续提升、种植结构进一步调整优化，加上国家临时收储政策的扶持，使得内蒙古玉米生产进入快速发展阶段，非优势产区种植面积逐步减小，种植面积向优势产区集中扩大，单产稳中有升，总产趋于平稳态势。

1. 基本情况

2021 年内蒙古玉米种植面积在 10 万亩以上的品种有 100 多个。其中推广面

积在 10 万~100 万亩的品种有 99 个，有宏博 701、利禾 1、中科玉 505、JK9681 和先玉 335 等品种。

2015—2021 年，内蒙古共审定玉米品种 566 个，其中普通玉米品种 489 个，占审定品种总数的 86.40%；鲜食玉米品种 29 个，占总数的 5.12%；青贮玉米品种 43 个，占总数的 7.6%；2021 年，审定爆裂玉米品种 5 个，占 7 年来审定品种总数的 0.88%（图 1）。

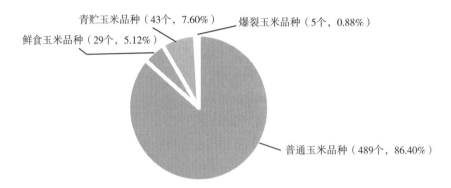

图 1　2015—2021 年玉米审定品种占比情况（总审定数 566 个）

按照地区划分，区内审定数为 304 个，占审定总数的 53.7%；区外审定总数为 262 个，占总数的 46.3%（图 2）。整体来看，玉米的育成品种仍以普通玉米品种为主，鲜食玉米品种、青贮玉米品种也受到了部分育种单位的重视。

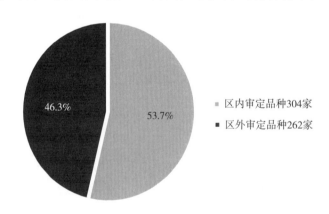

图 2　2015—2021 年玉米审定品种企业分布情况（共 566 家）

2017 年，内蒙古自治区杂交玉米制种面积为 7.5 万亩，同比去年制种面积减少 4. 64 万亩，制种量为 2 526. 62 万千克。2018 年杂交玉米制种面积有所回升，落实制种面积 12. 04 万亩，同比增加 4. 54 万亩，产量为 4 123. 83 万千克。2019 年，内蒙古制种面积为 11. 33 万亩，同比减少 0. 71 万亩，预计单产 330 千克/亩，制种总量达到了 3 738. 9 万千克。2020 年，内蒙古杂交玉米制种面积落实 8. 19 万亩，较 2019 年减少 3. 14 万亩，制种单产 350 千克/亩，供种量达 2 866. 5 万千克。由于青贮玉米被列入国家种植补贴作物，且近 2 年奶牛等养殖业兴起，青贮草料需求量大幅增加，青贮玉米大田种植上升幅度比较大，制种面积也有所增加。2021 年，内蒙古制种营商环境得到改善，加上新疆、甘肃等地制种成本增加，本省和外省的种子企业选择在内蒙古制种，内蒙古共落实杂交玉米制种面积 11. 1 万亩，同比制种面积增加 2. 91 万亩，制种量达到 3 885 万千克。玉米种子单价区间为 10~45 元/千克。由于地理条件及人工成本等因素的限制，内蒙古所需玉米种子繁育主要集中在甘肃张掖等地，区内制繁种量约为需求量的 30%。(图 3、图 4)。

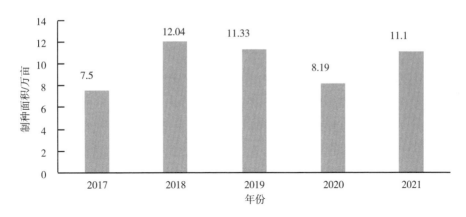

图 3　2017—2021 年内蒙古自治区玉米制种面积情况

内蒙古主要制种品种以自治区科研与企业选育的地方品种为主，新品种在生产中占主导，但是单一品种生产规模都较小。2017 年，单一品种制种面积达到 0. 17 万亩以上有种星 699、西蒙 6 号、科河 30 和利禾 1，分别为 0. 3 万亩、0. 19 万亩、0. 17 万亩和 0. 2 万亩。到 2021 年，单一品种制种面积达到 0. 2 万亩以上有西蒙 6 号、西蒙 3358、利禾 1 和玉龙 7899，分别为 0. 32 万亩、0. 27 万亩、0. 2 万亩和 0. 2 万亩。

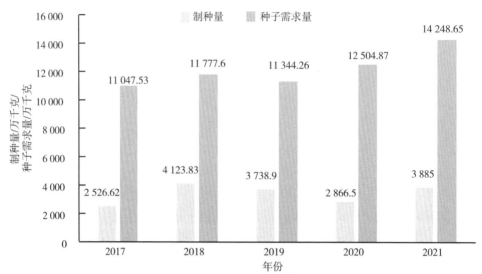

图4　2017—2021年内蒙古自治区玉米种子制种量和需求量情况

2. 产区分布

内蒙古属于北方春玉米区，优势产区主要集中在光热水资源丰富的大兴安岭南麓、西辽河流域、土默川平原和河套平原。其中位于内蒙古东部的呼伦贝尔市、兴安盟、通辽市和赤峰市［简称"东四盟（市）"］的玉米种植面积最大，占内蒙古玉米种植面积的72%左右，总产占73%左右。东四盟（市）中通辽市玉米种植面积最大，常年播种面积1 500万亩以上，总产量达800万吨左右，面积和总产量均分别占内蒙古玉米的近1/4和1/3，是名副其实的"内蒙古粮仓"（图5）。

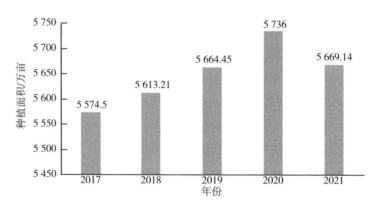

图5　2017—2021年内蒙古自治区玉米种植面积情况

玉米制种产地在内蒙古也比较集中，东部区制种主要集中在赤峰市，2017年，赤峰的玉米制种面积占内蒙古总面积的59%左右，到2021年，上升到内蒙古的84%左右。西部主要集中在鄂尔多斯市和巴彦淖尔市，2017年制种面积内蒙古比例高达40%左右，近年来有所下降。

3. 发展优势

（1）政策重视，保证玉米种业快速发展。内蒙古自治区农牧厅等部门积极整合统筹项目资金，聚焦加强企业自主创新能力，增加了科研投入。杂交玉米种子生产经营企业平均育种科研投入能够达到利润的5%左右，种业创新能力、品种选育和推广水平明显提升，保证了玉米种业快速发展。

（2）产学研推融合。近年来，通过科企联合体等平台，组织内蒙古科研单位和种业企业开展育种科研联合攻关，进行种质资源共享，新品种联合试验、展示和示范，培育推广了高产、抗病、耐逆、适应性强的玉米新品种。

（3）建设良种繁育基地，保障高质量种子供应。兴安盟科尔沁右翼中旗、科尔沁右翼前旗，赤峰市宁城县，通辽扎鲁特旗已先后建设玉米良种繁育基地。

4. 主推技术

内蒙古玉米种植主要有玉米无膜浅埋滴灌水肥一体化技术、玉米全膜覆盖机械化种植技术、玉米"一穴双株"技术、玉米割苗促壮技术、玉米抗旱免耕补水播种技术等多种高效的配套种植技术。

5. 存在问题

（1）品种结构有待优化。内蒙古玉米品种多，但优质专用品种少。内蒙古玉米品种多且杂，但优质高产、脱水快、宜机收、抗性好、稳定性强的优良品种较少，特别是适宜机械籽粒直收的品种更少，培育专用型优质品种迫在眉睫。

（2）政策和技术支撑力度不够。种业创新研发投入不足，缺乏创新能力，尽管玉米育种企业达60余家，但市场竞争激烈，没有政府支撑，很难在研发上投入大量资金和招纳科研人才进行规模化、信息化、流程化育种。

（3）种子生产加工储藏技术和设备落后。产品质量差，种业发展配套程序有待完善。科研单位与种子企业协作机制不够紧密，影响种业持续发展。

（二）大豆

1. 基本情况

内蒙古是我国重要的大豆生产基地，也是我国非转基因绿色优质大豆优势主产区之一，内蒙古大豆优势产区集中，主要分布在东部的呼伦贝尔市和兴安盟。

据统计，内蒙古生产上应用的大豆品种近100个。年推广面积超过100万亩的品种有黑河43和登科5号，年推广面积50万亩的品种有克山1号、蒙豆30、登科8号、鑫兴1号等，年推广面积20万亩的品种有合农95、天源1号、登科1号、疆莫豆1号、晨环1号、蒙豆36号、金杉1号、蒙豆15号、蒙豆13号等。总体上看，推广应用面积较大的品种既有外省品种，也有内蒙古登科系列和蒙豆系列，内蒙古自育品种推广具有较大潜力。2017年，内蒙古开展主要农作物审定品种同一生态区引种备案工作，2017—2021年内蒙古共引种备案大豆品种49个，引种备案品种及引种单位全部来自黑龙江省，大大充实了内蒙古大豆品种类型。

2017年内蒙古大豆落实制种面积为5.4万亩，繁种量约为831.4万千克。2018年落实制种面积为9.54万亩，同比增加4.14万亩，繁种量达1 297.36万千克。2019年呼伦贝尔市莫力达瓦达斡尔族自治旗一家大豆制种企业注销，导致当年制种面积和制种量大幅度下降，制种面积为4.08万亩，合计制种量612万亩，品种以蒙豆系列为主；单一品种制种面积达到0.5万亩以上有蒙豆44号、蒙豆15号和蒙豆39号，分别为0.52万亩、0.67万亩和0.58万亩。2020年内蒙古落实制种20.47万亩供种量达3 152.38万千克，品种仍以蒙豆系列为主；单一品种制种达到1万亩以上有蒙豆48号1.5万亩、蒙豆13号1万亩、蒙豆1137号4.1万亩、登科5号1.6万亩、黑科60号1.5万亩；制种主要集中在呼伦贝尔市岭东四旗：莫力达瓦达斡尔族自治旗、鄂伦春自治旗、阿荣旗、扎兰屯市。2021年，随着国家种植结构的调整，内蒙古落实大豆制种面积29.04万亩，同比上年增加8.57万亩，制种量达4 356万千克，大豆种子价格在6.8元/千克左右，品种继续以蒙豆系列为主。单一品种制种面积较大的有蒙豆48号1.63万亩、中黄901面积2.45万亩、登科4制种面积1.71万亩、蒙豆1137制种2.14万亩、蒙科豆9号3.9万亩。制种主要集中在呼伦贝尔市岭东四旗：莫力达瓦达斡尔族自治旗、鄂伦春自治旗、阿荣旗、扎兰屯市（图 6、图 7）。

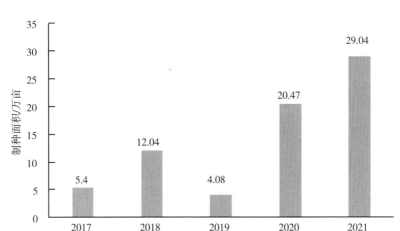

图 6　2017—2021 年内蒙古自治区大豆制种面积情况

内蒙古大豆制种量远不能满足当地种子需求量（图 7），制种主要集中在外省成熟的育繁种基地。

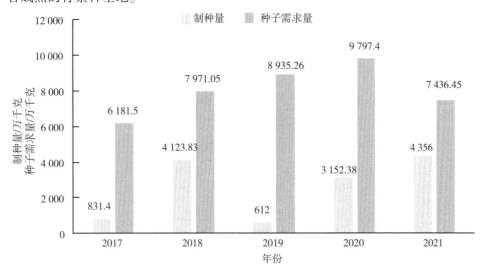

图 7　2017—2021 年内蒙古自治区大豆制种量和需求量情况

2016—2021 年内蒙古共审认定大豆品种 50 个，其中审定品种 46 个、认定品种 4 个。其中区内审认定品种 34 个，占比 68%，区外审认定品种 16 个，占比 32%；科研院所审认定品种 26 个，占比 52%，种业公司审认定品种 24 个，占比

48%（图8、图9）。

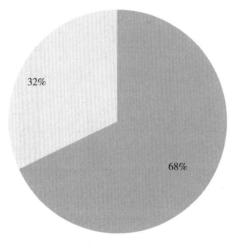

图8　2016—2021年内蒙古自治区大豆审认定单位分布（共50家）

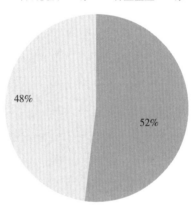

图9　2016—2021年内蒙古自治区大豆育种单位情况（共50家）

2. 产区分布

呼伦贝尔大豆年种植面积超过1 000万亩，主要在大兴安岭东南麓的莫力达瓦达斡尔族自治旗、鄂伦春自治旗、阿荣旗和扎兰屯，目前正在大力推广早熟、高蛋白、高油新品种，大垄高台栽培技术和垄三栽培技术，大豆种植效益稳步提高（图10）。

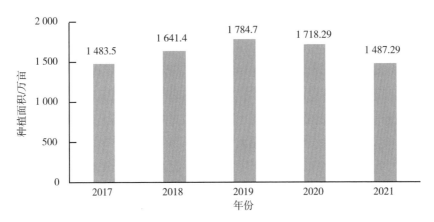

图10　2017—2021年内蒙古自治区大豆种植面积情况

兴安盟大豆年种植面积超过120万亩，主要在扎赉特旗和科尔沁右翼前旗，目前正在大力推广中早熟、高蛋白、高油新品种，垄三栽培和大垄密植浅埋滴灌技术，大豆单产显著提高，最高为309.3千克/亩，刷新了东北地区大豆小面积实收单产记录。另外，通辽市大豆年种植面积20万亩，赤峰年种植面积30万亩左右，种植品种主要以赤豆、蒙科豆系列中熟品种为主，吉林省品种为辅。

随着种植结构的调整，大豆种植补贴、轮作补贴等政策的实施，乌兰察布市、呼和浩特市等内蒙古西部区大豆种植面积有所增加，乌兰察布市年种植面积40万亩、呼和浩特市20万亩。种植方式仍以农户分散种植为主，种植大户、合作社规模经营为辅。

3. 发展优势

（1）国家政策支持，促进产业高质量发展。农业农村部发布的《关于落实党中央国务院2022年全面推进乡村振兴重点工作部署的实施意见》提出，攻坚克难扩种大豆和油料作物，把扩大大豆油料生产作为必须完成的重大政治任务，抓好大豆面积恢复，大力推广玉米大豆带状复合种植，加快推广新模式、新技术，逐步推动大豆玉米兼容发展。

（2）种质资源丰富。内蒙古现保存栽培大豆资源5 000份，野生大豆300

份、地方品种 150 份。其中高油种质 110 份，含油率 22% 以上；高蛋白种质 64 份，蛋白质 43% 以上；特异性功能种质 45 份，包括高异黄酮含量的 19 份，低亚麻酸含量的 9 份，高油酸含量的 10 份；特用大豆 38 份，其中小粒芽豆 10 份，黑大豆 14 份，绿色大豆 14 份；抗逆种质 156 份，包括 18 份高抗 SMV3 的大豆材料，35 份高抗大豆灰斑病的大豆材料，39 份抗大豆胞囊线虫 的大豆材料，17 份抗菌核病材料，32 份抗旱材料，6 份耐寒材料，5 份耐盐 碱材料，4 份耐低硼胁迫材料；2 个雄性不育轮回选择群体，为大豆品种选育 奠定了坚实的基础。

（3）建设良种繁育基地，保障高质量大豆种子供应。内蒙古已先后在莫力 达瓦达斡尔族自治旗和鄂伦春自治旗建成两个国家大豆区域性良种繁育基地县， 推进大豆良种繁育基础设施建设，改善大豆种子生产条件，开展品种提纯复壮、 原种扩繁，确保生产用种达到应有的产量水平和品质标准，开展技术集成示范 与推广，提高技术到位率和规模化集约化水平，提升大豆商品化率，为产销对 接提供基础，推进科研与生产接轨。

4. 存在问题

伴随种业振兴的大浪潮，国家、内蒙古自治区政策的扶持与支持，大豆种 业取得了长足发展，但总的来看，大豆仍处于现代种业发展的初级阶段。种子 企业多、小、散，育、繁、推脱节问题仍然存在，大豆种子质量把控不严，育 种资源和人才不足，科技力量较为分散，没有形成合力。

5. 发展目标

"十四五"期间，将从以下方面入手，加快大豆种业高速发展。

一是加强对大豆优异种质资源挖掘及种质创新。

二是加快大豆良种选育。

三是提高大豆原原种、原种、良种繁育能力。

四是完善大豆种子质量监管体系。

五是加大对大豆新品种的展示、示范与推广。

（三）水稻

1. 基本情况

内蒙古水稻种植主要分布在兴安盟、通辽市和赤峰市，总面积约 240 万亩，呼和浩特市、包头市、鄂尔多斯市和巴彦淖尔市沿黄灌区种植面积约 10 万亩。兴安盟，属高纬度寒地稻作区域，东北半湿润早熟单季稻作带，稻田主要分布在绰尔河、归流河、洮儿河、二龙涛河、蛟流河及霍林河流域。继"兴安盟大米"成功注册地理标志证明商标后，"兴安盟大米"原料基地被授予"中国优质稻米示范基地"称号，"兴安盟大米"品牌荣获"2018 中国大米十大区域公用品牌""第十六届中国国际农交会金奖"和"2019 世界高端米品鉴大赛铜奖"，2020 年全国第十四届冬运会唯一指定用米，入选中国农业品牌目录，品牌估值跻身全国百强农产品区域品牌行列第 12 位，引领盟内系列品牌进入国际国内大市场。内蒙古水稻育种起步较晚，但后发优势比较明显，已育成多个新品种，内蒙古水稻制繁种能力与需求量相比差距较大（图 11）。

图 11　2017—2021 年内蒙古自治区水稻种子需求量及种植面积情况

2021 年兴安盟水稻种植面积 138 万亩，占内蒙古自治区水稻面积的一半以上，2022 年兴安盟水稻种植面积 5 万亩以上的品种如下：龙稻 21 为 16.2 万亩、绥粳 18 为 12.3 万亩、乌兰 105 为 8.25 万亩、兴育 131 为 8 万亩、兴育 13A04 为 7.5 万亩、兴育 F83 为 6.5 万亩、蒙松 138 为 5 万亩、金谷 119 为 5 万亩。

2. 存在问题

（1）种业提升力度不够。科研机构和种业企业育种能力不强，水稻种植品种不规范，优质品种更新换代慢，缺少自育系列优质主打品种。

（2）标准化种植普及率低。由于种植户的技术水平有限，水稻单产潜力仍未能充分发挥出来，水稻种植亟待提质增效。

（3）产学研推结合紧密度不强。目前兴安盟、包头市和乌兰察布市已分别建立院士工作站，但就内蒙古水稻产业的巨大发展前景来看，还远远不够；对于新品种、新技术、新装备的协同推广力度需持续加强。

（4）整体发展水平有待提升。产业带和产业集群打造层级不高，精深加工企业少、产业链条短、副产品加工转化率和附加值低。

（5）缺少领军龙头企业。内蒙古稻米加工企业规模虽然达到 200 余家，但总体上来看，规模不大、品牌杂乱、实力不强，知名品牌与龙头企业带动力不够，促进农民增收作用不明显。

3. 发展目标

"十四五"期间，内蒙古将通过科技支撑引领、促进品种创新、加强项目建设、加快营销体系建设，保障水稻稳产增产，水稻产业蓬勃发展。要注重对优异种质资源的发掘与创新利用，提高种业整体竞争力；新兴育种手段与传统育种手段相结合，构建现代化育种体系；要加强对优质高效新品种的选育与利用。

（四）小麦

1. 基本情况

小麦是内蒙古重要的粮食作物，近年来种植面积约 1 000 万亩，并呈逐年增加态势，在全国排名第 12 位，占全国小麦种植面积约 3%，占全国春麦种植面积约 45%，占内蒙古粮食作物种植面积 10%。发展小麦产业对保障内蒙古粮食安全、推进农业结构调整、促进农民持续增收、产业扶贫、乡村振兴和满足市场需求等方面具有重要意义。

内蒙古小麦种植主要集中在以下区域：西部河套灌区，主要是以巴彦淖尔市为主，近年平均播种面积 75 万亩左右，约占内蒙古 10%；东部大兴安岭沿麓地区，包括呼伦贝尔市和兴安盟，近些年平均播种面积 350 万亩左右，约占内蒙古 45%；阴山北部丘陵区和燕山丘陵区，包括呼和浩特市和包头市阴山以北、乌兰察布市、锡林郭勒盟和赤峰市，近年平均播种面积 300 万亩左右，约占内蒙古 45%。

据不完全统计，2020 年内蒙古小麦种植面积在 5 000 亩以上品种有 80 多个。其中推广面积最大的品种为旱作小麦品种克春 8，面积为 120 余万亩，10 万～100 万亩的品种有 20 个，分别为宁作 37、克旱 21、陇春 30 号、巴麦 13、内麦十九、克春 10、k508、垦九 10、龙麦 33、小红皮、克春 8 和克春 4 等。10 万亩以上的品种中，内蒙古选育的品种有内麦 17、拉 1553-3、巴麦 12、赤麦 5 号、赤麦 2 号、内麦 21 号等 7 个品种。

2017—2021 年，内蒙古小麦制种面积起伏波动较大。2017 年内蒙古春小麦落实繁种 5.66 万亩，繁种产量约为 1 185.2 万千克。2018 年落实繁种 15.65 万亩，同比增长 9.99 万亩，增加约 2 倍面积，繁种产量为 3 597.5 万千克。2019 年内蒙古春小麦落实繁种面积为 12.35 万亩，产量约为 3 229.2万千克；品种以永良 4 号和克春八号为主。2020 年面积继续下降，低至 9.51 万亩，提供小麦种子 2 377.5万千克。2021 内蒙古落实制种有所回升，达到 11.06 万亩，制种单产 235 千克/亩，产量达到 2 599.1 万千克；小麦种子价格区间为 3～5 元/千克；2020 年、2021 年繁种品种仍以永良 4 号和克春八号为主。制种主要集中在呼伦贝尔市的额尔古纳市、牙克石市的国营农场，各农场的小麦繁种多为农场自繁自用制种（图 12、图 13）。

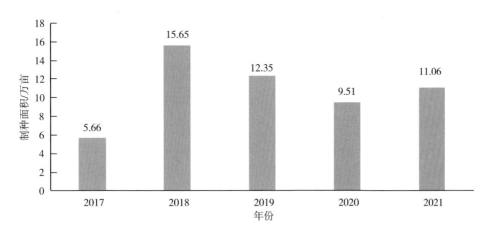

图 12　2017—2021 年内蒙古自治区小麦制种面积

自 20 世纪 70 年代以来，内蒙古共审定小麦品种 101 个，其中 2000 年以后审定 43 个，"十三五"期间审定小麦品种 9 个，2021 年审定 1 个。

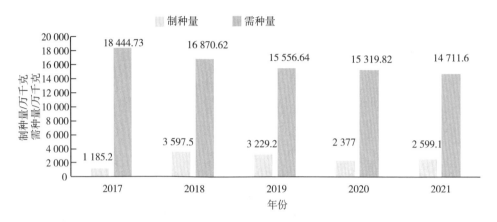

图 13 2017—2021 年内蒙古自治区小麦制种量和需种量情况

2. 产区分布

根据不同区域的气候特点和自然条件，结合不同栽培类型和小麦生物学特性，内蒙古小麦划分为西部灌区（包括巴彦淖尔市大部、鄂尔多斯市达拉特旗、包头市土默特右旗以及呼和浩特市土默特左旗和托县）、阴山北部及燕山丘陵旱作区（包括巴彦淖尔市东北部、包头市达尔罕茂明安联合旗和固阳县、呼和浩特市武川县、锡林郭勒盟、乌兰察布市和赤峰市）、大兴安岭沿麓旱作区（包括呼伦贝尔市、兴安盟和通辽市）三大种植生态区域。受种植效益低等因素影响，西部灌区和阴山北部及燕山丘陵旱作区的小麦种植面积逐年下降，大兴安岭沿麓旱作区因为气候条件的因素和轮作倒茬的需求，种植面积依然较大，是内蒙古最大的小麦种植区域（图 14）。

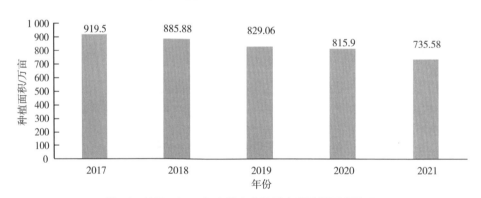

图 14 2017—2021 年内蒙古自治区小麦种植面积情况

3. 存在问题

（1）企业创新研发投入不足，创新科研人员不足，缺乏创新能力和动力。目前内蒙古小麦育种科研单位仅有 4 家，全部科研人员不超 30 人，且年龄结构不均衡，60 后占比较大，种业创新发展面临科研力量单薄，人员不足，人员断档的问题。

（2）品种结构有待优化。内蒙古小麦品种存在类型单一、主栽品种缺乏等问题，难以满足市场的多元化需求，产业高质量发展受限制；科研院所与企业的合作程度低，导致优质品种的育成与推广结合不够紧密，小麦品种的更新换代较慢。

4. 发展目标

（1）提高小麦的品种专用化、生产标准化与质量可控化。根据每年的产供需调研情况，把控好小麦的市场需求和发展趋势，做好相关品种的生产繁育和质量把控。

（2）加强对小麦科研单位的扶持力度。增强科研院所和企业的育种积极性，发挥企业在小麦育种和生产主力军作用。

（五）马铃薯

1. 基本情况

内蒙古自治区是马铃薯制种大省，种薯繁育基地主要分布在乌兰察布市、锡林郭勒盟、包头市、呼和浩特市、呼伦贝尔市和赤峰市。截至 2021 年末，内蒙古境内"农作物种子生产经营许可证"经营范围含马铃薯种薯的企业 40 家，其中，内蒙古自治区农牧厅颁证企业 11 家，盟（市）（含旗县）农牧业主管部门颁证企业 29 家。2020 年内蒙古马铃薯原原种产量在 8 亿粒左右，占全国 29.6%。截至 2020 年，内蒙古审定马铃薯新品种 6 个，登记新品种 21 个，种薯繁育体系基本建成，3 个旗县确定为国家级马铃薯良种繁育基地县，一个旗县确定为马铃薯现代产业园建设项目县，脱毒种薯的普及率已经达到 85%，标准化生产技术覆盖率达到 69%，内蒙古已经成为国家马铃薯种薯繁育基地和主要的马铃薯商品薯生产加工基地。

2017 年内蒙古马铃薯落实繁种面积 73 万亩，繁种产量 15.6 亿千克。2018 年内蒙古马铃薯落实制种面积较上年变化不大，为 72.59 万亩，繁种产量为 17 亿千克左右。2019 年，繁种面积稍有减少，为 67.95 万亩，繁种量 17.07 亿千克；品种以克新1号、夏波蒂、费乌瑞它为主，以上3个品种预计制种量占总数的66%左右。2020年内蒙古落实繁种69.8万亩，供种量约17.45亿千克；品种以克新1号、夏波蒂、费乌瑞它为主，以上3个品种预计制种量占总数的50%左右。制种主要集中在乌兰察布市、锡林郭勒盟、呼伦贝尔市等。2021年内蒙古落实马铃薯种薯生产面积79.04万亩，较上年同比增长9.24万亩，产量达到了19.76亿千克。马铃薯种薯价格区间为1.5~3元/千克。从2019年开始，制种品种便以克新1号、夏波蒂、费乌瑞它为主，种薯产量分别占总数的66%、50%和50%左右；制种主要集中在乌兰察布市、锡林郭勒盟和呼伦贝尔市（图15、图16）。

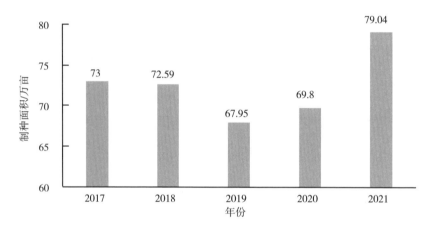

图15 2017—2021年内蒙古自治区马铃薯制种面积

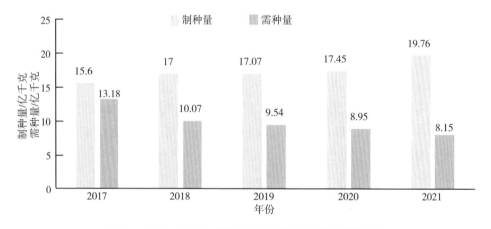

图16 2017—2021年内蒙古自治区马铃薯制种产量情况

2. 产区分布

内蒙古马铃薯种薯繁育基地主要分布在乌兰察布市、锡林郭勒盟、包头市、呼和浩特市、呼伦贝尔市和赤峰市。具体旗县主要有四子王旗、商都县、察哈尔右翼中旗、正蓝旗、太卜寺旗、固阳县、达尔罕茂明安联合旗、武川县、牙克石市和克什克腾旗等。

2021 年，乌兰察布市、锡林郭勒盟、包头市、呼伦贝尔市、呼和浩特市和赤峰市 6 个盟（市）生产微型薯（原原种）7.5 亿粒，内蒙古原原种产量与 2020 年的 8 亿粒相当；原种 67.76 万吨，高于 2020 年的 60 万吨；6 盟（市）2021 年繁育一级种薯 73.825 万吨，一级种产量与上年相当，2020 年内蒙古一、二级种薯总产 180 万吨。

2019 年以来，受市场因素及政府补贴政策的影响，内蒙古马铃薯种植面积呈逐年下降趋势（图 17）。

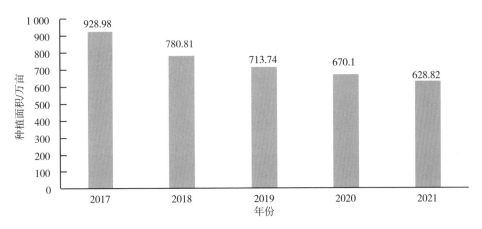

图 17　2017—2021 年内蒙古自治区马铃薯种植面积情况

3. 存在问题与发展建议

（1）存在问题。缺少马铃薯加工龙头企业，消化转化能力差；市场价格起伏较大，种植积极性受到打击；市场品种混杂，品种产权保护意识和效果差。政策的支持对象多为农户的直接补贴，对技术集成示范推广的补贴相对较少，支持力度不足。

（2）发展建议。培育龙头企业，进一步推进马铃薯产业化经营；加强信息体系建设，及时为生产者提供准确信息；建立种薯市场准入制度，规范种薯经营行为，创造有序的市场环境；依托看禾选种等项目实施，加快重点区域良种繁育基地建设，集成化展示示范优良品种及技术，鼓励生产企业积极打造区域品牌，增强种薯企业的活力和竞争力，提升大型龙头企业对产业的带动作用。

综合内蒙古农作物种子市场，主要存在以下4点问题。一是主导品种多年来变化不大，品种创新能力有待加强。二是种子经营门店多，但不稳定，从业人员素质偏低，经营品种多、乱、杂，加大了种子管理工作难度。三是部分农户自我保护意识不强，受利益驱动和所谓的订单农业影响，盲目从一些不法商贩处赊销和购买种子，给种子质量安全、种子市场正常监管秩序以及农民利益带来了较大的隐患和危害。四是农民自行出省购种较多，邻近省市到内蒙古村屯直销的现象也越来越多，网上等新型销售手段多，监管难度非常大，部分常规种农民自留种多，质量难以把控和提高。

三、2021年内蒙古自治区农作物种业主要成效

（一）加强种业信息统计，全面掌握内蒙古种业现状

1. 农作物种子供需调度

通过实地调研、电话交流、微信问询等方式对内蒙古杂交玉米、马铃薯、大豆、小麦、新增作物等农作物种子的产供需情况进行了调查、统计和分析。杂交玉米制种12.1万亩；大豆制种29.04万亩；马铃薯繁种79.04万亩；春小麦繁种11.06万亩；谷子繁种1.45万亩；高粱繁种0.85万亩；预计2022年可供种情况为：玉米7 279.5万千克，大豆6 076万千克，马铃薯23亿千克，春小麦2 154.6万千克，谷子135万千克，高粱213万千克，为下一年的春季供种提供了充足的种源保障。

2. 农作物种子市场监测

内蒙古认真落实按农作物种植面积分配监测点的要求，调整优化种子市场观察点布局，严格按观察点工作规范组织监测，严格按工作绩效评价标准评选种子市场观察点等级，有效调动了市场观察点积极性；及时对监测数据进行审核，将监测到的种子价格信息通过网站实时发布，同时强化数据分析利用。截至2021年，内蒙古种子市场观察点已增至61个，市场价格监测覆盖了内蒙古

12 个盟（市），新型种子市场价格信息、产供需信息、农作物种业统计工作的调度与管理系统和种子销售可追溯系统初步搭建完成。

3. 农作物种业行业统计

内蒙古不断改进统计数据的审核方法，组织力量对统计数据进行深度挖掘与分析，种业基础信息统计数据的准确性逐年提高。2021 年对内蒙古 85 家种子管理机构的单位基本情况、人员情况、质量检验、市场监管、品种管理、种子生产、种子使用、救灾备荒等方面进行了统计及审核；完成对内蒙古 233 家种子企业的基本情况、人员与科研、制繁种、种子销售、对外投资与进出口、经营利润、资产负债等方面的统计，统计数据全面反映了内蒙古种子企业的经营状况。

4. 协助开展农作物种子生产经营许可工作

2021 年协助主管部门开展农作物种子生产经营许可审核工作。自治区级审批核发了农作物种子生产经营许可证 63 家，其中注册资本 1 亿元以上的选育生产经营相结合企业 2 家；杂交玉米种子生产经营企业 47 家，马铃薯种子生产经营企业 13 家，其他主要农作物常规种子生产经营企业 1 家。

5. 协助开展 2022 年国家救灾备荒种子储备申报工作

按照相关程序，落实了符合承担国家救灾备荒种子储备有关条件要求的 11 家种子公司承担 2022 年国家救灾备荒种子储备任务 284.3 万千克。完成了 2021 年度国家救灾备荒种子补助经费项目工作情况的自查自评工作。

（二）加强品种管理，确保合法合规

1. 品种审定

2021 年审定通过主要农作物品种 185 个，其中，玉米 150 个、小麦 1 个、水稻 26 个、大豆 8 个。150 个玉米品种中，普通玉米品种 133 个，甜糯玉米品种 5 个，青贮玉米品种 7 个，爆裂玉米品种 5 个。133 个普通玉米品种中，98 个为高淀粉品种，占比 73.7%。其他 35 个为高产品种。

2. 品种登记

根据 2021 年农业农村部公告，内蒙古自治区非主要农作物品种 105 个，其中马铃薯 8 个，谷子 31 个，高粱 17 个，向日葵 46 个，甜菜 3 个。

按照国家要求，内蒙古积极做好向日葵品种撤销工作。在告知申请者检验结果后，对申请者提出的异议依法释明，向农技中心品种登记处提出了撤销品种的意见，2批总计撤销向日葵品种54个。同时，以向日葵品种清理专项行动为契机，大力宣传不实登记可能造成的不利后果，引导申请者正确认识登记制度的设立初衷，提倡真实登记，诚信登记，起到了很好的宣传效果。

从登记品种推广情况看，向日葵品种三瑞9号2021年推广面积约50万亩，成为SH363之后有较大市场潜力的品种；金苗K1推广面积约100万亩，品质、产量和抗性等方面均较传统常规品种有大的提升，成为常规谷子品种的领军品牌；2021年登记的两优中谷2较市场中同类品种增产10%左右，市场推广前景较好，2022年推广面积有望达到100万亩。品种登记制度在落实"放管服"改革，激发内蒙古向日葵、马铃薯、杂粮杂豆等区域特色作物品种育种创新活力方面作用明显。

3. 新品种展示示范

2021年内蒙古新品种展示示范总计建设展示点47个，展示品种1 412个，展示面积1 987亩。其中展示玉米品种1 146个，展示面积1 200亩；展示水稻品种15个，展示面积380亩；展示大豆品种63个，展示面积95亩；展示马铃薯品种33个，展示面积40亩。其他作物包括谷子、高粱、糜子、黍子、燕麦等。展示平台的示范作用进一步发挥。引种备案工作方面，2021年内蒙古共有472个品种引种备案，其中玉米品种454个，大豆18个。

（三）加强种子质量监管，确保用种安全

1. 春季种子市场检查和冬季企业入库抽查

专项检查内蒙古37个旗县区种子市场，检查种子经营门店300多家，农作物种子包装标签837个，抽取种子样品127份，代表种子重量50多万千克。对7个盟（市）30家企业的55个玉米种子样品进行了冬季种子质量抽查工作。4项指标检测合格率96.4%，将发现的90余个问题线索移交属地相关部门。

2. 转基因检测

2020年底、2021年初和2021年12月上旬分3次检测内蒙古50家（次）单

位在南繁试验基地的玉米、大豆、水稻、高粱种子育繁种材料 1 000 多亩次，种子繁殖材料 16 万份次。

3. 秋季市场抽检

以小麦、蔬菜种子为主，对鄂尔多斯市、巴彦淖尔市、包头市秋季农作物种子市场进行了质量抽检和市场检查，检查种子经营门店 7 家，抽查种子样品 5 个。

4. 救灾备荒种子质量抽查

2021 年 9 月下旬，检查巴彦淖尔市承担国家救灾备荒玉米种子储备任务的 2 家企业，抽取玉米种子样品 8 个，分别为内蒙古巴彦淖尔市科河种业有限公司 4 个、内蒙古西蒙种业有限公司 4 个，并按要求对抽查的种子样品进行发芽率检测，检测结果符合种子储备要求。

（四）做好种质资源普查，保障农业发展

为进一步加强种质资源保护开发利用，2021 年，农牧厅制定了《内蒙古自治区农牧业种质资源普查总体方案（2021—2023 年）》，成立了自治区种质资源普查工作领导小组，设立了农作物、畜禽、水产种质资源普查工作办公室和技术专家组。

截至 2022 年 3 月 15 日，共完成 94 个旗县农作物普查与征集行动，填报普查表 282 份，提交国家普查办征集表 3 370 份，提交内蒙古自治区农牧业科学院 3 240 份，入国家库（圃）资源共计 2 274 份。其中入国家作物种质长期库 1 740 份，入国家牧草种质中期库 471 份，入国家种质圃 63 份。

（五）推动良繁基地建设和龙头企业培育，促进种业优质高速发展

内蒙古共建成 7 个国家级玉米、大豆、马铃薯、杂粮杂豆良种繁育基地；建成 11 个国家级畜禽核心育种场、5 家种公牛站；国家级林木良种基地 11 个、自治区级 25 个；自主建立苜蓿、羊草、冰草等草种基地 20 余处，面积近 20 万亩。培育自治区种业龙头企业 10 余家，农作物种子生产经营企业 200 家；林木生产经营企业 2 600 余家，草种生产经营企业 100 家。

四、主要存在问题

（一）上下联动机制不够紧密

2021年内蒙古事业单位机构改革，各盟（市）农牧机构包括种业部门单位的职能职责、人员分工都重新划分调整，存在上下联动、左右协同机制不够统一、人员变化较大、工作衔接不够顺畅等问题。

（二）人才缺乏、断层现象突出

内蒙古农牧系统普遍存在老龄化、年龄断层的问题，老一辈专家具有丰富的知识储备和实践经验，年轻人还未能独当一面。需要加强对年轻干部的培养，早日成为内蒙古农牧种业发展的支撑主力。

（三）知识产权保护意识薄弱

目前种业知识产权保护尚处于起步阶段，种业知识产权制度实施时间不长，市场自发维护知识产权的氛围还不浓厚。例如呼和浩特市辖区内育种企业已申请品种权保护的品种只占自育品种的20.4%，侵权行为时有发生，损害了育种者的利益，严重打击了种子企业的创新积极性；同时也侵犯了种子使用者的权益，给行业的持续发展带来危害。

（四）品种创新能力不足，同质化严重

内蒙古农作物种子生产企业多，但龙头企业、育繁推一体化企业较少，推广面积大的优势品种不多，品种同质化问题严重，缺乏市场竞争力，企业创新能力、自主研发能力弱。

五、2022年种业发展主要工作

（一）攻坚克难扩种大豆油料作物

农业农村部发布的《关于落实党中央国务院2022年全面推进乡村振兴重点

工作部署的实施意见》提出，攻坚克难扩种大豆和油料作物，把扩大大豆油料生产作为必须完成的重大政治任务，抓好大豆面积恢复，大力推广玉米大豆带状复合种植，加快推广新模式新技术，逐步推动大豆玉米兼容发展，同时抓好油菜、花生等油料生产，多油并举、多措并施，扩面积、提产量。

内蒙古高度重视扩种大豆油料工作，成立了扩种大豆油料工作专班，坚决完成扩种大豆430万亩的政治任务，2022年大豆播种面积将达到1 769.8万亩，直接扩种大豆350万亩，大豆玉米带状复合种植160万亩，实现扩种大豆80万亩。同时印发《2022年内蒙古自治区大豆玉米带状复合种植推广工作实施方案》，对内蒙古扩种大豆油料工作整体规划，安排部署、细化任务，确保内蒙古各级部门认识到位、责任到位、措施到位，压实各级责任、层层传导压力，将任务明确到村、到户、到地，并加强技术培训、宣传指导，确保政策落实落地。

（二）做好看禾选种平台建设，加强品种展示示范

优良品种是粮食增产提效的重要支撑，良种良法协同配套是挖掘品种潜力、发挥农业推广先进技术体系集成优势、满足对粮食高产、优质等不同需求的重要举措。为进一步加快农作物优良品种推广应用，提高良种覆盖率，构建"种兴、农兴、粮丰、民富"种业振兴新格局，围绕内蒙古主要优势粮油作物，结合各地生产实际，在内蒙古12个盟（市）建设60个设施完善、源头可溯、质量可靠的现代化"看禾选种"平台。一是展示示范玉米、大豆、小麦、水稻、马铃薯、杂粮杂豆和向日葵等优势粮油作物优质新品种、新技术，开展品种评价，切实加快优良品种和成熟技术的推广应用；二是对引种备案的玉米品种和已登记的向日葵、杂粮杂豆、马铃薯等作物品种开展跟踪评价和种植验证，为风险提示和品种撤销提供依据。

（三）农作物品种试验站建设

品种更新换代是种业高质量发展的必然要求，更是乡村振兴的重要抓手。为进一步夯实内蒙古品种试验基础，发挥品种试验生态区位优势，全力打造覆盖"三北"地区农作物品种测试体系，在内蒙古11个盟（市）打造120个农作物品种区域试验站。其中玉米品种试验站64个，大豆品种试验站20个，小麦品种试验站17个，水稻品种试验站19个。试验站围绕主要农作物品种审定，以承

担国家、内蒙古自治区主要农作物品种区域试验、生产试验为主要工作任务。根据工作需要和承试能力，承担国家、自治区联合体试验、绿色通道试验、品种比较试验、自主试验以及新品种跟踪评价等。

（四）提升种质创新能力

依托国内外科研院所、高校、龙头企业等机构，建立"揭榜挂帅"等种业创新机制，加大主要农作物、畜禽、牧草等新品种的培育工作，提升种业基础研究和创新能力。多部门联合，建立育种攻关机制，建立健全商业化良种繁育体系，提升良种化水平。

（五）加快种业基地提升行动

建设现代化农作物制种基地，发挥现有良种基地的示范引领作用，推进内蒙古良种繁育基地的建设。遴选国家级畜禽核心育种场和自治区级核心育种场，全面开展畜禽遗传改良计划。进一步推进内蒙古自治区南繁科研基地的建设，提升服务能力和制种水平。

（六）加强种业基础工作

做好行业信息统计，全面了解内蒙古种业现状；协助主管部门做好农作物种子生产经营许可审批工作，优化种子经营环境；全力做好品种管理工作，严格把关引种备案，确保品种试验、品种登记和品种审定的合规合法性；按时高效开展农作物种子春季市场抽查及检验、秋季市场抽检、冬季农作物种子企业抽检、救灾备荒储备种子的抽查及转基因检测等市场监督检测工作。

内蒙古自治区畜牧业种业行业发展报告

内蒙古畜禽品种根据其来源和形成的过程大体可分为地方品种、培育品种和引入品种三大类。一是地方品种，现阶段仍是内蒙古畜禽品种的主体，它是千百年来在当地繁衍，经过长期自然选择和人为选育而形成的，分布广数量多。这类品种一般都具有体质结实、肢蹄健壮、结构协调、胸廓发育良好、耐寒暑、耐劳持久、抗逆性强等特点，是开展杂交利用和培育品种的良好母本材料。蒙古牛、蒙古羊、蒙古马、乌珠穆沁羊、苏尼特羊、呼伦贝尔羊、阿拉善双峰驼、内蒙古绒山羊和边鸡等，都是在国内外较著名的地方优良品种。由于地域、气候等自然条件的差异，同一品种在不同地区带有着不同的表现和特征。一般来说，所处草原条件好，寒冷地区的则个体较大，乳、肉、毛的产量较高；反之，则表现较差。地方品种的主要缺点是产品率不高，生长慢周期长，产值低等。二是培育品种，是引用外来品种和当地品种经过有计划、有目的的杂交改良，横交固定，选育提高而形成的新品种。早在 20 世纪 50 年代开始，内蒙古从毛用羊入手就对各类畜种开展大规模的改良育种工作。经过 60 多年的努力，现在正式验收命名的有草原红牛、内蒙古细毛羊、鄂尔多斯细毛羊、兴安细毛羊、巴美肉羊、昭乌达肉羊、察哈尔肉羊等 22 个培育品种。培育品种一般具有较高的生产性能、产量和产值高等优势，又能较好地适应当地的自然环境和经济需求，是农牧民增收和畜牧业供给侧结构性改革的主要途径，是今后高质量畜牧业发展的主打品种。三是为了加快畜禽改良和育种工作的步伐，内蒙古先后引入 50 多个国内外优质品种进行纯种繁育和用于杂交改良。引入品种都有较高的生产性能，但经过长期风土驯化，有的因其本身品质性能严重退化而逐步淘汰，有的因其本身用途目前尚不适合区域经济需求而未能大量发展，但也有不少品种通过风土驯化和选育，其生产性能和生长发育情况比引入当时还有所提高，成为畜禽改良和育种的重要力量，如荷斯坦牛、西门塔尔牛、德国美利奴羊、萨福克羊、杜泊羊等。

一、奶业

（一）基本情况

经过"十三五"的发展，内蒙古奶业振兴政策落实到位，依托地域自然条件优势，通过加快推进体制改革和机制创新，完善法规标准，整合奶牛种业资源，加大政策扶持，增加良种奶牛种业投入，强化市场监管等措施，为提高内蒙古奶业发展作出了突出贡献。在各方面的共同努力下，内蒙古奶业振兴实现了良好开局。

2021年，内蒙古种公牛、冻精及性控冻精等产品市场占有率全国第一，4头荷斯坦种公牛进入国内（GCPI）前20名，17头进入国内（GCPI）前100名，其中1头位居第2名；17头乳肉兼用西门塔尔公牛进入国内（TPI）前100名。建设国家级奶牛核心育种场3家，奶牛良种繁育场26家，奶牛良种覆盖率达到了100%。

（二）产区分布

主要分布于呼和浩特市、包头市、巴彦淖尔市，2020年内蒙古奶牛生产性能测定牛头数达14.5万头，较2016年的11.3万头增加了3.2万头，体细胞数由2016年的41.9降低至2020年的19.5，参测牧场2016年305天产奶量为9 093.9千克，截至2020年305天产奶量达到10 066.5千克，提高10.7%。

（三）发展优势

内蒙古已经基本构建了奶牛遗传改良技术体系，良种覆盖率显著提高，良种推广技术水平提升，推动了内蒙古奶牛群体平均生产水平大幅提升。奶牛人工授精技术得到普及，人工授精比例达到95%以上，国产冻精质量合格率达到100%；以内蒙古赛科星公司牵头进行的奶牛性控冷冻精液产业化推广应用，奶牛性控冷冻精液连续8年产销全国第一，每年销售量约50万剂，占到全国奶牛性控冷冻精液市场总量的40%以上，性控冷冻精液在奶牛良种扩繁中发挥了重要作用，胚胎生产和胚胎移植技术日臻完善。规模化牧场的科学选种选配技术广泛应用，良种推广模式不断创新。

（四）存在问题分析

当前内蒙古奶牛育种工作存在多方面问题：奶牛核心种源对外依存度较高，自主创新能力较弱，整体竞争力不强。

1. 奶牛育种基础性工作相对薄弱

良种登记、规模小，生产性能测定参测比例低、数据质量不高。

2. 奶牛繁育新技术应用相对滞后

奶牛基因组选择技术产业化应用程度低，奶牛性别控制冷冻精液和性控胚胎扩繁等现代繁育技术研发与应用力度不足。

3. 种牛自主培育投入力度薄弱

政府投入不足且不持续，企业育种投入不稳定，导致种牛自主选育体系建立的延续性差，体系不健全，奶牛育种核心群规模小，优秀种子母牛数量少，遗传水平参差不齐。

4. 奶牛科学精准养殖的理念和水平有待于提升

虽然内蒙古自治区是乳品加工全国的龙头，但是很多养殖企业在养殖观念上还是比较传统，缺乏良好和精准的养殖和管理经验，导致牧场的管理水平较低，影响牛奶产量与质量。

（五）种业发展目标任务

力争到 2025 年，内蒙古奶牛存栏达到 220 万头（包括三河牛等兼用牛）。奶牛生产性能参测泌乳牛头数达到 30 万头，泌乳牛参测率达到 25% 以上。奶牛体型评定的数量累计完成 15 万头，对核心育种群的 10 万头荷斯坦后备母牛进行全基因组选择技术应用。年度高产奶牛体内外性控胚胎生产规模不低于 20 000 枚，在核心育种场进行移植繁育高产核心群奶牛后代不低于 8 000 头。

在呼和浩特市、通辽市、呼伦贝尔市等优势地区，改造提升种公牛站 3 个，开展企业联合育种，力争年培育国际、国内排名百名以内的优秀种公牛 60 头左右，年推广奶牛性控冷冻精液不低于 50 万支。新申请国家级奶牛核心育种场

2~3 家，核心育种群的数量达到 10 000 头。

二、肉牛

（一）基本情况

内蒙古已拥有 5 家国家级种公牛站和 3 家肉牛核心育种场和 2 家保种场（表 1），采精种公牛存栏 230 头以上，进入中国肉牛遗传指数排名前 100 位的自主培育的肉牛种公牛达到 32 头。肉牛优质冻精供给能力超过 800 万支/年，不仅满足了区内需求，而且向区外输出。

2021 年培育出了"华西牛"肉牛新品种，提高了内蒙古肉牛育种供种能力和生产性能。

表 1　内蒙古自治区种公牛站、核心育种场、保种场名单

序号	类别	公司名称
1		通辽市京缘种牛繁育有限责任公司
2		赤峰市赛奥牧业技术服务有限公司
3	种公牛站	内蒙古中农兴安种牛科技有限公司
4		内蒙古赛科星繁育生物技术（集团）股份有限公司
5		呼伦贝尔市海拉尔农牧场管理局家畜繁育指导站
6		通辽市高林屯种畜场
7	核心育种场	内蒙古科尔沁肉牛种业股份有限公司
8		内蒙古奥科斯牧业有限公司
9	保种场	阿拉善左旗绿森种牛场（国家级）
10		苏尼特左旗浩林高畜牧专业合作社（自治区级）

（二）产区分布

内蒙古自治区肉牛主要集中在东部盟（市），通辽市、赤峰市、锡林郭勒盟、呼伦贝尔市及兴安盟的肉牛存栏占内蒙古的 83.34%，通辽市肉牛存栏占内蒙古的 27.76%，已形成区域特色优势明显的内蒙古肉牛产业带。

（三）发展优势

1. 供种能力的提升

内蒙古种公牛站建设从 20 世纪 70 年代开始起步，现有国家级种公牛站 5 家，据统计，通辽市京缘种牛繁育有限责任公司饲养肉用种公牛 207 头，赤峰市赛奥牧业技术服务有限公司饲养肉用种公牛 132 头，内蒙古赛科星生物有限公司饲养肉用种公牛 32 头，海拉尔农牧场管理局家畜繁育指导站饲养三河牛种公牛 53 头，内蒙古中农兴安种牛科技有限公司饲养肉用种公牛 171 头，合计饲养西门塔尔、安格斯、三河牛等 6 个品种 595 头种公牛。5 家国家级肉牛种公牛站年生产肉牛冷冻精液 800 万剂以上，牛冷冻精液质量经农业农村部牛冷冻精液质量监督检验测试中心抽样检测全部达到国家标准，其中通辽市京缘种牛繁育有限责任公司和内蒙古赛科星生物有限公司生产的牛冷冻精液获得免检产品。

2. 育种技术支撑

内蒙古肉牛，例如中国西门塔尔牛等品种的选育采取开放式核心群育种技术路线，结合分子生物学技术加大了育种和供种力度。制定种公牛系统选择程序，进行后裔测定提高选种的准确性，利用人工授精（AI）和超数排卵和胚胎移植（MOET）生物技术提高种公牛选育和种母牛利用强度，结合肉牛超声波活体测膘、DNA 遗传标记辅助选择、现代遗传评定及种质监测技术对选配和强度选择进行优化，强化制种供种能力，加快了供种速度，育种核心群每年培育一部分优良后备种公牛，经后裔测定和基因检测，确定为种公牛来生产优质冷冻精液，用于肉牛杂交生产中。

（四）存在问题分析

内蒙古肉牛种业遗传改良工作虽然取得了一定的成绩，但无论是与肉牛业发达国家相比，还是与我国现代肉牛业发展的要求相比，仍然存在一些突出问题。

1. 良种化程度低

良种化程度低是制约肉牛业发展的瓶颈之一。种公牛培育体系尚未完全建立，90% 以上的种公牛依赖国外引进活体或胚胎来培育，肉牛核心育种场育种能力较弱，缺乏自主培育能力，种公牛的质量还不高，种公牛站后备公牛严重缺乏，面临种牛断档问题。

2. 核心育种场能繁母牛存栏不足

母牛养殖受生产周期长、投入成本大、饲养管理水平落后、高质量发展意识差等因素影响，导致母牛存栏量较少，育种经费少，企业育种积极性不高，技术力量薄弱。

3. 生产性能测定工作滞后

内蒙古肉牛生产性能测定还处在起步阶段，参加测定的肉牛数量还不多；大多数肉牛养殖场不能以生产性能测定结果作为生产育种和饲养管理的依据，遗传进展较慢。此外，肉牛品种登记、体型体貌鉴定和遗传评估等育种体系工作还没有效开展起来，影响了肉牛繁殖育种相关工作的推进。

（五）肉牛种业发展目标任务

1. 建立完善稳定高效的肉牛良种繁育体系

到2025年，国家级肉牛核心育种场达到5个，育种核心群达3 000头以上，基本覆盖主导肉牛品种；每年对50头经过计划选配所产生的，且生产性能测定结果优秀的青年公牛进行后裔测定，每年选出30头验证公牛；到2025年，区内公牛站30%的种公牛为来自国家级肉牛核心育种场自主培育的种牛。

2. 建立完善协调发展的肉牛联合育种体系

到2025年，以现有国家级肉牛育种场为基础组建肉牛联合育种组织，形成相对完善的肉牛良种联合攻关创新机制，构建具有内蒙古肉牛产业特色的联合育种体系。

3. 积极推进肉牛新品种培育工作

到2025年，力争培育科尔沁肉牛、昭乌达肉牛2个肉牛新品种（品系），每个品种育种群达到50 000头以上，形成由肉牛育种核心场、育种核心群、扩繁群（场）组成的完整的育种生产体系。

4. 初步建立肉牛遗传评估体系

肉牛主要性状遗传评估准确性显著提高；全基因组选择参考群体达到1 000

头以上，到 2025 年，实现国家级肉牛核心育种场和种公牛站种牛全基因组检测基本覆盖。

5. 加大优良地方种质资源保护利用

建立蒙古牛国家级保种场和自治区级保种场，开展蒙古牛胚胎、冷冻精液等遗传物质保存工作，加大蒙古牛选育和保护力度。

三、肉羊

（一）基本情况

内蒙古现有绵山羊品种 32 个，存栏 3 400 多万只纯种（绵羊 2 200 多万只、细毛羊 100 多万只、绒山羊 900 多万只）。近 10 年来培育了巴美肉羊、昭乌达肉羊、察哈尔羊、戈壁短尾羊、草原短尾羊 5 个肉羊新品种，存栏 130 多万只；提纯选育乌珠穆沁羊等地方品种 5 个、湖羊等国内引入品种 3 个，存栏 1 900 多万只；引进了杜泊羊、萨福克羊等 10 个国外品种，存栏 40 多万只。内蒙古肉羊种羊场达到 349 家，其中，国家肉羊核心育种场 6 家、国家级保种场 2 家、国家级无疫病小区 2 家，年供种能力达 20 多万只。

（二）产区分布

内蒙古形成了以呼伦贝尔羊等为主导品种的东部肉羊产业带，以乌珠穆沁羊、苏尼特羊为主导品种的锡林郭勒草原肉羊产业带，以巴美肉羊等区内肉羊新品种和国外引进品种进行杂交生产为主导的农区肉羊产业带。

（三）发展优势

1. 有良好的育种基础

逐步建立了内蒙古肉羊品种遗传图谱，解析优质、抗逆性状形成的遗传机制，开展肉羊种质资源特异基因的发掘和利用。通过常规育种技术和生物育种技术相结合对育种材料进行改良和创制，通过分子标记辅助选择和分子设计育种技术提高作物育种效率，通过冷冻精液、胚胎生产等繁育技术的提升加快肉羊品种的繁育速度，打好肉羊种业科技创新基础。已育成了巴美肉羊、察哈尔羊等5个肉羊新品种。

2. 有稳定的供种能力

应用胚胎移植技术大力扩繁肉用种羊，杂交培育适合内蒙古生产条件的新品种（系）。系统开展生产性能测定和良种登记，提高地方品种选育度。重点选育提高产肉能力、繁殖性能、羊肉品质和群体整齐度，持续提高品种性能和种群供种能力，目前肉羊种羊场达349家，国家核心育种场6家，年供种能力达20万只。

（四）发展存在问题

1. 良种繁育基础建设投入不足，草原肉羊种业龙头企业缺乏

种羊场、人工授精站、测定场等基础配套设施简陋，良种肉羊繁育推广不足，肉羊良种化、专用化水平不高，不能完全满足市场需求和龙头企业加工需要，影响了羊肉品质和养殖效益。

2. 生产性能测定工作滞后

内蒙古肉羊生产性能测定还处在起步阶段，大多数肉羊养殖不能以生产性能测定为依据，进行科学选育和饲养管理。此外，肉羊品种登记、体型外貌鉴定和遗传评估等工作还没有效开展起来，育种体系尚未建立和完善，影响肉羊育种繁殖相关工作的推进。

（五）肉羊种业发展目标任务

1. 肉羊种质资源保护利用

2022年在羊品种面上普查基础上，全面启动现有28个肉羊品种生产性能系统测定工作。建设完善乌珠穆沁羊、苏尼特羊保种场。开展部分肉羊品种遗传材料制作和保存，确保内蒙古优势特色畜禽遗传资源应保尽保。

2. 育种创新

依托内蒙古大学、内蒙古农业大学、内蒙古农牧业科学院等高校、科研院所，建立肉羊种业基础研究重点实验室和技术团队。采取"揭榜挂帅"等措施，建立肉羊品种遗传图谱，解析优质、抗逆性状形成的遗传机制，开展肉羊种质

资源特异基因的发掘和利用。通过常规育种技术和生物育种技术相结合，对育种材料进行改良和创制；通过冷冻精液、胚胎生产等繁育技术的提升加快肉羊品种的繁育，打好肉羊种业科技创新基础。到 2025 年培育"杜蒙羊"等 2~3 个肉羊新品种（系）。

3. 提升良种化水平

积极培育国家和自治区级肉羊核心育种场，推广"核心育种场+种羊场+扩繁场"联合育种模式，重点提高产肉性能、繁殖性能、羊肉品质和供种能力。到 2025 年新增培育国家级核心育种场 3 家以上，自治区级核心育种场 5 家以上，核心群母羊存栏达 3 万只以上，地方品种和培育品种种公羊供给能力稳定在 15 万只以上，引进品种种公羊供给能力稳定在 5 万只以上。结合那达慕大会、丰收节等群众性活动，每年举办 10 场以上形式多样性的畜禽良种评比、拍卖会，搭建看畜选种平台。

四、生猪

（一）基本情况

近年来，内蒙古依托土地、资源和区位优势，积极承接国家生猪产业转移，生猪产业保持稳定发展。2021 年，内蒙古年末生猪存栏 565.2 万头，生猪出栏 700 万头，猪肉产量 67.5 万吨。

（二）产区分布

生猪养殖主要分布在赤峰市、通辽市、乌兰察布市、兴安盟、呼包鄂等地区，占到内蒙古养殖总量的 93%。目前，广东温氏、河南牧原等 18 家大型猪企已入驻，种猪生产水平、能力及规模养殖比例有了明显提升。目前内蒙古有赤峰家育公司国家级猪核心育种场 1 家，正大、鹏诚、中粮等种猪场 54 家，主要饲养长白、大白、杜洛克等品种。

（三）发展优势

品种是国家不可或缺的战略资源，决定了整个产业链的生产效率，种业科技贡献率达 30%~50%。2021 年国家出台种业振兴方案，作为一项长远谋划方案，将持续围绕资源保护、科技攻关、企业扶优、基地提升、市场净化五大行动开展工作，2021 年重点开展畜禽遗传资源的普查，着手构建企业阵型，在部分地区加快了区域性种公猪站的布局。《全国生猪遗传改良计划（2021—2035 年）》于 2021年 4 月由农业农村部颁布实施，将为内蒙古自治区生猪育种提供指导。

（四）存在问题分析

一是品种登记、性能测定、育种记录等不规范、不健全，尤其是猪遗传改良基础和育种工作底子薄弱，种猪测定工作起步较晚。

二是种猪长期以来基本依赖引进，自主培育能力弱与新品种配套系选育工作滞后，种猪自给不足，造成种源基础不牢。

三是注重利用杂交优势进行商品生产，放弃地方猪种选育，"河套大耳猪"等部分优良地方猪种濒临灭绝。

（五）生猪种业发展主要目标

到 2025 年，力争新增 1~2 个国家级生猪核心育种场，自治区级核心育种场2~3 个，建立完善的河套大耳猪保种场。

五、绒毛用羊

（一）基本情况

一是内蒙古十分重视对优良地方绒山羊品种的选育提高和改良工作。到 20世纪 90 年代初相继育成了"内蒙古绒山羊（阿尔巴斯型、二狼山型和阿拉善型）""乌珠穆沁白山羊""罕山白绒山羊"等三个新品种。这些新品种的培育与推广，对内蒙古乃至全国绒山羊的品种选育和改良提高起到了极大的推动作用。在鄂尔多斯市、巴彦淖尔市、阿拉善盟 3 个盟（市）绒纤维品质较好的 8个旗县 146 个嘎查（村）建立保种区，对内蒙古绒山羊三大品系（阿尔巴斯型、二狼山型、阿拉善型）开展重点种质资源保护。共建有保种场（保种核心群）27 个，存栏绒山羊 3.86 万只，年供种能力达 1 万只以上。二是内蒙古有相对稳定的细毛羊种源生产基地。内蒙古现有各级细毛羊种羊场 10 余处，有基础母羊近 0.5 万多只，每年可向社会提供合格细毛羊种羊 1 000 余只。20 世纪 80 年代后期至今内蒙古从澳大利亚先后引进澳洲美利奴种公羊 1 500 多只，在内蒙古细毛羊产区开展了以导血为主提高细毛羊生产性能的细毛羊三期科技攻关及持续的导血改良和选育项目，目前，内蒙古重点产区细毛羊主要生产性能指标达到或接近中等澳洲美利奴羊的水平。

（二）产区分布（表2、表3）

表 2　内蒙古绒山羊品种分布及数量统计

序号	品种	存栏数/万只	主要分布区域	体重/千克	个体产绒量/克	绒细度/微米	绒长/厘米	净绒率/%	产羔率/%
1	内蒙古绒山羊（阿尔巴斯型）	650	鄂尔多斯市鄂托克旗、鄂托克前旗等	40~60	450	15.5	5.5	45	120
2	内蒙古白绒山羊（二狼山型）	210	巴彦淖尔市乌拉特中旗、乌拉特前旗、乌拉特后旗等	35~50	400	15.5	4.0	40	110
3	内蒙古白绒山羊（阿拉善型）	50	阿拉善盟阿拉善左旗、阿拉善右旗、额济纳旗等	35~50	350	14.0	4.0	40	110
4	乌珠穆沁白山羊	6.6	锡林郭勒盟东乌珠穆沁旗、西乌珠穆沁旗等	45~60	400	15.5	5.0	45	110
5	罕山白绒山羊	50	赤峰市巴林右旗等、通辽市扎鲁特旗等	40~60	450	15.5	5.5	45	110

表 3　内蒙古细毛羊品种分布及数量统计

序号	品种	验收时数量/万只	目前存栏数/万只	核心群羊数/万只	主要分布区域
1	内蒙古细毛羊	8.0	1.0	0.3	锡林郭勒盟中、南部
2	敖汉细毛羊	50.0	1.0	0.3	赤峰市中、南部
3	鄂尔多斯细毛羊	50.0	90.7	80	鄂尔多斯市中、南部

（续表）

序号	品种	验收时数量/万只	目前存栏数/万只	核心群羊数/万只	主要分布区域
4	中国美利奴细毛羊	1.0	0.5	0.2	通辽市扎鲁特旗嘎达苏种畜场等
5	科尔沁细毛羊	23.4	0.2	0.1	通辽市扎鲁特旗、奈曼旗等
6	兴安细毛羊	24.0	2.5	1.0	兴安盟科尔沁右翼前旗等地
7	呼伦贝尔细毛羊	25.7	10.0	2.0	呼伦贝尔市岭南
8	巴美肉羊	5.2	5.4	2.2	巴彦淖尔市
9	昭乌达肉羊	10	90	40	赤峰市克什克腾旗、阿鲁科尔沁旗
10	察哈尔羊	25.9	44.5	25	锡林郭勒镶黄旗、正镶白旗、正蓝旗

（三）存在问题

一是遗传改良基础工作薄弱。除少数绒山羊核心育种场外，多数场育种信息记录不完善、生产性能测定不规范，遗传评估等基础工作尚未系统开展。部分地方品种选育工作缺乏有效的规划，育种思路不清晰。

二是细毛羊品种因市场等原因，数量急剧下降，有的面临灭绝的危险，需要加强保护和选育。

三是遗传改良的软硬件条件较差。大部分种羊场育种基础设施和装备较落后，育种技术力量不足，人工授精等技术应用率低，核心群体规模小，种羊质量参差不齐。

四是繁育体系不完善。主要品种繁育体系构成不配套，繁育结构层次不明，同品种各育种场间联系不足，育种目标、种羊鉴定、生产性能测定方法等不统一，缺乏有效联合育种机制，优势资源没有充分发挥，选育效率较低。

（四）种业发展目标任务

力争通过 3~5 年建设，优质绒山羊种公羊年生产能力达到 2 万只以上，种羊生产实现自给有余，成为全国重要的绒毛用羊种源生产和输出基地。

六、马

（一）基本情况

内蒙古是全国主要的马养殖基地，目前存栏马 70 多万匹，品种数量多，既有蒙古马等地方著名品种，也有三河马等培育品种，还引入了纯血马等国外品种。蒙古马、阿巴嘎黑马、鄂伦春马、锡尼河马和培育品种三河马、科尔沁马和锡林郭勒马 7 个品种全部列入《中国畜禽遗传资源志》，蒙古马和鄂伦春马 2 个品种纳入国家级遗传资源保护名录。在蒙古马集中分布区，建立完善保种场、保护区并建立了核心群，开展提纯复壮工作，已建蒙古马保种场 6 个，带动周边养马户进行了联合保种，初步建立以保种场为主、保护区为辅的蒙古马遗传资源保种体系。对 15 000 匹蒙古马植入电子芯片实施品种登记，并实施了蒙古马保护政策。在内蒙古自治区农牧业技术推广中心建立了"内蒙古马遗传资源中心"，目前保存蒙古马不同类群冷冻精液 6 000 支、三河马冷冻精液 3 000 支，11 个马属动物不同品种/类群血液样品 770 匹。内蒙古农业大学建立了全国唯一的"马属动物遗传育种与繁殖科学观测实验站""内蒙古蒙古马遗传资源保护及马产业工程实验室"，保存了大量珍贵的马育种遗传材料。目前内蒙古进口马纯种繁育场发展到 11 家，存栏 1 628 匹。

（二）存在的问题

内蒙古马匹品种登记制度不健全，地方马匹品种资源开发利用不足，马匹遗传改良缺乏统一规划，专门化品系选育滞后，资源优势未得到充分发挥。

（三）种业发展主要目标

到 2025 年，基本形成法规健全、体制顺畅、门类齐全、结构优化、布局合理、发展有序、生态良好的现代马产业体系。建立蒙古马保种场 6 个，核心群 100 个；建立蒙古马保护区 2 个；在现有地方马的基础上持续选育新的马专门化品种（系）3 个。

七、畜禽种质资源保护

近年来，受外来品种的影响，相当一部分地方品种或类群濒临灭绝，甚至消失，例如内蒙古黑猪、乌兰哈达猪等品种已灭绝，河套大耳猪、草原红牛、敖汉细毛羊等急需进行保种。畜禽遗传资源的保护日益受到国家和内蒙古自治区以及社会各界的普遍关注与高度重视。为了进一步发掘、保护、继承和利用这些畜禽宝贵财富，通过建立内蒙古自治区畜禽遗传资源库及保种场、保护区，进一步提升保护利用畜禽种质资源能力，有效推动畜禽遗传资源的科学研究和选育提高工作，推动形成政府、科研单位、企业、个人等多元主体共同参与的保种格局（表4）。

表 4　内蒙古畜禽遗传资源明细

序号	畜种	品种名称	命名时间
1	牛	蒙古牛（地方）	1998 年收录于《中国牛品种志》
2		中国草原红牛（培育）	1985 年正式命名
3		三河牛（培育）	1986 年内蒙古自治区人民政府正式命名
4		中国荷斯坦牛（培育）	1992 年农业部正式命名
5		中国西门塔尔牛（培育）	2002 年农业部正式命名
6		华西牛（培育）	2021 年农业农村部正式命名
7	羊	蒙古羊（地方）	1989 年收录于《中国羊品种志》
8		乌珠穆沁羊（地方）	1986 年内蒙古自治区人民政府正式命名
9		苏尼特羊（地方）	1997 年内蒙古自治区人民政府正式命名
10		呼伦贝尔羊（地方）	2002 年内蒙古自治区人民政府正式命名
11		乌冉克羊（地方）	2009 年农业部列入遗传资源
12		滩羊（地方）	1989 年收录于《中国羊品种志》
13		内蒙古绒山羊（地方）	1989 年收录于《中国羊品种志》
14		乌珠穆沁白山羊（地方）	1994 年内蒙古自治区人民政府正式命名
15		内蒙古细毛羊（培育）	1976 年内蒙古自治区人民政府正式命名
16		敖汉细毛羊（培育）	1982 年内蒙古自治区人民政府正式命名
17		鄂尔多斯细毛羊（培育）	1985 年内蒙古自治区人民政府正式命名

（续表）

序号	畜种	品种名称	命名时间
18		科尔沁细毛羊（培育）	1987 年内蒙古自治区人民政府正式命名
19		兴安细毛羊（培育）	1991 年内蒙古自治区人民政府正式命名
20		乌兰察布细毛羊（培育）	1994 年内蒙古自治区人民政府正式命名
21		呼伦贝尔细毛羊（培育）	1995 年内蒙古自治区人民政府正式命名
22		内蒙古半细毛羊（培育）	2021 年资源普查中发现已灭绝
23	羊	巴美肉羊（培育）	2007 年国家畜禽遗传资源委员会正式命名
24		昭乌达肉羊（培育）	2012 年国家畜禽遗传资源委员会正式命名
25		察哈尔羊（培育）	2013 年国家畜禽遗传资源委员会正式命名
26		罕山白绒山羊（培育）	1995 年内蒙古自治区人民政府正式命名
27		戈壁短尾羊（培育）	2018 年国家畜禽遗传资源委员会正式命名
28		草原短尾羊（地方）	2020 年国家畜禽遗传资源委员会正式命名
29		蒙古马（地方）	1987 年收录于《中国马驴品种志》
30		阿巴嘎黑马（地方）	2009 年农业部列入遗传资源
31		鄂伦春马（地方）	1987 年收录于《中国马驴品种志》
32	马、驴	锡尼河马（地方）	1987 年收录于《中国马驴品种志》
33		三河马（培育）	1986 年内蒙古自治区人民政府正式命名
34		锡林郭勒马（培育）	1987 年内蒙古自治区人民政府正式命名
35		科尔沁马（培育）	
36		库伦驴（地方）	1990 年内蒙古自治区人民政府正式命名
37	骆驼	阿拉善双峰驼（地方）	1990 年内蒙古自治区人民政府正式命名
38		苏尼特双峰驼（地方）	1990 年内蒙古自治区人民政府正式命名
39	生猪	河套大耳猪（地方）	濒危品种
40	禽	边鸡（地方）	1989 年收录于《中国家禽品种志》
41	鹿	敖鲁古雅驯鹿（地方）	

（一）保种技术方案

1. 原位保护

即在原有环境中，对动物群体进行主动选育利用，使其遗传多样性（包括等位基因变异、基因型变异等）既能短期利用，又能长期保存。

目标：使品种改良效率和对环境及生产体系的适应力最大化。

措施：性能记录、种质评价、繁育计划、群体监测等。

行动：适用于安全状态较高的资源。在政府部门的扶持下，在原产地建立1~2个资源场或划定保护区。在畜禽等地方品种集中分布区，建立完善保护场、保护区并组建保种核心群，开展提纯复壮工作。保种形式以畜禽遗传资源库—自治区级保种场—地方保护区—保种户联合协同多主体保护方式，对保种场和保护区的种群实行保种补贴、繁殖奖励政策。严格选种选配，杜绝外来品种，确保保护区内地方品种的纯种繁育，保种期限内畜禽繁殖力不下降，种群不出现体型结构的不良变异，畜禽对环境的抗力不变，遗传有害性状畸形的总频率低于1%。实施统一饲养管理、统一登记、统一防疫、统一技术指导。同时对部分数量较少、价值较高的畜禽资源进行遗传物质采集和保存。

2. 异位保护

即把一个资源的动物样本或遗传物质，在脱离其正常生产或居住环境的条件下保存，以便将来可以重建该动物群体。

目标：将遗传多样性先贮存起来，以满足未来需要。

措施：建造可控制的适于小样本的生存环境；遗传物质的收集和保存；适时评估和有效利用。

行动：适用于安全状态较低的资源，或作为原位保护的一个辅助性手段。主要是可繁殖细胞冷冻保存和动物体组织的保存。

（二）内蒙古自治区畜禽遗传资源保护情况

1. 国家级保护区、保种场

2021年8月9日，农业农村部发布了《中华人民共和国农业农村部公告第453号》，经对原有国家级畜禽遗传资源基因库、保护区、保种场审核确认，内蒙古现有国家级保护区3个（表5）、国家保种场7个（表6）。

表5 国家级保护区名单

序号	保护区名称	建设单位
1	内蒙古绒山羊（阿拉善型）国家保护区	阿拉善左旗家畜改良工作站
2	蒙古马国家保护区	锡林郭勒盟畜牧工作站

序号	保护区名称	建设单位
3	阿拉善双峰驼国家保护区	阿拉善左旗家畜改良工作站

表 6　国家级保种场名单

序号	保护区名称	建设单位
1	国家蒙古牛保种场	阿拉善左旗绿森种牛场
2	国家乌珠穆沁羊保种场	东乌珠穆沁旗赫希格畜牧业发展有限责任公司
3	国家苏尼特羊保种场	苏尼特右旗苏尼特羊良种场
4	国家内蒙古绒山羊（二狼山型）保种场	巴彦淖尔市同和太种畜场
5	国家内蒙古绒山羊（阿尔巴斯型）保种场	内蒙古亿维白绒山羊有限责任公司
6	国家内蒙古绒山羊（阿拉善型）保种场	内蒙古阿拉善白绒山羊种羊场
7	国家阿拉善双峰驼保种场	阿拉善双峰驼种驼场

2. 自治区级基因库和保种场

2021 年 5 月，根据《农业农村部关于落实农业种质资源保护主体责任开展农业种质资源登记工作的通知》和自治区农牧厅等六部门《关于加强农牧业种质资源保护与利用的实施意见》要求，按照《农牧业种质资源保护单位确定实施方案》规定，经公开申请、材料初审、专家评审等程序，自治区农牧厅确定第一批自治区级畜禽种质资源保护单位（表 7）。

表 7　第一批自治区级畜禽种质资源保护单位

序号	确定名称	依托单位
1	内蒙古自治区畜禽遗传资源库	原内蒙古自治区畜牧工作站，现内蒙古自治区农牧业技术推广中心
2	内蒙古自治区蒙古马综合（DNA+大数据）基因库	内蒙古农业大学
3	内蒙古自治区东乌珠穆沁旗蒙古马保种场	东乌珠穆沁旗畜牧工作站
4	内蒙古自治区敖鲁古雅鄂温克族驯鹿保种场	根河市宏润绿色养殖专业合作社
5	内蒙古自治区乌审旗乌审马保种场	其木德道尔吉乌审马养殖大户（原种）保种场

（续表）

序号	确定名称	依托单位
6	内蒙古自治区鄂伦春自治旗鄂伦春马保种场	鄂伦春自治旗古里乡乌拉列姆麟养殖农民专业合作社
7	内蒙古自治区凉城县边鸡保种场	凉城县惠农边鸡保种繁育有限公司
8	内蒙古自治区乌拉特后旗双峰驼保种场	乌拉特后旗英格苏骆驼养殖专业合作社
9	内蒙古自治区苏尼特左旗蒙古牛保种场	苏尼特左旗浩林高毕畜牧专业合作社蒙古牛保种场
10	内蒙古自治区库伦旗库伦驴保种场	库伦旗库伦驴兴发养殖场

3. 内蒙古畜禽遗传材料制作概况

内蒙古按照国家安排，先后制作和保存了部分畜禽资源遗传材料，同时交国家畜禽基因库保存。截至目前，内蒙古自治区畜禽遗传资源库应用现代生物技术，已保存蒙古牛冷冻胚胎 40 枚；牛羊冷冻精液 6 万余剂；羊优良品种冷冻胚胎 1 600 余枚；蒙古马不同类群冷冻精液 6 000 余剂（0.5 毫升）；保存蒙古马成纤维细胞系 70 余份；收集了 11 个品种马、驴血样（表 8）。

表 8　内蒙古畜禽基因库遗传材料制作情况

序号	品种	保护依据	制作冷冻胚胎/枚	制作冷冻精液/剂
1	蒙古牛	国家级畜禽遗传资源保护名录	40	30 000
2	蒙古马	国家级畜禽遗传资源保护名录		3 000
3	阿巴嘎黑马	数量较少		3 000
4	乌珠穆沁羊	国家级畜禽遗传资源保护名录	211	
5	乌冉克羊		166	
6	内蒙古绒山羊（二狼山型）	国家级畜禽遗传资源保护名录	152	
7	乌珠穆沁白山羊		112	
8	河套大耳猪	种群数量较少		3 000
9	鄂尔多斯细毛羊		153	
10	兴安细毛羊		203	

（续表）

序号	品种	保护依据	制作冷冻胚胎/枚	制作冷冻精液/剂
11	呼伦贝尔细毛羊		165	
12	巴美肉羊		165	
13	罕山白绒山羊		157	
合计	13		1 524	39 000

4. 内蒙古畜禽遗传库的建立情况

2020 年，依托内蒙古自治区现代马产业发展项目，结合蒙古马资源的优势，按照《农业农村部办公厅关于印发农业种质遗传资源保护与利用三年行动方案的通知》《国家畜禽遗传资源保种场保护区和基因库管理办法》《现代马产业发展重点项目实施方案》的要求，在内蒙古自治区畜牧工作站建设了"内蒙古马遗传资源中心"，该中心总建筑面积 806.4 平方米，拥有遗传物质低温保存设备及实验仪器设备 31 台（套）。已具备《畜禽遗传资源保种场保护区和基因库管理办法》中的国家级畜禽遗传资源基因库应当具备的条件。中心以保存群体的遗传多样性，以可逆的形式进行基因组合或者保存优良基因为宗旨，已实现对家畜冷冻精液和冷冻胚胎等遗传物质状态的实时监控，能够将内蒙古畜禽遗传材料应收尽收全部保存，保证内蒙古畜禽遗传物质的安全和基因库的良性运转（表9）。

表9　基因库遗传材料制作保存能力

序号	保存利用能力	单位	数量
1	家畜冷冻精液保存能力	剂/年	9 000（3 品种）
2	家畜卵母细胞冷冻保存能力	个/年	1 000（1 品种）
3	成纤维细胞冷冻保存能力	管/年	210（1 品种）
4	家畜冷冻胚胎保存能力	枚/年	600（3 品种）
5	血样和基因物质保存能力	份/年	2 100（3 品种）

（三）展望

1. 畜禽资源保护行动

2022 年在全国第三次畜禽种质资源普查基础上，以加强优势特色地方畜禽资源保护利用，推进农牧业高质量发展的基础性支撑作用及生物多样性维护为目标，突出畜禽遗传资源保护基础性、公益性战略定位，以安全保护和有效开发为主线，按照"以保为先、以用促保、保用结合"的方针，以现代生物技术为支撑，以改革创新为动力，组建技术团队，利用现代保种理论和保种技术，在保护好现有资源多样性的基础上，依托畜禽遗传资源的优势，结合行业发展方向，建立"内蒙古自治区畜禽遗传资源库"，应保尽保，保存畜禽群体的遗传多样性，以可逆的形式进行基因组合或者保存优良基因。完善乌珠穆沁羊、苏尼特羊、蒙古牛国家级和自治区级保种场建设。

2. 畜禽遗传资源的开发与利用

建设区域性畜禽基因库的主要任务是利用先进的生物技术手段，开展国内优良畜禽的保存和利用，防止畜禽资源的退化和灭绝；开展畜禽遗传资源的检测与鉴定，为探明内蒙古畜禽遗传资源特性提供技术支撑；建立内蒙古畜禽遗传资源信息与管理数据库，为畜禽资源的开发、利用和技术推广提供服务。通过本项目实施，加快内蒙古畜禽遗传资源的保护速度，降低一些地方品种资源消失或灭绝的可能性，保证畜禽遗传物质的安全和基因库的良性运转，为生物多样性保护和畜牧业高质量可持续发展提供保障，更好地推动内蒙古及周边地区畜禽遗传资源的开发与利用。

八、种业创新攻关

现代种业是一项系统工程，具有战略性、长期性、公益性。要强化科技支撑。充分整合国家产业技术体系、科研院所和种畜禽企业等资源，形成科技支撑合力。以新品种培育、遗传物质保存、特色资源开发等为重点，开展联合攻关。启动种源关键核心技术攻关，实施生物育种重大项目，有序推进产业化应用。强化协同，推进育种联合攻关，实施好新一轮畜禽遗传改良计划。要组建育种攻关联合体，推进科企合作，推动要素聚合、技术集成、机制创新，促进种质资源、数据信息、人才技术交流共享，加快突破重大新品种。2021年4月，农业农村部发布了《全国畜禽遗传改良计划（2021—2035年）》，明确未来15年我国主要畜禽遗传改良的目标任务和技术路线。近年来，伴随全基因组测序、分子生物学等技术的快速发展，育种产业的数据量快速扩大，数据来源更为丰富，迫切需要依托信息技术来进行数据采集、积累和分析；另一方面，数字技术的快速发展，得以让物联网、大数据、云计算等创新技术应用到育种生产前沿。从产业大数据平台的搭建，到表型特征与性状数据的采集、分析与系统建模，助推育种产业转型升级。要依托数字技术，建立育种大数据平台和数字技术管理系统，让传统育种产业更为高效。随着数字技术的进一步发展以及与育种产业的深度融合，数字育种这一创新技术必将给育种产业带来巨大提升，助推种业振兴加速前进。

内蒙古自治区植物检疫行业发展报告

植物检疫是为防止检疫性有害生物传入、定殖、扩散蔓延，保护农业生产和农产品贸易安全，以法律法规为依据采取的一系列活动，是由法制、技术和行政管理相结合的综合措施。内蒙古自治区植物检疫工作始终坚持以阻截防控全国重大农业植物检疫性有害生物为重点，加强疫情监测阻截与防控，严格植物检疫执法监管，强化检疫队伍建设，有效遏制了植物疫情传播扩散，为保障内蒙古自治区农业生产安全、生物安全、促进农产品贸易发挥了重要作用。

一、全国植物疫情发生总体态势

（一）境内疫情对农业生产安全威胁不断加大

2021 年，全国共发生农业植物检疫性有害生物 26 种，在 29 个省（区、市）的 1 350个县（市、区）发生，发生面积 2 147.8万亩次。苹果蠹蛾、红火蚁、黄瓜绿斑驳花叶病毒等植物疫情呈现传播速度快、发生面积增加、对主要产业威胁大的特点。

（二）境外疫情传入风险逐年加大

境外疫情呈现传入种类多、截获频次高的特点。根据海关统计，2020 年口岸检疫部门在进境货物中截获的检疫性有害生物多达 384 种、6.95 万次，同比增长 15%；在进境旅客携带物寄递物中截获外来物种 1 258种、4 270批，涉及102 个国家和地区。

二、内蒙古自治区植物检疫工作现状

（一）体系建设情况

机构设置：内蒙古植物检疫体系是由自治区、盟（市）、旗（县、区）三级植保植检机构组成，包括自治区级 1 个，盟（市）12 个，旗（县、区）88 个。新一轮机构改革后，除 5 个单独设立植保植检机构外，各级植保植检机构均并入综合中心。

队伍建设：严格按照《中华人民共和国农业部植物检疫员管理办法（试行）》相关要求，对符合申报农业植物检疫员条件的人员进行岗前培训，经考试合格后颁发农业植物检疫员证，植物检疫员执行检疫任务时，必需穿着检疫制服持证上岗；对离岗离职的植物检疫员进行注销。截至目前，内蒙古共培训新增植物检疫员 13 批次，现有植物检疫员 771 人，基本保障了植物检疫工作的顺利开展。

（二）植物疫情发生形势

近年来，随着农业产业结构调整以及经济全球化、交通物流业的飞速发展，检疫性有害生物入侵风险和入侵频率逐年增加。2010 年前内蒙古自治区常发生的农业植物检疫性有害生物种类有 7 种，截至目前增加到 9 种，监测到进境检疫性有害生物 3 种。疫情发生面积均在 80 万亩左右，为害寄主植物主要有果树、水稻、马铃薯、向日葵、大豆等，严重威胁内蒙古自治区粮食作物和经济作物的生产安全。

2021 年，内蒙古自治区共发生农业植物检疫性有害生物 8 种，其中昆虫类 2 种、细菌类 2 种、真菌类 2 种、线虫类 1 种、杂草类 1 种，分别为苹果蠹蛾、稻水象甲、瓜类果斑病菌、番茄溃疡病菌、黄瓜黑星病菌、大豆疫霉病菌、腐烂茎线虫和列当属，在 10 个盟（市）34 个旗（县、区）发生。其中瓜类果斑病菌、番茄溃疡病菌主要发生在西部区；稻水象甲发生在通辽市；腐烂茎线虫发生在鄂尔多斯市、赤峰市；黄瓜黑星病菌发生在赤峰市；大豆疫霉病菌发生在呼伦贝尔市；列当属在内蒙古自治区大部分向日葵种植区均有发生。

疫情发生面积578 055亩，其中列当属发生面积567 325亩，约占内蒙古自治区总疫情发生面积的98%，其余7种检疫性有害生物发生面积10 730亩，约占总疫情发生面积的2%。疫情防治面积为204 894亩次。与2020年相比，疫情发生面积减少286 549亩，疫情发生种类、扩散速度、危害程度均在可防可控的范围之内，未发现新增疫情。

与全国植物疫情发生总体情况比较，内蒙古自治区检疫性有害生物发生种类，约占全国检疫性有害生物名单种类的28%，植物疫情发生面积约占全国总疫情发生面积的3%左右，疫情发生基本平稳，未出现原有疫情大面积暴发成灾、新发疫情大面积蔓延危害。

（三）加强重大植物疫情阻截带监测点建设

建立国家级重大植物疫情阻截带监测点130个，充分利用天然屏障，科学布点，监测点均设在国境线、省界线、交通枢纽及疫情发生的旗（县、区）和疫情传入高风险区域，覆盖内蒙古自治区12盟（市）51个旗（县、区）以及对外开放的12个口岸，在内蒙古自治区构建起马铃薯甲虫、苹果蠹蛾等重大植物疫情阻截带。阻截带监测点由专人负责，明确监测任务，定期发放专用监测、检测设备，开展适时监测，及时掌握疫情发生动态。同时监测点实行动态管理，根据内蒙古自治区及周边省份已发生的重大检疫性有害生物及境外传入风险较高的潜在检疫性有害生物的变化，及时调整监测点和监测任务，防止重大植物疫情传入、传出。

（四）加强植物疫情监测与防控

1. 发挥阻截带作用，推进重大植物疫情监测与防控

依托重大植物疫情阻截带监测点，重点围绕事关内蒙古自治区粮食安全和农民增收的主要粮食和经济作物，在内蒙古自治区主要农作物生产区、优势作物生产区，开展马铃薯甲虫、腐烂茎线虫、稻水象甲、列当属、苹果蠹蛾、瓜类果斑病等重大植物疫情的监测与防控；对已发生的检疫性有害生物，主要是监测其疫情发生动态、为害情况、扩散蔓延范围；对潜在的检疫性有害生物，

主要是监测其在主要寄主植物生长期内的发生情况，确保第一时间发现并快速采取有效措施进行封锁、扑灭，严防大面积暴发成灾。

2. 强化技术集成，推进重大植物疫情综合治理

巴彦淖尔市是内蒙古自治区苹果梨的主要产区，2014年苹果蠹蛾传入巴彦淖尔市磴口县后，在磴口县建立2个苹果蠹蛾疫情综合防控示范区，核心面积400亩，辐射带动3 000亩。示范区在常规防治的基础上，采用"性信息素诱捕+频振式杀虫灯诱杀+迷向丝生物防治"的综合防控技术模式，取得了非常好的效果，大大降低了成虫基数，2020—2021年示范区内连续两年未监测到苹果蠹蛾，防控效果显著。

稻水象甲发生区以控制为害为目标，采取"农业防治+物理防治+化学防治"综合防治技术，狠抓越冬成虫防治，重治幼虫，抓住越冬成虫秧苗期防治的关键时期，开展统防统治和群防群治，有效压低了虫源，没有造成疫情大面积发生危害。

3. 严格疫情报告制度，建立和完善应急处置机制

各级农业植物检疫机构认真执行疫情上报制度。对新发、突发的疑似疫情执行12小时报告制度，日常疫情监测定时报告。要求内蒙古自治区各级检疫机构建立和完善了重大疫情突发应急预案，建立应急指挥和专家组。按照疫情发生范围和程度，适时启动应急预案。

（五）植物检疫执法监管

农作物种子种苗是传播植物疫情的重要途径，加强种子种苗检疫措施是从源头管控疫情最有效的措施。

1. 产地检疫监管

以种子生产环节为重点，完善种子种苗繁育企业和生产基地的备案制度，强化产前申报、产中监测、产后调运等环节的全链条检疫监管，从源头阻断传播疫情的风险。

2. 调运检疫监管

以种子种苗销售环节监管为重点，确保在内蒙古自治区市场上销售种子带有检疫证书，对高风险地区调入的种子进行复检，降低植物疫情随种子种苗调运传播的风险。

3. 南繁检疫监管

积极配合海南省南繁管理局，做好南繁基地检疫联合巡查，严把种子种苗进岛、出岛两个关口。

4. 国外引种检疫监管

近年来，国外引进种子在内蒙古自治区种植的作物种类达30多种，其中主要以牧草和甜菜为主，牧草多集中种植在赤峰市的阿鲁科尔沁旗、甜菜主要种植在赤峰市和乌兰察布市。针对内蒙古自治区国外引种批次多、数量大、种类多、种植地区广的情况，严格按照国外引进种农业种子检疫要求，采取加强隔离试种管理、重点监测与委托监测相结合、自治区、盟（市）、旗县三级联合监测等方式加强检疫监管，严防国外疫情随种子种苗引进传入国内。

5. 市场检疫监管

以植物检疫宣传月活动为契机，整合检疫队伍力量，采取旗县自查和盟（市）、旗县联查相结合的方式开展种子种苗检疫市场检查，将植物检疫宣传工作融入植物检疫联合执法检查工作中，以问题为导向，通过边执法边宣传的方式，切实提高生产经营主体和社会各界的植物检疫意识，增强遵守植物检疫法规自觉性。

（六）植物检疫行政审批

依照中共中央、国务院关于深化"放管服"改革，优化营商环境的决策部署，实现农业植物产地检疫合格证签发、农业植物检疫证书核发、从国外引进农作物种子种苗审批行政审批事项一网通办理，不断提高审批效率和监管效能，促进内蒙古自治区经济高质量发展。

1. 农业植物产地检疫合格证签发

严格执行产地检疫操作规程，落实产前申报、检疫监测、田间检疫记录等工作制度。近年累计实施产地检疫面积110.37万亩，生产种子344.38万千克，签发产地检疫合格证3 628份。内蒙古自治区主要生产的种子涉及32个作物，855个品种，其中主要是以玉米、马铃薯为主，其次是菜豆、高粱、谷子等杂粮杂豆等。

2. 农业植物检疫证书核发

近年累计实施调运检疫17 000多批次，调运量为430万千克左右，其中省间调运占总调运量的 77%，内蒙古自治区内种子种苗调运量占 23%。内蒙古自治区种子种苗调运主要是以玉米、马铃薯为主，约占内蒙古自治区总调运量的 78%（图1、图2）。

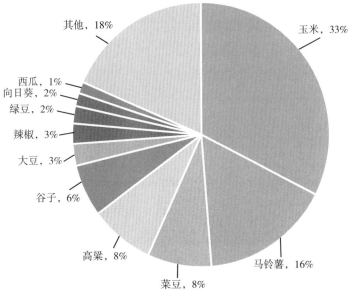

图 1　2017—2021 年产地检疫数据统计

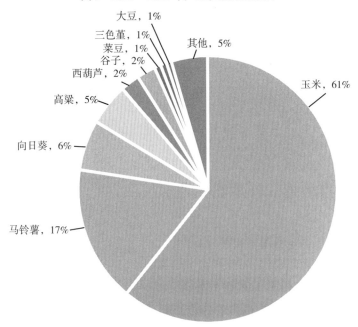

图 2　2017—2021 年调运检疫数据统计

3. 从国外引进农作物种子种苗审批

内蒙古自治区是全国重要的家畜饲草料生产基地，气候、土壤、光照和生产条件非常适宜燕麦、苜蓿等牧草的规模化、机械化、现代化生产，也是国外引种种植的大省（区）之一，年均引种量保持在200批次、1300万千克左右，涉及作物主要有牧草、甜菜、向日葵等，其中牧草种类包括燕麦、苜蓿、多花黑麦草等10多个种类，引种量占全部引种量的80%以上（图3）。

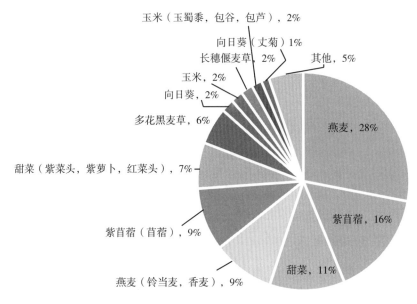

图3　2017—2021年国外引种统计

三、植物检疫工作取得的成效

（一）重大植物疫情得到有效控制

苹果蠹蛾：苹果蠹蛾是我国重要的检疫性有害生物，在全国9个省（区、市）195个（市、区、旗）发生，2006年首次在内蒙古自治区阿拉善盟额济纳旗发现后，呈由西向东逐渐扩散态势。最大发生面积14 183亩，分布在内蒙古自治区 6 个盟（市）12 个旗（县、区）。为有效遏制疫情蔓延势头，在内蒙古自治区设立苹果蠹蛾监测点 149 个，每年定期发放诱捕器 2 000 套、迷向丝 2 000 根，用于疫情监测和防控。监测范围基本覆盖了内蒙古自治区水果种植区，各监测点安排专人定时监测，密切关注疫情动态，严格执行疫情报告制度，在发生区采取布设诱捕器、杀虫灯、迷向丝、化学防治等综合防控技术，经过连续 15 年的防控阻截，截至 2021 年底，将疫情控制在呼和浩特以西的 4 个盟（市）8 个旗县区，疫情发生面积 3 314 亩，减少了 76.6%，虫口密度大幅减少，防控效果显著。疫情传播态势已从原来的远距离传播转变为近距离自然扩散，为陕西、山西、河北等苹果主产区建立有效屏障，大大降低了对内蒙古自治区及全国水果主产区果品生产的威胁，保障果品产业健康发展。

稻水象甲：稻水象甲是为害水稻的毁灭性害虫，2011 年在内蒙古自治区通辽市科尔沁左翼后旗、科尔沁左翼中旗首次发现，发生面积 30 422 亩。疫情发生后，内蒙古自治区农牧厅立即组织开展内蒙古自治区稻水象甲普查工作，疫情发生区采取"综合治理、分片围歼、联防联治、严控扩散"的防控策略，控制越冬代成虫兼治一代幼虫，经过几年防控阻截，始终将疫情控制在通辽市，没有向周边水稻种植区扩散，且为害程度逐年减轻，发生面积也由发现之初的 30 000 多亩，控制到现在的 1 150 亩，阻截防控效果显著。

（二）"新突发"植物疫情处置科学有效

随着农产品贸易的迅速发展，植物疫情传入的风险越来越大。2016—2018 年内蒙古自治区新发全国检疫性有害生物 1 种，进境检疫性有害生物 3 种。面对"新突发"植物疫情，自治区农牧厅高度重视，积极应对，立即要求自治区植保植检站组成专家组调查核实疫情发生情况，对疫情来源、流向进行调查跟踪，对染疫种薯进行销毁或转商品薯，做好疫情处置和后续跟踪监管，并按程序上报疫情，同时下发了《关于开展马铃薯帚顶病毒专项调查的通知》《关于开展腐烂茎线虫和向日葵黑茎病专项调查的通知》，组织在马铃薯和向日葵产区开展马铃薯检疫性线虫、马铃薯帚顶病毒、向日葵黑茎病的专项调查工作，经过调查取样，送检样品鉴定，初步掌握了这 4 种检疫性有害生物在内蒙古自治区发生分布情况，为组织防控争取了主动。由于处置及时，措施得当，疫情得到有效控制，没有造成扩散蔓延的态势。

（三）植物疫情得到有效防范

按照全国农技中心要求，根据国内外植物疫情发生形势，结合内蒙古自治区植物疫情传入风险分析，组织相关盟（市）开展了黄瓜绿斑驳花叶病毒、水稻细菌性条斑病、油菜茎基溃疡病、红火蚁等检疫性有害生物专项调查，通过下发相应调查方案、印发症状识别图册、现场培训等形式，提高检疫人员对检疫性有害生物的识别能力和风险防范意识，做到早发现、早报告、早处置。

四、内蒙古自治区植物检疫工作面临的形势与挑战

（一）植物疫情传入风险加大

地理位置的独特性。内蒙古自治区地处我国北疆，东西相隔2 400多千米，跨越东北、华北、西北，与8省（区）毗邻。由于与毗邻省市地理位置、生态环境、气候条件相似，寄主植物种植情况大体相同，周边省份已发生的检疫性有害生物传入内蒙古自治区的风险加大。

气候条件的多样性。内蒙古自治区属于典型的中温带季风气候，气候带呈带状分布，从东向西由湿润、半湿润区逐步过渡到半干旱、干旱区，气候多变，农业生态环境复杂，为多种农业有害生物提供了适宜生存的栖息环境。

经济发展的必然性。内蒙古自治区外与蒙古国、俄罗斯交界，边境线长达4 200多千米，现有国家级对外开放口岸16个，是我国向北开放的最前沿，也是"一带一路"路陆通道中的重要节点和通往亚洲、欧洲的重要货物集散地，随着人文交流和农产品贸易不断增加，也增加了外来有害生物入侵的风险。

（二）植物疫情防控形势严峻

新疫情不断入侵为害。自2006年以来，苹果蠹蛾、稻水象甲、腐烂茎线虫3种全国检疫性有害生物陆续传入内蒙古自治区。

原有疫情传播扩散速度加快。向日葵列当、腐烂茎线虫是目前对内蒙古自治区威胁最大的检疫性有害生物。向日葵列当在内蒙古自治区向日葵主产区普遍发生，发生面积占内蒙古自治区总疫情发生面积的98%；腐烂茎线虫目前虽

然仅在 2 个盟（市）3 个旗县区发生，但局部为害严重、防控难度大，对内蒙古自治区马铃薯产业具有潜在威胁。

外来有害生物传入呈现加速之势。2016—2018 年，内蒙古自治区首次发现马铃薯帚顶病毒、向日葵黑茎病等 3 种进境检疫性有害生物；马铃薯甲虫等检疫性有害生物也存在从俄罗斯和我国的黑龙江省、吉林省传入的潜在风险。

（三）植物疫情对内蒙古自治区农业产业安全的潜在威胁

综合内蒙古自治区植物疫情发生情况、传入风险、防控形势以及内蒙古自治区产业结构等因素，植物疫情对内蒙古自治区农业产业安全、农产品贸易存在潜在威胁，尤其是对马铃薯产业。内蒙古自治区是全国马铃薯优势主产区，也是最大的种薯生产基地，每年马铃薯交易量占到全国的 60%。如果腐烂茎线虫、马铃薯甲虫等检疫性有害生物得不到有效防控阻截，对内蒙古自治区马铃薯产业将是毁灭性打击。

内蒙古是全国重要的粮食大省，也是马铃薯、向日葵、大豆等作物的优势主产区，是全国最大的马铃薯种薯生产基地，每年马铃薯交易量占到全国的 60%；向日葵种植面积居全国第一；大豆产量居全国第二，尤其是随着大豆玉米复合种植技术的推广，大豆种植面积和种植范围将进一步扩大。综合内蒙古植物疫情发生情况、传入风险、防控形势以及内蒙古产业结构等因素，腐烂茎线虫、向日葵列当、大豆疫病等检疫性有害生物随种子调运传入、传播扩散的风险进一步加大，对内蒙古农业产业安全、农产品贸易存在潜在威胁，如果植物疫情得不到有效防控阻截，对内蒙古马铃薯等优势产业将是毁灭性打击。

（四）植物检疫工作面临的挑战

机构改革后，植保植检工作存在体系不完善、机构不健全、队伍不稳定、支撑保障不匹配，法律法规不完善等问题，与新形势下植物检疫工作的任务和要求极不适应。

1. 职能与机构不匹配

机构改革后，植保植检机构撤并，各盟（市）旗县承担的植物检疫职能发生了变化，呈现原本由一个单位承担的检疫职能被划转到几个单位分别承担，原有检疫人员流动大，个别地区出现职责悬空、人员缺位、任务落空的情况，严重制约植物检疫工作的开展。

2. 支撑保障不匹配

植物疫情普查、控防、培训等工作所需资金较大，尤其是对突发、新发疫情的应急处置及补偿需要有专项经费。2016年植物检疫收费取消以后，地方财政没有安排应有的资金预算，加之中央财政部门预算使用改革，原有预算资金也难以拨付到地方植保植检机构，导致疫情监测和阻截防控等任务资金保障不足。

3. 法规制度不完善

植物检疫工作是以《植物检疫条例》等法律法规为依据开展的一系列工作，现行《植物检疫条例》于1983年颁布实施至今，近年来随着社会经济的发展以及农业综合执法改革、机构改革等一系列改革，现行法律法规已明显滞后于时代的发展，在一定程度上影响了植物检疫工作的法律支撑和执行效果。

五、当前内蒙古自治区植物检疫工作思路与对策

（一）工作思路

以习近平新时代中国特色社会主义思想为指导，紧紧围绕乡村振兴、农业供给侧结构性改革、农业绿色发展的新要求，坚持"预防为主、综合防治"的植保方针，加强基层动植物疫情防控体系建设，强化法治意识、风险意识、责任意识、协作意识，大力推进疫情阻截防控、联防联控和区域治理，为筑牢国家生物安全屏障和保障国家粮食安全提供有力支撑。

（二）工作目标

努力做到"两个确保、两个全覆盖"。"两个确保"即确保新发疫情不大面积蔓延危害，确保原有疫情不大面积暴发成灾。"两个全覆盖"即对重点作物种子种苗繁育基地检疫全覆盖，对新发突发重大疫情防控处置全覆盖。

（三）工作对策

1. 强化体系建设

以农业农村部和中央机构编制委员会办公室联合下发的《关于加强基层动植物疫情防控体系建设的意见》为契机，积极争取，主动作为，加快构建依法监管、运转高效、职责明晰、管理规范、执行有力的植物检疫监控体系，全面提升检疫性有害生物疫情监测预警、防控和突发疫情应急处置能力。

2. 强化检疫监管

以种子的生产、销售、引种 3 个关键环节为抓手，强化种子种苗的检疫监管。突出抓好繁育基地。以国家和内蒙古自治区重要繁育基地为重点，完善种子种苗繁育企业和生产基地的备案制度，以产地检疫和源头预防为重点，切实降低种子种苗调运传播疫情的风险；突出抓好市场检疫监管。重点要面向大作物、大企业、大市场，开展种子种苗的检疫检查，对违法违规行为严厉查处，并对违规企业进行通报。

3. 强化部门协作

建立植物检疫工作的协调配合机制，与海关、林业部门、农业科研院所建立信息共享、相互沟通的协调机制，利用重点研发项目开展重大植物疫情的发生机理、传播规律、防治药剂、处置技术等研究，为疫情监测防控提供技术保障。

4. 强化队伍建设

充实检疫队伍，着力解决专业人员青黄不接、队伍老化、人员不足的问题，确保重大植物疫情有人防、审批有人管、执法有人抓；加强能力建设，要通过动植物保护能力提升等工程项目，改善植物检疫工作条件，加强对检疫人员技术培训力度，加快知识更新，提升专业能力，建立一支专业结构合理、综合素质较强的农业植物检疫队伍。

5. 加大宣传力度

开展形式多样的植物检疫宣传活动，宣传要面向领导、主管部门、生产销售企业、农民等多个层面，加强重大植物疫情防控、重点案件查处的宣传，提高各级政府和公众的防疫意识，从而关注、支持和配合植物检疫工作。

内蒙古自治区农作物病虫害监测与防治产业发展报告

随着全球贸易一体化、农业种植结构调整，特别是近年来异常气候的影响，内蒙古农作物病虫草鼠害的发生趋向复杂化，外来农业有害生物传入风险增大，一些次要病虫害逐步上升为主要病虫害，暴发性、迁飞性、流行性病虫害发生的频率明显加快，发生规律复杂多变。内蒙古自治区常年发生并造成损失的农作物病虫害有 200 余种，草害 20 余种，鼠害 7 种，发生面积1.6 亿亩次以上。农作物病虫害对内蒙古粮食生产安全和农产品有效供给造成巨大威胁，严重制约内蒙古农业生产优质、高产、高效发展，农作物重大病虫害监测预警和防治是绿色和现代植保的重要内容，是农业防灾减灾的重要组成部分，是确保农业安全和促进农民增收的重要抓手，对内蒙古粮食生产实现"十八连丰"具有重要作用。

一、农作物病虫草鼠害发生防治情况

内蒙古农作物病虫草鼠害种类繁多，内蒙古常年监测发生病虫害 30 余种，杂草 20 余种，鼠害 7 种。

（一）病虫草鼠害发生防治基本情况

近 5 年内蒙古病虫草鼠害平均年发生 1.80 亿亩次，防治 1.76 亿亩次，平均挽回粮食损失 37.43 亿千克。2021 年内蒙古病虫草鼠害年发生 1.79 亿亩次，防治 1.69 亿亩次，挽回粮食损失 38.65 亿千克（图 1）。

1. 主要病虫害发生防治情况

（1）玉米螟。玉米螟在内蒙古一年发生两代次，即一代玉米螟和二代玉米

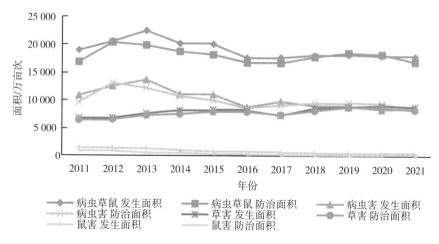

图1 2011—2021年发生防治情况

螟，主要为害玉米，每年7月进入盛发期，主要发生在呼伦贝尔市、兴安盟、通辽市、赤峰市，呼伦贝尔市一年发生一代次，其他盟（市）发生两代次。近10年，玉米螟年均发生约2 300万亩次，年均防治约2 000万亩次。2021年玉米螟总体偏轻、局部中等发生，发生1 889.66万亩次，防治1 076.99万亩次。主要防治措施为秸秆粉碎还田、白僵菌秸秆封垛减少虫源基数；成虫发生期使用杀虫灯结合性诱剂诱杀；成虫产卵初期释放赤眼蜂灭卵；心叶期幼虫低龄阶段优先使用生物农药，或用高效低毒低残留化学药剂进行喷雾防治。抓住低龄幼虫防控最佳时期，实施统防统治和联防联控（图2）。

图2 内蒙古玉米螟发生防治情况

（2）黏虫。黏虫在内蒙古一年发生两代次，即二代黏虫和三代黏虫。每年7—8月为发生盛期，主要发生在赤峰市、通辽市、兴安盟，危害作物包括玉米、小麦、高粱、谷子等。近10年，黏虫年均发生约800万亩次，年均防治约600万亩次。2021年黏虫总体中等、局部偏重发生，发生873.42万亩次，防治541.99万亩次。主要防治措施为加强田间管理，消灭虫卵和低龄幼虫；幼虫发生期可建立防虫隔离带防止幼虫向农田转移危害；幼虫3龄前（卵始盛期后10天左右）进行药剂防治，严重发生区采取无人机等施药方式集中歼灭，分散发生区优先选用生物农药实施重点挑治和点杀点治（图3）。

图3 内蒙古黏虫发生防治情况

（3）草地螟。草地螟在内蒙古一年发生两代次，即一代草地螟和二代草地螟。每年6—7月为发生盛期，主要发生在兴安盟、锡林郭勒盟、乌兰察布市、赤峰市、呼和浩特市、鄂尔多斯市，危害玉米、大豆、向日葵、甜菜、马铃薯、蔬菜、瓜果等作物。近10年，草地螟年均发生约250万亩次，年均防治约150万亩次，2021年草地螟总体中等、局部偏重发生，发生200.48万亩次，防治153.75万亩次。主要防治措施为耕翻除草降低虫源基数；在越冬代成虫重点发生区和外来虫源降落地采取灯光诱杀，减少虫源基数；幼虫发生期采取打药带的方式围堵阻隔幼虫，防止扩散危害；抓住幼虫3龄前防治适期（草地螟成虫发生盛期、雌蛾卵巢发育进度3~4级占50%以上的蛾峰日向后推10天左右），选用高效低毒低残留农药，对田间地头撂荒地幼虫进行防治。严重发生区采取集中歼灭，在分散发生区优先选用生物农药实施重点挑治和点杀点治（图4）。

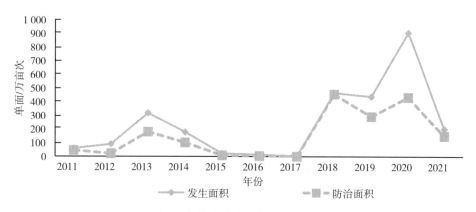

图 4　内蒙古草地螟发生防治情况

（4）双斑萤叶甲。双斑萤叶甲为多食性害虫，一年发生一代次，主要危害玉米、大豆、高粱、马铃薯及十字花科植物。7—8 月高温干燥对双斑萤叶甲发生极为有利。近几年为害有逐年上升趋势。主要发生在赤峰市、兴安盟、呼伦贝尔市。近 10 年双斑萤叶甲年均发生约 800 万亩，年均防治约 300 万亩，2021年双斑萤叶甲总体中等、局部偏重发生，发生 843.85 万亩，防治 275.04 万亩。主要防治措施为在玉米吐丝授粉期，平均单穗花丝超过 5 头时进行药剂防治，选用高效低毒低残留杀虫剂喷施，重点喷施果穗花丝等部位（图 5）。

图 5　内蒙古双斑萤叶甲发生防治情况

（5）玉米大斑病。每年 7 月进入盛发期，主要发生在兴安盟、呼伦贝尔市、赤峰市，危害玉米和高粱。近10年玉米大斑病年均发生约450万亩，年均防治约150万亩，2021年玉米大斑病总体中等、局部偏重发生，发生772.61万亩，防治169.09万亩。主要防治措施为选用抗病品种；在玉米心叶末期，选用生物农药或高效低毒低残留杀菌剂进行喷施，根据发病情况间隔7~10天喷施（图6）。

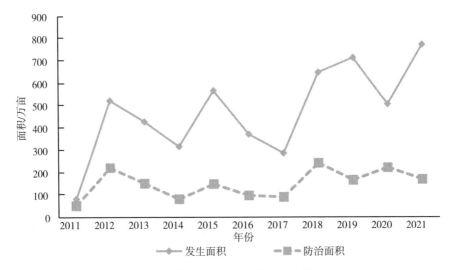

图6　内蒙古玉米大斑病发生防治情况

（6）马铃薯晚疫病。马铃薯晚疫病是危害马铃薯生产最严重的病害，每年7—8月为盛发期，降水偏多地区发生严重。近10年，马铃薯晚疫病年均发生约100万亩，年均预防及防治约500万亩，2021年马铃薯晚疫病总体偏轻、局部偏重发生，发生40.89万亩，预防及防治458.94万亩次。近年开始利用马铃薯晚疫病监测信息系统指导防控，提前预警晚疫病的发生，减少了施药次数，降低了施药成本。目前主要防治措施为加强监测预警，依据田间监测预警系统或田间病圃监测结果确定喷施最佳时间，选择内吸性治疗剂和保护剂同时使用，一般喷药4~5次（图7）。

（7）玉米叶螨（红蜘蛛）。主要种类有截形叶螨、朱砂叶螨、二斑叶螨，危害玉米、大豆、向日葵、蔬菜等作物，每年7—8月是为害高峰期，高温干旱年份为害加剧，近几年为害有逐年上升趋势。主要发生在巴彦淖尔市、鄂尔多斯市、呼和浩特市、包头市、赤峰市。近10年，玉米叶螨年均发生约300万亩次，年均防治约150万亩次，2021年玉米叶螨总体中等、局部偏重发生，发生

图7 内蒙古马铃薯晚疫病发生防治情况

475.95万亩，防治410.93万亩。主要防治措施为苗前及时清除田边地头杂草；点片发生开始时选用高效低毒低残留化学农药进行喷雾，重点喷洒田块周边玉米中下部叶背及地头杂草（图8）。

图8 内蒙古玉米叶螨发生防治情况

（8）蝗虫。危害玉米、小麦、莜麦、马铃薯、谷子、荞麦、油菜等作物，全区普遍发生。主要种类有宽翅曲背蝗、白边痂蝗、毛足棒角蝗、亚洲小车蝗、笨蝗、宽须蚁蝗，红翅皱膝蝗、鼓翅皱膝蝗、轮纹痂蝗、黄胫小车蝗。近十年，由于草原和农区蝗虫防治力度不断加强，生态环境逐步改善，2010年开始发生面积逐渐缩减，近3年发生面积不足500万亩。主要防治措施为采用生态调控；密切监测蝗虫发生动态，在中低密度发生区和生态敏感区优先使用生物农药防治；高密度发生区采取化学应急防治，集中连片面积大于7 500亩以上的区域提倡进行飞防，集中连片面积低于7 500亩的区域，可组织植保专业化防治组织使用大型施药器械开展防治（图9）。

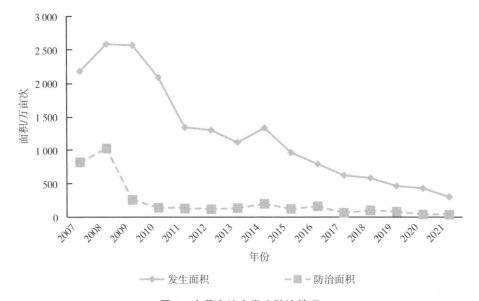

图9 内蒙古蝗虫发生防治情况

（9）番茄潜叶蛾。番茄潜叶蛾原产于南美洲秘鲁，主要危害番茄、马铃薯等茄科作物，是番茄最具毁灭性害虫，具有危害大、扩散快、防控难等特点，严重发生时可导致番茄减产80%~100%，对全区蔬菜及马铃薯产业发展构成潜在威胁。2017年首次在我国新疆发生，2021年7月，在巴彦淖尔市五原县首次发生且为害较重，截至2021年底，已扩散至4个盟（市）的13个旗县区发生为害，成虫发生52 779.6亩，幼虫发生362.8亩，造成温室番茄绝产90亩，防治347.8亩。主要防治措施为通过农艺措施压低虫口基数；挂置防虫网切断繁殖途径；利用性诱剂、杀虫灯、蓝板进行成虫诱杀；喷施苏云金杆菌BT200倍液进行保护性预防；幼虫发生初期用针对性高效低度低残留农药进行喷施；幼虫危害严重时采用闷棚技术。

2. 农区鼠害

危害玉米、马铃薯、小麦、莜麦、大豆、杂粮、蔬菜、瓜果等作物。主要发生在鄂尔多斯市、锡林郭勒盟、乌兰察布市、赤峰市、包头市、呼和浩特市、巴彦淖尔市。优势鼠种为达乌尔黄鼠、长爪沙鼠、黑线仓鼠、黑线姬鼠、小家鼠、褐家鼠、大家鼠等。近几年内蒙古农区及农牧交错区鼠害偏轻发生，每年发生约500万亩，完成农田大面积灭鼠约300万亩，农户灭鼠约20万户。2021年发生面积456.5万亩，农区平均鼠密度1.9%，农牧交错区平均鼠密4.3%；农户发生48.3万户，平均鼠密度1.6%。完成农田大面积灭鼠287.5万亩，农户灭鼠22.6万户。全区建立了5个自治区级农村统一灭鼠示范区，示范推广TBS灭鼠、毒饵站灭鼠、物理防治、生态防治及生物防治等农区鼠害防控技术，综合控制农村鼠害。

3. 草害

内蒙古严重为害作物生长的杂草有20余种，近几年杂草发生面积约8 000万亩次，防治面积7 500万亩次左右。按形态可分为阔叶杂草、禾本科杂草、莎草科杂草；按生活史分为一年生杂草、越年生杂草、多年生杂草。除草方式主要分为非化学除草和化学除草。非化学除草主要是及时清除田边、路旁的杂草，防止杂草侵入农田；通过深耕、深翻，有效消灭早春杂草并将上一年散落的草种翻埋至土壤深层；选用厚度在0.01毫米以上的易于回收的黑色地膜或可降解膜，进行覆膜种植，控制杂草生长；在作物苗期和中期，结合施肥，采取机械中耕除草，防除行间杂草；强化肥水管理，提高作物对杂草的竞争力。化学除草主要有播后苗前土壤封闭除草和苗后茎叶喷雾除草（据田间杂草的发生情况及苗前除草的效果，决定是否进行苗后除草）两种方式（图10）。

图10 内蒙古农田草害发生防治情况

（二）内蒙古主要农作物病虫害监测与预报工作

1. 确定病虫鼠害监测对象

内蒙古玉米主要病虫害有玉米螟、黏虫、草地螟、双斑萤叶甲、地下害虫、玉米大斑病、玉米叶螨、玉米蚜虫、玉米弯孢霉叶斑病、瘤黑粉病、丝黑穗病、棉铃虫等；马铃薯主要病虫害有马铃薯晚疫病、早疫病、黄萎病、黑痣病、黑胫病、疮痂病、豆芫菁、二十八星瓢虫等；水稻主要病虫害有水稻稻瘟病、细菌性褐斑病、稻蝗等；小麦主要病虫害有小麦蚜虫、小麦锈病、小麦黑穗病、小麦赤霉病等；大豆主要病虫害有叶斑类病害、大豆菌核病、大豆根腐病、豆芫菁、大豆食心虫等，此外还有农区害鼠，这些病虫鼠害均列入各地的监测对象。

2. 明确预报目标任务

根据病虫害的特点及危害程度，自治区、盟（市）、旗县级农业植保部门分级负责监测农作物病虫害发生发展情况，及时发布农作物病虫情报；病虫害发生趋势长期预报准确率80%以上，中短期预报准确率85%以上，确保重大病虫害不暴发成灾，玉米、水稻、马铃薯、小麦等粮食作物总体危害损失控制在5%以内。

3. 病虫害监测内容与方法

农作物病虫害监测内容为农作物病虫害发生的种类、时间、范围、程度；害虫主要天敌种类、分布与种群消长情况；影响农作物病虫害发生的田间气候；其他需要监测的内容。农作物病虫害监测技术规范由省级以上人民政府农业农村主管部门制定。监测方法可分两类，具体如下：

（1）设备诱集监测。采用虫情测报灯、性诱捕器和高空测报灯等仪器设备诱集害虫成虫，通过分类、统计目标害虫的数量，作为当天诱获数量。充分利用自动虫情测报灯、性诱监测诱捕器、气候监测仪、重大病害智能监测仪、等物联网新型测报工具开展监测。全区共有各类监测设备10 000余台（套、个），其中物联网监测设备400余台（套）。

①虫情测报灯。主要监测草地螟、黏虫、玉米螟、地老虎、象甲、小菜蛾、斜纹夜蛾、大豆食心虫等害虫。东部地区监测时间为每年4月1日至9月30日，

中西部地区监测时间为每年 3 月 20 日至 9 月 30 日，在病虫观测区开灯进行诱虫监测。

②性诱捕器。主要监测草地贪夜蛾、玉米螟、草地螟、黏虫等害虫。在玉米苗期开始至玉米成熟期，在玉米种植区设置性诱捕器，并定期更换诱芯，诱集玉米螟、草地螟、黏虫、草地贪夜蛾等成虫。

③高空测报灯。主要监测草地贪夜蛾、草地螟、黏虫、地老虎、小菜蛾、斜纹夜蛾、玉米螟等。设置有高空测报灯的地区于每年 4 月 1 日至 9 月 30 日，开灯进行诱虫监测。

（2）大田普查。在病虫害发生关键时期前，即病虫害始发期（始盛期）、盛发期（或高峰期）、盛末期，在较大范围内进行大面积多点同期的调查，了解面上病虫害发生为害动态和区域分布，确定应实施防治的面积和对象田，提出分类指导大田病虫害防治工作意见，及时指导防控。

4. 监测数据报告

目前，监测数据报告时间每年 4 月 1 日起至 9 月 30 日止，病虫害监测调查数据（包括仪器设备监测、人工调查监测）通过"内蒙古农作物病虫害监测信息系统"进行上报。草地贪夜蛾发生防治信息通过"全国草地贪夜蛾发生防治信息调度平台"上报，每周上报 1 次。如遇农作物病虫害新发、突发、暴发等紧急情况，县级以上地方植保机构应当在核实情况后，在 24 小时内报告同级人民政府农业农村主管部门和上一级植保机构；特别严重的，直接报告农业农村部。

5. 病虫情报发布

各级植保部门在综合分析监测结果的基础上发布病虫情报，病虫情报分为长期预报（距防治适期 30 天以上发布）、中期预报（距防治适期 10~30 天发布）、短期预报（距防治适期 5~10 天发布）和警报（病虫害一旦出现突发、暴发势头，立即发布），病虫情报内容包含病虫害发生期、发生程度、发生区域、防控措施等重要内容。全区农作物重大病虫害趋势分析于每年 3 月下旬发布，下半年趋势分析于 7 月中旬前发布，各盟（市）根据当地实际情况发布中期预报、短期预报和警报，全区每年发布病虫情报达 1 000 余期，病虫害发生关键时期通过广播、电视、新媒体、村头大喇叭等广泛宣传，指导农户、种植大户和合作组织开展科学防治，确保粮食生产安全。

二、内蒙古植保体系现状

（一）机构设置情况

目前，内蒙古拥有三级植保工作机构 101 个。其中，自治区级 1 个、盟（市）级 12 个、旗县级 88 个，具有独立法人资格的 4 个，占总数的 4%。原自治区植保植检站（自治区农药鉴定站）于 2021 年统一划入自治区农牧业技术推广中心植保植检处，加挂自治区农药检查鉴定站牌子。除乌兰察布市保留独立法人机构，包头市病虫害监测、防治及农药管理职能划分到包头市农牧科学技术研究所植物保护中心，植物检疫职能划分到包头市动植物检疫和动物疫病预防控制中心植物检疫股，其余 10 个盟（市）均统一划入综合农牧中心，均为公益 I 类事业单位；除根河市、丰镇市和和林格尔县 3 个植保机构保留独立法人机构外，其余 85 个旗县级机构均合并到综合推广中心，其中 43 个内设植保股室，42 个未设立单独植保机构。乡镇一级均无专门植保机构。

内蒙古植保机构中，公益 I 类事业单位 97 个，公益 II 类事业单位 2 个，参公单位 2 个。101 个机构均承担病虫监测与防治工作，其中同时承担植物检疫执法工作的机构 48 个，承担植物检疫审批工作的机构 77 个，承担植物检疫技术性工作的机构 89 个，承担农药管理工作的机构 63 个。

（二）队伍人员情况

内蒙古核定植保人员编制数 198 人，实际在岗人数 513 人，其中自治区 18 人，盟（市）113 人，旗县（市、区）382 人。内蒙古共有植保专业技术（含农学）人员 400 人，占实际在岗人数的 78%，副高及以上职称 158 人，占实际在岗人数的 31%。2021 年内蒙古植保系统编制数比 2015 年和 2010 年分别减少 74% 和 75%，实际在岗人数比 2015 和 2010 年分别减少 37% 和 42%，专业技术人员比 2015 和 2010 年分别减少 38% 和 42%。在植保工作重要性日益凸显的同时，内蒙古植保队伍呈现逐渐萎缩态势。

（三）农作物重大病虫害监测预警体系建设情况

1. 农作物病虫害监测预警信息化建设

已初步建成内蒙古农作物病虫害监测预警信息平台，病虫测报数据库初具规模。内蒙古信息系统经过近 8 年的建设，系统构架和各项功能已基本稳定，实现了重大病虫害监测预警数据的网络化报送、自动化处理、图形化展示和可视化发布，在内蒙古农作物重大病虫害监测预警中发挥越来越重要的作用。通过统一数据格式和标准，补充录入历史数据和实时录入调查数据，初步建成了内蒙古自治区农作物重大病虫测报数据库，已完成近 38 年测报历史资料的电子数据库建设。内蒙古现有田间监测点 230 个（其中物联网监测站点 80 个），在 10 个盟（市）43 个旗（县、市、区）建立马铃薯晚疫病物联网监测站点 103 个，在 9 个盟（市）35 个旗（县、市、区）建立性诱监测点 91 个，配备各类监测预警设备 10 000 余台（套、个），年均发布病虫情报 1 100 余期。

2. 植物保护能力提升工程

2017 年内蒙古开始实施全国动植物保护能力提升工程项目，截至 2021 年底已在 6 个盟（市）22 个旗（县、市、区）实施田间监测点项目，新建或改建农作物病虫疫情田间监测点主要配备自动虫情测报灯、性诱监测诱捕器、气候监测仪、重大病害智能监测仪和数据传输、汇总、分析等软硬件设施设备，以及简易交通工具。完善自治区病虫疫情信息调度指挥平台，加强田间自动化、智能化监测站点和信息化平台建设，完善全国农作物病虫疫情监测网络体系，提升重大病虫疫情监测预警能力。

3. 农作物病虫害法律法规建设

近年来，为保障国家粮食安全、农产品质量安全、生物安全、现代农业发展，2020 年 3 月 26 日国务院颁布的《农作物病虫害防治条例》开启了我国依法植物保护的新纪元，2020 年 10 月 17 日颁布的《中华人民共和国生物安全法》将重大植物疫情治理纳入国家生物安全防范体系，为全面提升农作物病虫害治理能力、规范有序应对种植业领域生物安全风险提高了根本法律遵循。2021 年 9 月 29 日习近平总书记在中共中央政治局第 33 次集体学习时指出，要织牢织密生物安全风险监测预警网络，健全监测预警体系，重大加强基层监测站点建设，提升末端发现能力，对包括重大植物疫情在内的国家生物安全风险防范能力建设提出了明确要求。2021年12月24日农业农村部部令第6号公布了《农作物病虫害监测与预报管理办法》，在促进监测预警体系建设和事业发展具有守正创新、继往开来的里程碑意义，将成为种植业领域有效防范生物安全风险、牢牢守住国家粮食安全地下的重要工作遵循。根据《农作物病虫害防治条例》有关规定，2020年9月15日农业农村部公布了《一类农作物病虫害名录》，将发生广泛、危害严重、社会关注度高、防控艰巨的10种虫害、7种病害纳入一类农作物病虫害名录管理；2021年3月31日内蒙古自治区农牧厅发布了《内蒙古自治区二类农作物病虫害名录》，包括4种虫害、3种病害及4种鼠害，进一步明确了职责，突出了重点，指导各级农业农村部门做好分类管理，统筹推进病虫害防治工作。

三、主要工作成效

内蒙古各级植保机构认真贯彻"预防为主，综合防治"的植保方针，牢固树立"绿色植保　科学植保　公共植保"工作理念，围绕"虫口夺粮"促丰收、农药减量保安全工作目标，准确掌握重大病虫害发生发展动态，强化病虫害防控，大力实施病虫害专业化统防统治和绿色防控，积极推进农药减量控害，不断加强植保新技术的推广和宣传培训，将总体病虫为害损失控制在5%以内，为保障内蒙古自治区粮食安全、农产品质量安全和农业高质量发展作出了新贡献。

（一）病虫害监测预警能力得到了大幅提升

1. 病虫害监测预警实现信息化

构建起部、区、市、县四级重大病虫害监测预警数字化平台，建成"内蒙古农作物重大病虫害监测信息系统"和"内蒙古马铃薯晚疫病监测预警系统"。10个盟（市）和53个旗县建立具有地方特色的独立病虫害监测预警信息系统。监测系统的开发建设和推广应用，实现了测报数据报送网络化、测报信息分析智能化、数据库建设标准化，并与国家系统无缝对接，同时通过微信、Web、移动 App 多种渠道创新服务方式，提高技术的到位率，加快了信息传输速度，提升了快速反应能力。每年内蒙古各级植保系统通过病虫害监测预警信息系统年均上报病虫信息报表 10 000 余张，报送数据近 18 万项。内蒙古马铃薯晚疫病监测预警系统的应用，可提前 14~20 天预警马铃薯晚疫病的发生，减少施药 3~4 次，及时有效地控制了晚疫病流行蔓延。

2. 植物保护能力得到了进一步提升

2017—2020 年在内蒙古自治区 22 个旗（县、区）实施了"动植物保护能力提升工程——农作物病虫害田间监测站点建设项目"，新增近 400 台（套）物联网设备，建成 80 个农作物病虫害田间监测站点，这些监测设备及其组成的物联网大大地改善了基层重大病虫害监测预警装备水平，提升了基层重大病虫害监测预警能力，增强了内蒙古重大病虫害的实时监控和应急防控指挥能力，提升了内蒙古监测预警自动化、信息化、智能化水平。特别是近 4 年来内蒙古迁飞性重大害虫草地螟境外迁入和本地虫源双重叠加影响迁飞频繁复杂，现代化的监测预警体系发挥了巨大作用，为内蒙古防灾减灾提供了科学技术支撑。

（二）科学防控水平得到了进一步提高

1. 监测预警和应急处置高效有力

成立了政府领导牵头相关部门参与的应急防治和联防联控的协调指挥机构，制定了应急防治预案，储备了应急防治物资，积极有效地应对各种可能发生的农业病虫草鼠灾害。为扎实有效推进内蒙古病虫害防治工作，每年 3 月按时召开内蒙古重大病虫害发生趋势会商会，及时发布《全区农作物病虫害发生趋势预报》，预测全区农作物重大病虫发生趋势；4 月制定下发《农作物重大病虫害防控技术方案与蜜蜂授粉指导意见》《全区农区鼠情监测和鼠害防控工作的通知》，针对主要作物和重大病虫鼠害制定相应的防治技术方案，要求各盟（市）严格按方案要求，开展重大病虫及疫情监测与防控工作，确保各项措施落到实处，为内蒙古各项植保工作顺利开展打下坚实的基础。

2. 技术指导和宣传培训到位

在重大病虫害防治关键时期，及时组派技术指导组，分片包干，采取日常联系督导和关键时期现场督导相结合形式，及时调度重大病虫害发生和防控进展，督促指导并协助各地防控措施落实。加强信息报送，做到对上有信息、对外有声音、对下有通报。充分利用电视、广播、报刊、网络、微信公众号等媒体，大力宣传各地好经验、好做法、好典型，为工作推进，营造良好的舆论氛围。针对黏虫、草地螟、玉米红蜘蛛等重大病虫害在部分地区重发生的严峻形势，积极组织专业化防治组织和农户开展应急防治和群防群治。对危害严重、杂草多的地块或周边草滩等公共区域，以政府购买服务的形式实行统防统治和联防联控。

3. 绿色防控和统防统治效果有利

近3年内蒙古绿色防控和统防统治实施面积年均达4 600万亩以上。以玉米螟、黏虫、草地螟、玉米红蜘蛛等重大病虫害为重点，主要作物、重点区域统防统治全覆盖，切实提高了防控效率和效果。建立以东部玉米主产区赤眼蜂防治玉米螟、西部区向日葵和瓜类蜜蜂授粉与绿色防控有机融合示范应用、赤峰市设施蔬菜全程标准化绿色防控、乌兰察布市察右后旗马铃薯病虫害绿色防控、兴安盟乌兰浩特市水稻主要病虫绿色防控等技术成为内蒙古病虫害绿色防控的主导技术。内蒙古建立专业化统防统治与绿色防控融合示范区、农药减量控害技术示范区265个，核心示范面积246万亩，化学农药使用量减少15%以上，防治效果达到85%以上。截至2022年，荣获全国"绿色防控示范县"称号的旗县8个，"统防统治百强县"称号的旗县1个。

4. 农药减量工作实现创新突破

为扎实推进内蒙古农业高质量发展和绿色发展，全面实现农药使用量负增长，内蒙古牢固树立"科学植保、公共植保、绿色植保"的理念，全面推广绿色防控技术，着力抓好农药科学使用，积极推进新型药械更新替代，大力推进绿色防控与专业化统防统治融合，构建资源节约型、环境友好型病虫害可持续治理技术体系，实现农药减量控害，保障农产品质量安全、农业生产安全和生态环境安全。统计数据显示，2017年内蒙古农药使用量最高，达到3.56万吨（商品量，下同），之后持续下降，2018年首次实现负增长，使用量2.96万吨，减幅16.9%，2019年减幅7.8%，2020年使用量2.34万吨，减幅14.1%，同时农药亩均使用量由2017年的263.3克，下降到2020年的175.8克。

四、发展思路与对策

（一）提升监测预警能力水平

逐步建成部、区、市、县四级重大病虫害监测预警数字化平台。通过国家动植物保护能力提升工程项目建设，加强监测预警体系建设，加快实现监测预警信息化、智能化以及规范化。加强农科企合作，强化技术创新，实施精准测报。加大灯诱、性诱、食诱等害虫特异性诱捕器和流行性病害自动化预报器的试验示范力度，稳步推进监测预报工具智能化。建立一类、二类农作物病虫害实时监测网络和智能化预报模型体系，逐步实现信息平台一体化。利用雷达、高空灯、地面虫情测报灯，建立"天空地"一体监测网络体系强化监测预警能力。加强对玉米、大豆、油料、马铃薯等主要作物重大病虫害的监测调查，重大病虫害监测预警准确率稳定在90%以上，为保障国家粮食安全、农产品质量安全和生态环境安全提供有力支撑。

（二）提高病虫害科学防治能力水平

在重点粮食产区、优势农作物产区和重大有害生物发生源头区，遵循"整体规划、综合建设"的原则，按照"服务产业、推动发展"的要求，进一步优化农业有害生物灾害预警与控制能力的资源配置，进行合理布局，分步建设、聚点成网，全部覆盖，逐步建立起协调配套的适应内蒙古现代化农业发展要求的植保防灾减灾体系，提升应急防控和联防联控能力水平。围绕优势作物，以靶标病虫为重点，按照不同生态区域，优化集成全程标准化绿色防控技术模式。全面提升重大病虫害监测与防控的服务能力水平和技术指导到位率，确保重大疫情不蔓延危害，重大病虫害不暴发成灾，粮食作物病虫危害损失率控制在5%以内，安全用药水平显著提升，化学农药使用量逐步降低，确保农业生产安全，农产品质量安全和农业生态安全。

（三）强化植保体系建设

依法推进公益性植保机构体系建设，建立健全自治区、盟（市）、旗县、乡镇四级完善的植物保护体系，夯实基层监测预警基础，全链条做好农作物病虫害监测与防控各项工作，为筑牢国家生物安全屏障和保障国家粮食安全提供有力支撑。建议强化顶层设计，借鉴疾病预防控制机构、动物疫病预防控制机构完善的管理体系经验，建立完善以国家、自治区、盟（市）、旗县四级植保机构为主，乡镇植保人员为补充的五级植保体系。做到上层一条线，基层千根针，彻底改变上层千根针，基层一条线的格局。明确要求省、盟（市）、旗县要深化植保植检和农药管理机构改革，综合中心要加挂植检站、农药鉴定站，配备专职植保植检等人员，提升履职能力，做到层层有人抓，事事有人管，真正发挥植保防灾减灾，确保粮食安全的重要作用。

内蒙古自治区农牧业产业化龙头企业
监测情况分析报告

2018 年以来，内蒙古各地认真贯彻落实新发展理念，围绕发展现代农牧业，建设绿色农畜产品生产加工输出基地，带动农牧民就业增收的目标任务，克服新冠肺炎疫情影响，加大产业化指导、服务和政策支持力度，内蒙古农牧业产业化经营保持了平稳较快发展的良好势头。根据 2018—2020 年内蒙古自治区农牧业产业化发展情况统计数据，现对内蒙古销售收入 500 万元以上规模共 1 574 家农牧业产业化企业进行监测分析，运行情况分析如下。

一、农牧业产业化发展情况

近年来，内蒙古先后出台了《内蒙古自治区"菜篮子"市长负责制考核办法》《推进奶业振兴若干政策措施》《农业高质量发展三年行动方案（2020—2022 年）》《奶业振兴三年行动方案（2020—2022 年）》，围绕主导产业发展，在积极培育龙头企业、新型经营主体、加强品牌建设、建立和完善农企利益联结机制等关键环节下，农牧业产业化经营保持了良好的发展态势。

（一）农牧业产业保持良好增长势头

近年来，经过自治区对各类经营主体的不断扶持，2018—2020 年，内蒙古销售收入 500 万元以上规模企业销售收入、总产值、增加值、利润总额均稳步增长（图 1 至图 3），企业流动资金占总资产比重有所上升，显示出经营状况良好，并总体处在盈利能力及发展状况较好的阶段；内蒙古销售收入 10 亿元以上企业数量、人数均有所上升，同时销售收入占比逐年上涨且涨幅较为明显，总

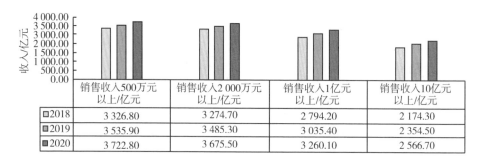

	销售收入500万元以上/亿元	销售收入2 000万元以上/亿元	销售收入1亿元以上/亿元	销售收入10亿元以上/亿元
2018	3 326.80	3 274.70	2 794.20	2 174.30
2019	3 535.90	3 485.30	3 035.40	2 354.50
2020	3 722.80	3 675.50	3 260.10	2 566.70

☐ 2018年　■ 2019年　■ 2020年

图 1　2018—2020 年度企业销售收入

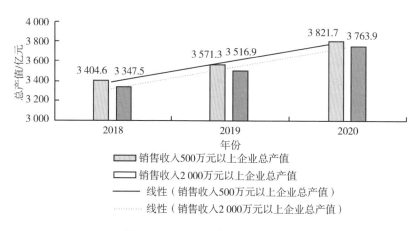

销售收入500万元以上企业总产值
销售收入2 000万元以上企业总产值
—— 线性（销售收入500万元以上企业总产值）
……… 线性（销售收入2 000万元以上企业总产值）

图 2　2018—2020 年度企业总产值

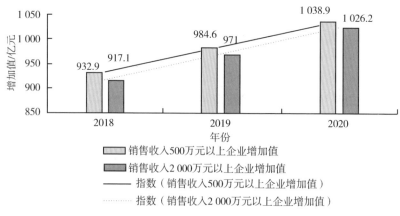

销售收入500万元以上企业增加值
销售收入2 000万元以上企业增加值
—— 指数（销售收入500万元以上企业增加值）
……… 指数（销售收入2 000万元以上企业增加值）

图 3　2018—2020 年度增加值

体呈现企业向更大规模发展的良好态势。

（二）内蒙古农牧业区位比较优势得以发挥，优势产业发展良好

2018—2020年，乳产业，粮食产业、特色产业、肉产业、绒毛产业销售收入均居于内蒙古产业销售收入排名前5位。其中乳产业作为内蒙古特色优势产业，销售收入、利润总额均呈逐年稳步增长趋势，且销售收入3年内均占到总销售收入的60%份额以上。内蒙古粮食产业、油料产业、特色产业（特种生物）的销售收入均呈逐年稳步增长趋势。

综上所述，其经验有以下几点。一是企业自身的规模化发展和管理水平提升以及企业对于全产业链模式的探索，一部分企业率先步入产业链发展模式并初步形成规模，实现了产业的提质增效。二是产业结构逐步调整，内蒙古地方优势得以发挥。三是品种培优、品质提升、品牌打造和标准化生产，农产品质量安全提升了安全农产品品牌形象。四是产业的创新性增强，产品多样化显著提升，产业精深加工业发展良好，产品创新，发展模式创新方面有着较好的发展。五是产业结构中核心技术占比上升，产业科技发展要素逐步增加。另外，乳产业也得益于近年来国民对本国乳制品信心的提升，削弱了进口奶制品的冲击；粮产业得益于政策倾斜和政策补贴以及"藏粮于地、藏粮于技"战略的落实，实施三大粮食作物的完全成本保险和种植收入保险，稳固了农民种粮的信心；特色产业发展成为一个新兴的产业体系，形成了较完整的产业链条，并逐步向生物质发电、饮食品、化妆品、药品、有机肥延伸，实现了生态建设、产业发展和农牧民增收的良性循环。

乳产业、粮食产业、特色产业、肉产业、绒毛产业等主导产业在发展过程中不但充分利用、发挥了内蒙古的资源优势，更有效带动了农牧民就业，提升了产业发展水平和层次，龙头企业在占领行业领军地位、创建地区知名品牌方面也发挥了显著作用（图4）。

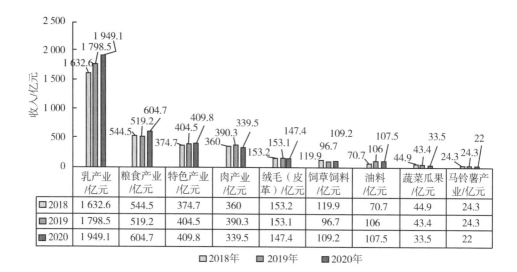

图4　2018—2020 年度分产业销售收入

	乳产业/亿元	粮食产业/亿元	特色产业/亿元	肉产业/亿元	绒毛（皮革）/亿元	饲草饲料/亿元	油料/亿元	蔬菜瓜果/亿元	马铃薯产业/亿元
2018	1 632.6	544.5	374.7	360	153.2	119.9	70.7	44.9	24.3
2019	1 798.5	519.2	404.5	390.3	153.1	96.7	106	43.4	24.3
2020	1 949.1	604.7	409.8	339.5	147.4	109.2	107.5	33.5	22

□2018年　■2019年　■2020年

二、龙头企业发展情况

（一）企业规模日益壮大，营业收入持续增长

2020 年内蒙古的盟（市）级以上龙头企业 2 025 家，其中国家级龙头企业 46 家，自治区级龙头企业 670 家。固定资产净值总额 1 749.1 亿元，全年营业收入 4 405.48 亿元，同比增长 22.15%。其中，营业收入超 10 亿元 46 家，占内蒙古 2%；营业收入超百亿元 4 家，占内蒙古 0.2%；营业收入前 10 位企业分布于种植业 4 家、养殖业 3 家、加工业 7 家，其中 4 家为种植、养殖、加工融合型企业。上市企业达到 64 家。国家级龙头企业固定资产净值总额 486.95 亿元，同比增长 14.39%；全年营业收入 1 972.07 亿元，同比下降 1.3%；自治区级龙头企业固定资产净值总额 865.04 亿元，同比增长 9.02%；全年营业收入 1 297.36 亿元，同比增长 13.73%。

（二）粮薯油加工质量档次明显提升，产业链条不断拉长

内蒙古的盟（市）级以上粮薯油加工龙头企业达到 326 家，固定资产净

值总额 282.2 亿元，同比增长 4.05%。全年营业收入 525.98 亿元，同比增长 3.57%；其中加工业营业收入 480.16 亿元，同比增长 7.06%；加工业营业收入占比 91.29%。内蒙古 222 家粮食加工龙头企业，年加工粮食总产量 1 392.68 万吨，占内蒙古粮食产量的 38.01%。其中消耗玉米 980.07 万吨、小麦 51.85 万吨、稻谷 32.55 万吨、大豆 1.74 万吨、杂粮杂豆 326.47 万吨。内蒙古形成了以玉米、小麦、水稻、大豆、杂粮杂豆和向日葵加工六大行业为支撑的粮油加工体系，培育了梅花生物、阜丰生物、恒丰、蒙佳、鲁花等龙头企业。全国农产品加工业百强企业呼伦贝尔东北阜丰生物科技有限公司，2020 年消耗玉米 220 万吨，销售收入 65.39 亿元，其中玉米加工收入 62.27 亿元，占比 97.92%。主要产品有谷氨酸钠（味精）、苏氨酸、葡萄糖、肥料以及单一饲料等。

（三）畜禽加工流通企业快速成长，带动能力显著增强

内蒙古的盟（市）级以上畜禽加工流通企业达到 897 家，固定资产净值总额 817.06 亿元，全年营业收入 2 070.11 亿元，同比增长 10.32%；全年实现利润总额 237.71 亿元，同比增长 24.44%；净利润 208.46 亿元，同比增长 30.8%。企业发展壮大，促进了畜禽标准化水平和生产能力提升，内蒙古畜禽标准化养殖达到 7 445 万头，羊肉产量达到 113 万吨，是全国唯一过百万的省（区）；牛肉产量 66.3 万吨，居全国第 2；牛奶 611.5 万吨，是全国唯一过 600 万吨的省（区），内蒙古供应了全国 1/4 的羊肉和 1/5 的牛奶。伊利实业集团股份有限公司固定资产 234.39 亿元，同比增长 27.19%；营业收入 965.24 亿元，同比增长 7.24%；营业利润 85.58 亿元，同比增长 3.36%；原料奶加工 820 万吨。呼伦贝尔肉业（集团）股份有限公司固定资产 2.26 亿元；营业收入 9.47 亿元，同比增长 15.69%；营业利润 0.39 亿元，同比增长 220%。

（四）龙头企业横向拓展新的功能，催生新业态

龙头企业依托乡村休闲体验、生态涵养、文化传承等功能，将农牧业向休闲、旅游、养生、文化、教育拓展，2020 年内蒙古的盟（市）级以上涉足休闲农牧业、乡村旅游和农村牧区电商的企业达到 223 家，休闲农牧业和乡村旅游

营业收入达到 3.27 亿元，占企业营业收入 27.22%；电商平台营业收入 35.86 亿元，占企业营业收入 29.89%。农牧业的多种功能、多元价值的作用日益凸显，农牧业及其相关联的产值占比呈上升趋势，为乡村全面振兴筑就了坚实的基础。亿利资源集团有限公司依托库布齐沙漠亿利生态示范区，结合生态修复和绿色生态产业融合发展休闲农牧业，2020 年休闲农牧业和乡村旅游营业收入达到 1.89 亿元，占企业营业收入 51.2%，先后获得"国土绿化奖""绿色长城奖章"、联合国"全球治沙领导者"奖和"地球卫士终身成就奖"，被命名为"绿水青山就是金山银山"国家实践创新基地。

三、龙头企业带动情况

（一）龙头企业带动农民就业增收能力不断增强，农牧民收入来源不断拓宽

2020 年盟（市）级以上龙头企业带动农牧户、农牧民合作社、家庭农牧场 386.05 万户，其中种植业龙头企业带动 51.38 万户、养殖业龙头企业带动 47.99 万户、加工业龙头企业带动 263.97 万户。盟（市）级以上龙头企业对农牧户支出总额 770.83 亿元，其中对农牧户土地等租金 10.93 亿元、对农牧民工资福利 18.5 亿元、对农牧户分红 2.66 亿元、对农牧户原料收购额 403.39 亿元。盟（市）级以上龙头企业从业人数 38.15 万人，其中带动农牧民就业 20.77 万人，农牧户从龙头企业获得收入总额达 82.6 亿元。

（二）企业带动农户多种方式并行发展

在龙头企业带动下，龙头企业与种业公司、收储企业、种养大户、家庭农牧场、小农牧户和社会化服务组织，组建农牧业产业化联合体，签订"多级订单"。2020 年，其中通过订单合同关系带动农户的企业占 73.9%、通过土地流转方式带动农户的企业占 37.5%、实行股份制对农户进行分红的企业占 26.4%、对农户原料收购的企业占 58.7%，共带动 20.8 万农牧民就业增收。龙头企业通过订单收购、土地流转、托管代养、保底分红、合作经营、提供就业等方式与合作社、家庭农场及农牧户结成利益共同体。

四、存在的问题

（一）产业链培育有待加强，流通企业和专业市场有待发展

从全产业链角度看，产业发展比较单一，传统种养殖生产、加工企业占比高，而流通、专业市场类企业占比小，2018—2020 年度，内蒙古交易额 500 万元以上流通企业数量先降后增（图 5），实现交易额和利润均有所下降（图 6）。内蒙古交易额 500 万元以上专业市场数量稍有下降（图 7），实现交易额有所下降（图 8），利润有所增长。

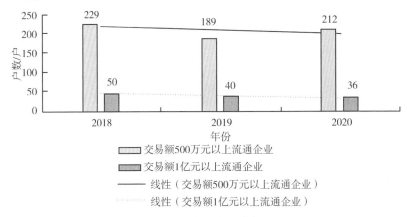

图 5 流通企业户数

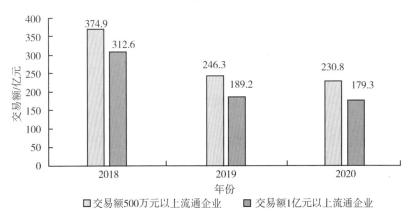

图 6 流通企业交易额

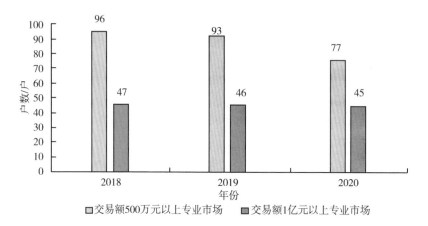

图 7　专业市场户数

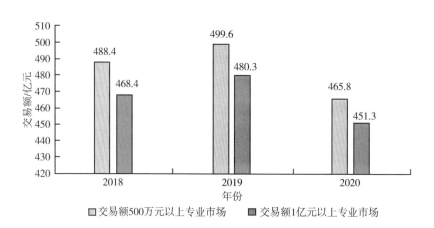

图 8　专业市场交易额

（二）销售收入 10 亿元以上企业数量较少

销售收入 10 亿元以上企业个数仅占到企业总数的 2.7%，销售收入占到总数的 68.9%、其他企业规模较小，产业链条短，经济效益差。从企业数量、质量来看，大多数企业规模都比较小，且从事农畜产品初加工多、精深加工少，生产经营成本高，企业效益低下。

（三）内蒙古销售收入 500 万元企业数量及人数呈总体下降趋势（图9、图 10）

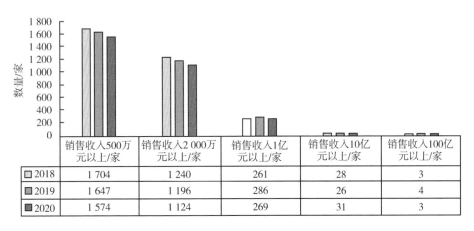

	销售收入500万 元以上/家	销售收入2 000万 元以上/家	销售收入1亿 元以上/家	销售收入10亿 元以上/家	销售收入100亿 元以上/家
2018	1 704	1 240	261	28	3
2019	1 647	1 196	286	26	4
2020	1 574	1 124	269	31	3

□2018年　■2019年　■2020年

图 9　2018—2020 年度内蒙古销售收入 500 万元以上企业数量

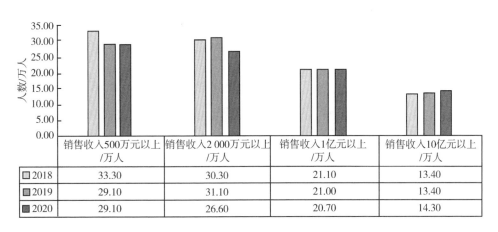

	销售收入500万元以上 /万人	销售收入2 000万元以上 /万人	销售收入1亿元以上 /万人	销售收入10亿元以上 /万人
2018	33.30	30.30	21.10	13.40
2019	29.10	31.10	21.00	13.40
2020	29.10	26.60	20.70	14.30

□2018年　■2019年　■2020年

图 10　2018—2020 年度内蒙古销售收入 500 万元以上企业人数

　　由于企业数量有所减少，人数相应有所下降。综合分析市场主体减少及产值利润增长形势并存，企业存在转型升级和市场优胜劣汰的情况。肉产业减少个数占总减少数量的43%。企业减少及从业人数减少随之所带来农牧业就业人数下降的问题，从而削弱了联农带农的效应。

（四）资金投入不足

内蒙古投资规模 1 000 万元以上在建项目数目逐年减少，总投资规模逐年减少，当年完成投资逐年减少（图 11）。农牧业企业投入大、见效慢、利润薄，且面临市场和自然双重风险，从金融扶持方面看，政府部门产业扶持项目不多、资金投入少。

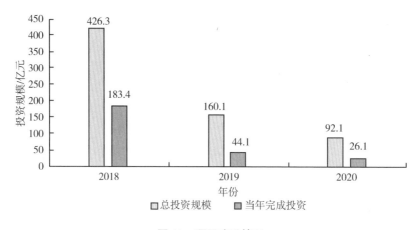

图 11 项目建设情况

（五）肉产业销售收入趋势有所波动，饲料饲草产业、绒毛产业、蔬菜瓜果产业、马铃薯产业销售收入均有所下降

肉产业销售收入波动受以下因素影响。一是非洲猪瘟疫情影响，疫情基本得到控制后，产能尚在恢复阶段。二是市场波动因素，猪肉价格下跌使得一段时间内猪肉市场产生波动，羊肉的替代作用下降，随即下跌对肉产业产生影响。三是肉类价格随着居民对膳食营养结构的变化而变化，对牛肉的需求增加而猪肉需求降低，生产结构尚在适应市场的波动的过程中。

饲料饲草产业受肉产业的影响稍有所下降。绒毛产业、蔬菜瓜果、马铃薯产业变化趋势平缓并稍有所下降，受市场波动和当地气候因素影响较多。

五、意见和建议

（一）持续调整优化农牧业产业结构，不断提高产业化水平

紧紧围绕内蒙古主导产业，加大力度发展地区专业市场，带动企业整体水平向专业化、规模化方向发展，调整农村产业、产品结构，推进种植业由普通产品向优质高效方向转变，走规模化、专业化、区域化、标准化生产之路。形成具有地方特色和竞争优势的农牧业产业体系。实施扶优扶强策略，着力培育竞争力、带动力强的龙头企业集群。建立健全联农带农机制，鼓励龙头企业通过反租土地和设立风险资金，采取合同订单、保护价收购、利润返还等方式，与农户建立科学、合理的利益联结机制，充分发挥龙头企业对农业生产的带动作用。要支持农村经济能人、基层涉农单位和龙头企业带头领办行业协会，重点培育发展经济效益好、带动能力强的紧密型、市场化、实体化的专业合作经济组织，提高农牧业的组织化和社会化程度。要加快农产品市场体系建设，在完善产区农牧产品专业和综合批发市场的基础上，重点发展大型绿色农畜产品物流园区，推动农牧产品市场提档升级，满足优质高效和绿色农业的发展需要，推动农村经济快速发展。

（二）加快构建现代农业经营体系，抓好农民合作社和家庭农场两类农业经营主体发展

建立农民合作社规范管理长效机制。完善章程制度，加强对农民合作社发起成立阶段的辅导，指导农民合作社参照示范章程制定符合自身特点的章程。健全农民合作社财务和会计制度。培养新型农业经营主体带头人，鼓励返乡下乡人员创办农民合作社，鼓励有长期稳定务农意愿的农户适度扩大经营规模，成长为家庭农场。引导以家庭农场为主要成员联合组建农民合作社，开展统一生产经营服务，加快构建主体多元、功能互补、运行高效的现代农业产业组织体系。

（三）进一步发挥新"三品一标"作用，引领产业升级

在生产方式上推动品种培优、品质提升、品牌打造和标准化生产。一要突

出抓好农作物优良品种、畜禽良种繁育、农牧业先进适用生产技术的研发、引进的推广。二要实施品牌战略，加大品牌宣传推介力度，着力打造农产品区域公用品牌，把品牌优势转化为经济优势，加快绿色农畜产品的输出。三要积极引导企业推进标准化生产，在企业内部配备专业设备及专业人员，加强农畜产品质量安全内部管控，努力打造本行业、本企业质量过硬、深受消费者喜爱的拳头产品。

（四）加大政策资金扶持力度，提升产业发展动能

加大项目资金支持，用好用活农业产业园区、农业产业集群、产业强镇扶持政策，加大农业政策性贷款支持力度，解决生产经营中流动资金不足的问题，通过项目建设促进企业加强基础设施建设及技术改造升级。

（五）不断增加农牧业产业科技含量，大力推进农业科技示范园区建设

使农业园区成为转化农业科技成果的载体，创新农业技术和机制的窗口，培训农民的示范基地。积极鼓励科研院所、农技人员通过技术开发、技术咨询、技术入股和技术转让等多种形式，从事技术推广和服务工作。不断提高科技对农业的贡献率。

（六）加强行业指导与服务，提升企业经营管理水平

充分发挥主管部门职能职责，加强对企业发展的技术服务与行业管理，特别是在前期的行业发展规划、主导产业确立、产品定位、技术措施采用以及中期的质量管控、品牌创建、市场分析研判等方面加强服务与指导，帮助企业熟悉、掌握行业发展方向及相关政策，积极应对、规避市场风险，引导龙头企业在面对当前经济下行、企业运行困难的形势下，走出"调结构、压成本、抓创新、拓市场"的发展路子。从企业角度来说，要主动学习现代企业经营理念，适应时代发展需求，建立健全现代企业管理规章制度，逐步摆脱家族管理的发展模式，聘用职业经理人及专业技术人员，建立财务管理制度，主动适应市场需求，加强技术升级改造，堵漏洞、优流程、补短板，不断提升企业的创新研发能力和市场竞争能力。